W0258146

Albrecht Beutelspacher | Rainer Danckwerts
Gregor Nickel | Susanne Spies | Gabriele Wickel

Mathematik Neu Denken

Albrecht Beutelspacher | Rainer Danckwerts
Gregor Nickel | Susanne Spies | Gabriele Wickel

Mathematik Neu Denken

Impulse für die Gymnasiallehrerbildung an Universitäten

STUDIUM

Bibliografische Information der Deutschen Nationalbibliothek
Die Deutsche Nationalbibliothek verzeichnet diese Publikation in der
Deutschen Nationalbibliografie; detaillierte bibliografische Daten sind im Internet über
<http://dnb.d-nb.de> abrufbar.

Prof. Dr. Dr. h. c. Albrecht Beutelspacher
Justus-Liebig-Universität Gießen
Mathematisches Institut
Arndtstraße 2
35392 Gießen

albrecht.beutelspacher@math.uni-giessen.de

Prof. Dr. Rainer Danckwerts
Universität Siegen
Department Mathematik
Didaktik der Mathematik
Walter-Flex-Str. 3
57068 Siegen

danckwerts@mathematik.uni-siegen.de

Prof. Dr. Gregor Nickel
Universität Siegen
Department Mathematik
Funktionalanalysis und Philosophie
der Mathematik
Walter-Flex-Str. 3
57068 Siegen

nickel@mathematik.uni-siegen.de

Susanne Spies | Gabriele Wickel
Universität Siegen
Department Mathematik
Didaktik, Philosophie und Geschichte
der Mathematik
Walter-Flex-Str. 3
57068 Siegen

spies@mathematik.uni-siegen.de
wickel@mathematik.uni-siegen.de

Das Projekt MATHEMATIK NEU DENKEN wurde von der Deutschen Telekom Stiftung unterstützt.
Dieses Buch fasst die Ergebnisse ausführlich und kommentiert zusammen.

1. Auflage 2011

Umschlaggestaltung: KünkelLopka Medienentwicklung, Heidelberg
Druck und buchbinderische Verarbeitung: AZ Druck und Datentechnik, Berlin
Gedruckt auf säurefreiem und chlorfrei gebleichtem Papier

ISBN 978-3-8348-1648-1

Vorwort

Dieses Buch markiert den (vorläufigen) Abschluss des Projekts *Mathematik Neu Denken*, eines Tandemprojekts an den Universitäten Gießen und Siegen zur Neuorientierung der universitären Lehrerbildung im Fach Mathematik für das gymnasiale Lehramt (Projektleitung: Prof. Dr. A. Beutelspacher (Gießen), Prof. Dr. R. Danckwerts, Prof. Dr. G. Nickel (beide Siegen)). Im Buch spiegeln sich die Erfahrungen aus dem mehrjährigen Pilotprojekt zur Erprobung der Neugestaltung des ersten Studienjahrs ebenso wider wie die programmatische Arbeit an Empfehlungen zur Neuorientierung der gesamten universitären Phase.

Die Universitätsleitungen und die beteiligten Fachbereiche haben die Durchführung der Pilotphase ermöglicht und nach Kräften unterstützt. Diese Praxisphase wäre undenkbar gewesen ohne die engagierte Mitwirkung aller beteiligten wissenschaftlichen und studentischen Mitarbeiter und der Studierenden an beiden Standorten. Ein besonderer Dank gilt Prof. Dr. W. Hein (Universität Siegen), der die Startphase des Projekts maßgeblich unterstützt und die erste Analysis-Vorlesung übernommen hat.

Die *Empfehlungen zur Neuorientierung der universitären Lehrerbildung im Fach Mathematik für das gymnasiale Lehramt* (vgl. Empfehlungen 2010), die konzeptionell eine Basis der vorliegenden Publikation bilden, sind 2009/10 in intensivem Austausch mit folgenden Kolleginnen und Kollegen aus der Mathematik und ihrer Didaktik entstanden: Prof. Dr. L. Hefendehl-Hebeker (Universität Duisburg-Essen), Prof. Dr. J. Sjuts (Universität Osnabrück und Studienseminar Leer), Prof. Dr. H.-O. Walther (Universität Gießen) und (assoziiert) Prof. Dr. M. Neubrand (Universität Oldenburg). Darüber hinaus haben Prof. Dr. B. Artmann (Universität Göttingen), Prof. Dr. T. Bauer (Universität Marburg) und Prof. Dr. N. Henze (Universität Karlsruhe) die Arbeit der Gruppe durch ihre Expertise bereichert. In diesem Sinne haben alle Genannten an Teilen dieses Buches mitgewirkt. Wir möchten allen für die produktive und inspirierende Zusammenarbeit herzlich danken.

Das gesamte Projekt wurde von der Deutschen Telekom Stiftung in großzügigster Weise gefördert. Wir danken dem Vorsitzenden der Stiftung, Herrn Dr. Klaus Kinkel, dass er das Projekt initiiert und während der gesamten Laufzeit mit großem persönlichen Einsatz begleitet hat.

Gießen und Siegen
im August 2011

Albrecht Beutelspacher
Rainer Danckwerts
Gregor Nickel
Susanne Spies
Gabriele Wickel

Inhalt

1 Mathematiklehrerbildung Neu Denken!

Mathematik gehört zu den Schlüsseltechnologien unserer hoch technisierten Gesellschaft. Ob es um die Optimierung von Transportsystemen, um Wahlprognosen, Modelle für den Klimawandel oder Fragen der Datensicherheit geht, bei allen Anwendungen ist – auch jenseits des bürgerlichen Rechnens – hoch entwickelte Mathematik im Spiel.

Mathematik war aber auch bereits seit Beginn der Kulturgeschichte eine Weise des Weltverstehens. Ohne mathematische Begriffe und Methoden wäre etwa die Entwicklung der Astronomie, des Kalenderrechnens oder der Landvermessung nicht vorstellbar.

In der griechischen Antike hat die Mathematik ihren Status als einzigartige Wissenschaft erhalten. Damals vollzog sich ein Qualitätssprung von empirisch gestützter Erkenntnis zum Anspruch rein theoretischer Begründung. Damit war die Mathematik als argumentative Wissenschaft etabliert.

Beide Wesenszüge – Mathematik als Schlüsseltechnologie und als Kulturgut – sind in der Öffentlichkeit kaum präsent. Erfolge der Mathematik werden entweder überhaupt nicht wahrgenommen oder „dem Computer" zugeschrieben. Mehr noch: Man kann sogar mit Beifall rechnen, wenn man öffentlich bekennt, von Mathematik nichts zu verstehen und „in Mathe immer schlecht" gewesen zu sein.

Nun wird mathematische Bildung – im Unterschied zu anderen Fächern wie Sprachen, Musik, Kunst oder Sport – fast ausschließlich über schulischen Unterricht vermittelt. Zwar haben sich in den letzten Jahren immer mehr populäre Formate wie Bücher, Filme, Ausstellungen und Wettbewerbe entwickelt, aber dennoch findet fast das gesamte mathematische Lernen in der Schule statt.

Damit spielen die Lehrerinnen und Lehrer die entscheidende Rolle bei der Vermittlung von Mathematik!

Die Frage nach der Qualität des Mathematikunterrichts geriet schlagartig ins Zentrum des öffentlichen Interesses, als ab Mitte der 1990er Jahre die Ergebnisse der internationalen Vergleichsstudien TIMSS und PISA bekannt wurden, bei denen deutsche Schülerinnen und Schüler nur mittelmäßig abgeschnitten hatten. Die TIMSS-Studie gab Anlass, den etablierten Mathematikunterricht zu überdenken. Dies wurde schon damals von den einschlägigen Fachverbänden klar benannt (vgl. DMV, GDM und MNU 1997, S. 12): Es zeigte sich, dass in Deutschland viel Wert gelegt wurde auf das routinemäßige, oft schematische Lösen innermathematischer Standardaufgaben, dagegen fanden das selbstständige Problemlösen, das verstehensorientierte Argumentieren und der verständige Umgang mit mathematikhaltigen Situationen aus der Lebenswelt viel zu wenig Beachtung. Durch die nachfolgenden PISA-Studien wurde dieser Befund weitgehend bestätigt, und er ist – trotz beachtlicher Anstrengungen und Erfolge zur Weiterentwicklung des Mathematikunterrichts – in der Grundtendenz bis heute aktuell.

Demgegenüber hat guter Mathematikunterricht vor allem drei Dinge im Blick: Er ist verstehens- und vorstellungsorientiert (in Abgrenzung zur mechanischen Beherrschung von Rechenverfahren), er fördert den „mathematischen Blick" auf die Welt (komplementär zu einer rein innermathematischen Perspektive), und er schafft produktive Lernumgebungen zur eigenaktiven Konstruktion des Wissens (im Unterschied zur reinen Instruktion durch die Lehrperson).

Ein solcher Mathematikunterricht braucht Lehrerinnen und Lehrer, die eine positive, aktive Beziehung zur Mathematik haben. Dies schließt den Erwerb eines gültigen Bildes der Wissenschaft Mathematik ein. Darüber hinaus sollen sie den Bildungswert der Mathematik ermessen, mit Schulmathematik kompetent umgehen und mathematische Lernprozesse unterstützen können.

Eine gute Lehrerbildung muss dieses Anforderungsprofil im Blick haben und den Studierenden entsprechende Angebote machen. Das berührt in erster Linie die universitäre Phase der Ausbildung, in der ein grundsätzliches Umdenken notwendig ist. Hier liegt der Dreh- und Angelpunkt.

Der neuralgische Bereich ist das Studium für das gymnasiale Lehramt. Dort gelingt es traditionell kaum, die Kluft zwischen der Wissenschaft Mathematik und dem Berufsbild des Mathematiklehrers zu überbrücken. Dies führt in der Regel dazu, dass die angehenden Lehrerinnen und Lehrer sich nur schwach mit ihrem Fach identifizieren. Lehramtsstudierende sind mit ihrem Studium deutlich unzufriedener als reine Fachstudierende, und sie fühlen sich schlecht vorbereitet auf ihren Beruf. Trotz großer Anstrengung bei Studierenden wie Dozenten bleibt häufig Enttäuschung zurück. Objektiv ist die Situation unbefriedigend.

Wir sehen Änderungsbedarf sowohl auf der Seite der Studieninhalte als auch bei den Lehr- und Lernformen. Dies sind unsere *drei Kernthesen* für eine Neuorientierung der universitären Lehrerbildung im Fach Mathematik für das gymnasiale Lehramt:

Erstens: Zum Fach.   Angehende Mathematiklehrerinnen und -lehrer für das Gymnasium müssen während des Studiums eine aktive Beziehung zur Mathematik als Wissenschaft in Theorie und Anwendung sowie als Kulturgut entwickeln, um das Fach im Mathematikunterricht und darüber hinaus souverän vertreten zu können. Dazu gehört zunächst eine solide fachmathematische Grundbildung. Darüber hinaus muss die Fachmathematik nach unserer Auffassung eine starke elementarmathematische Komponente enthalten, die nach Möglichkeit an schulmathematische Erfahrungen anknüpft und auch wissenschaftliches Arbeiten „im Kleinen" ermöglicht. Daneben muss es verbindliche Veranstaltungen zur historisch-genetischen oder philosophischen Reflexion über Mathematik geben. Und schließlich muss die fachmathematische Ausbildung Erfahrungen mit einer „Schulmathematik vom höheren Standpunkt" als Schnittstelle zwischen Fachwissenschaft und Fachdidaktik ermöglichen.

Zweitens: Zur Fachdidaktik. Die fachdidaktische Ausbildung widmet sich primär der Aufgabe, wie mathematische Inhalte im Unterricht zugänglich gemacht werden. Damit hat die stoffdidaktische Durchdringung der Lernbereiche besonderes Gewicht. Gleichzeitig setzt die fachdidaktische Komponente einen starken Akzent auf die Schülerperspektive und umfasst auch bildungstheoretische Aspekte.
Fachdidaktische Reflexion muss vermehrt auf das Verständnis für das mathematische Denken von Kindern und Jugendlichen gerichtet sein, und sie muss verstärkt das differenzierte und individualisierte Diagnostizieren und Fördern im Blick haben.

Drittens: Zur Methodik. Methodisch kommt es darauf an, Formen des Lehrens und Lernens zu etablieren, die die Studierenden in der eigenaktiven Konstruktion ihres Wissens nachhaltig unterstützen. Da Mathematiklernen auch bedeutet, neben der eigenen Auseinandersetzung mit dem Thema die Möglichkeit des Austausches mit anderen zu haben, sind auch geeignete Formen für das gemeinsame Lernen anzustreben.

Vor dem Hintergrund dieser Desiderate begann 2005 ein mehrjähriger Modellversuch an den Universitäten Gießen und Siegen, der zunächst auf eine Neuorientierung des ersten Studienjahres zielte. Ziel des Pilotprojekts war eine Professionalisierung des Lehramtsstudiums, die in der Wissenschaft wie in der Perspektive des Berufsfeldes gleichermaßen verankert ist. Lehramtsstudierende sollten früh erfahren, was das Wesen und den Bildungswert der Mathematik ausmacht.
Bereits während der Laufzeit wurden Projektidee und Erfahrungen breit kommuniziert. Inzwischen hat sich die bundesweite Diskussion intensiviert und zu Stellungnahmen und Empfehlungen der einschlägigen Fachverbände geführt sowie weitere Forschungs- und Entwicklungsprojekte an verschiedenen Universitäten angestoßen. Wir freuen uns, dass unser Projekt eine so große Resonanz hervorgerufen hat.

Das vorliegende Buch zum Projekt *Mathematik Neu Denken* besteht aus drei unterschiedlichen Teilen: Den Auftakt bildet eine Beschreibung von Ausgangslage und Projektidee in Kapitel 2. Die Darstellung der praktischen Umsetzung dieser Idee im Rahmen des Pilotprojekts an den Universitäten Gießen und Siegen folgt in Kapitel 3.
Der zweite Teil enthält eine umfangreiche Sammlung von in der Praxis erprobten und hier kommentierten Veranstaltungsmaterialien, die an der blauen Hinterlegung zu erkennen sind. Die ausgewählten Aufgabenbeispiele, Exkurse und Vorlesungsauschnitte zu den Projektveranstaltungen *Schulanalysis vom höheren Standpunkt* (Kapitel 4), *Analysis I/II* (Kapitel 5) und *Analytische Geometrie und Lineare Algebra* (Kapitel 6) sowie Vorschläge einer möglichen Ausgestaltung der Themenbereiche *Elementare Geometrie* und *Elementare Algebra* (Kapitel 7) konkretisieren die Projektidee inhaltlich und lassen sie plastisch werden. Die Materialien bieten die Möglichkeit, die fachinhaltliche Neuorientierung zu erleben, und sollen dazu einladen, die Beispiele in der Lehre zu nutzen und etwa in bereits bestehende Veranstaltungskonzepte zu integrieren. Dies gilt ebenfalls für die erprobten Neuerungen bei den Lehr- und Lernformen. Eine Diskussion vielfältiger Möglichkeiten zur methodischen Öffnung mit Beispielmaterialien aus der Projektpraxis folgt in Kapitel 8. Der dritte Teil fasst die Ergebnisse und Perspektiven von *Mathematik Neu Denken* zusammen. In Kapitel 9 werden

die Erfolge der Projektidee auf der Basis interner und externer Evaluationen vorgestellt. Aufbauend auf den positiven Erfahrungen wird abschließend die Projektidee programmatisch ausgeweitet, und es werden Empfehlungen für ein volles Lehramtsstudium ausgesprochen (Kapitel 10). Das Buch schließt mit Desideraten für weitere Forschung und benennt zugleich bildungspolitischen Handlungsbedarf.

2 Ausgangslage und Ziele

Lehrerbildung im Fach Mathematik ist eine Thematik von beträchtlicher Komplexität. Ein zentraler Punkt ist die Professionalisierung der angehenden Pädagogen als Fachlehrerinnen und -lehrer der Mathematik. Mit dieser Blickrichtung skizzieren wir im Folgenden zentrale empirische Befunde und benennen Ziele für eine Neuorientierung der universitären Lehrerbildung.

2.1 Empirische Befunde

Für die Einordnung und Begründung unserer Vorschläge zur Neuorientierung der universitären Lehrerbildung sind unter anderem Antworten auf folgende Fragen von Interesse:

- Wie steht es mit der Studienzufriedenheit von Lehramtsstudierenden?
- Welche Einstellungen zur Mathematik und zum Mathematikunterricht haben Mathematiklehrkräfte und Studienanfänger?
- Was macht das professionelle Lehrerwissen (insbesondere Fachwissen und fachdidaktisches Wissen) aus, und welchen Einfluss hat es auf den Unterrichtserfolg?

Diese Fragen haben nach Einschätzung der beteiligten Akteure aus der Praxis besonderes Gewicht. Glücklicherweise kann man sich hier inzwischen auf eine breite empirische Basis stützen. Wir referieren im Folgenden knapp einige relevante Befunde.

2.1.1 Studienzufriedenheit

Ende der 1990er Jahre wurden in einer größeren Untersuchung Referendare befragt, wie sie ihr Mathematikstudium für das gymnasiale Lehramt rückblickend beurteilen. Insgesamt fällt die Bewertung sehr kritisch aus (vgl. Bungartz und Wynands 1998): Eine deutliche Mehrheit hält die fachwissenschaftlichen Anforderungen im Studium für zu hoch und für zu schwach verbunden mit dem Berufsziel. Viele verlassen die Universität mit (nach eigener Wahrnehmung) unzureichender mathematischer Kompetenz und mit geringem Selbstvertrauen. Weit oben auf der Wunschliste stehen mehr

Veranstaltungen, die auf das Berufsbild des Fachlehrers vorbereiten. Dass im Grundstudium nicht nach Diplom- und Lehramtsstudium differenziert wurde, fanden mehr als zwei Drittel der Befragten schlecht bis sehr schlecht.

An einer weiteren, viel beachteten Studie über Lehramtsstudierende und ihr Verhältnis zur Mathematik waren 700 Studierende (aus den Diplom- und Lehramtsstudiengängen) an 28 Hochschulen beteiligt (vgl. Pieper-Seier 2002). Für aufmerksame Betroffene des universitären Alltags war eine der Kernaussagen der Studie wenig überraschend: Die Befunde zeigen, „dass die Lehramtstudierenden keine belastbare, affektiv unterstützte positive Beziehung zur Mathematik haben beziehungsweise entwickeln. Statt auf Begeisterung für Mathematik deuten sie eher auf eine innere Abkehr vom Fach hin" (Pieper-Seier 2002, S. 396 f.). Darüber hinaus wird klar, „dass die Lehramtsstudierenden ihr Studium deutlich weniger als die Diplomstudierenden als eine Möglichkeit vielseitiger Lernerfahrung wahrnehmen und auch den Studienaufbau und die Lehrenden als viel weniger hilfreich erleben" (Pieper-Seier 2002, S. 397).

Aus einem Forschungsprojekt, das sich primär für die Gender-Problematik interessierte, stammen generelle Ergebnisse, die unser Bild abrunden (vgl. Mischau und Blunck 2006):

- Lehramtsstudierende haben im Verlauf ihres Studiums häufig (und häufiger als Diplomstudierende) an einen Wechsel des Studienfachs gedacht. Als Hauptgrund wurde genannt, dass das Studium zu theoretisch sei und der Praxisbezug fehle. Diese Gründe wurden von Studentinnen häufiger angeführt als von Studenten.
- Die Lehr- und Lernformen werden überwiegend kritisch beurteilt, insbesondere werden interaktivere Lehrformen vermisst, bei Studentinnen noch einmal stärker als bei Studenten.
- Lehramtsstudierende haben die Studienbedingungen insgesamt schlechter bewertet als Diplomstudierende, und auch hier bei Studentinnen schlechter als bei Studenten.

Eindringlich wird festgestellt:

> „Es ist insgesamt auffällig, um nicht zu sagen erschreckend, wie negativ Lehramtsstudierende ihr Studium beurteilen." (Mischau und Blunck 2006, S. 49)

In traurigem Einklang hiermit steht der folgende Befund aus einer weiteren einschlägigen Studie – er betrifft den gravierenden Parameter der Selbsteinschätzung und des Selbstwertgefühls: Lehramtsstudierende halten sich im Vergleich zu Diplomstudierenden für weniger kompetent und haben eine schwächer ausgeprägte Erfolgserwartung (vgl. hierzu Curdes u. a. 2003). Es ist übrigens nicht zulässig, bei den Lehramtsstudierenden von einer Negativauslese zu sprechen:

> „Absolvierende eines Diplom- und eines Lehramtsstudiums im Fach Mathematik unterscheiden sich hinsichtlich ihrer kognitiven Eingangsvoraussetzungen nicht." (Blömeke 2009, S. 99 f.)

Die referierten Untersuchungsergebnisse weisen insgesamt in dieselbe Richtung: Es gibt gute Gründe, die universitäre Lehrerbildung im Fach Mathematik für das gymnasiale Lehramt zu verändern.

2.1.2 Einstellungen zur Mathematik und zum Mathematikunterricht

Das berufliche Selbstverständnis des Mathematiklehrers hat sich seit der Mitte des 20. Jahrhunderts gravierend verändert: Noch Ende der 1960er Jahre hatte die überwiegende Mehrheit der Gymnasiallehrer den Anspruch, als Vertreter der Wissenschaft Mathematik angesehen zu werden (was nicht überrascht, da es zunächst gar kein eigenständiges universitäres Lehramtsstudium im Fach Mathematik gab). Zwanzig Jahre später stellte TIETZE in einer größeren Untersuchung fest:

> „Der Gymnasiallehrer sieht sich heute nicht mehr als Wissenschaftler. Viele der von mir befragten Lehrer hielten die fachwissenschaftliche Ausbildung für zu umfangreich und inhaltlich den Zielsetzungen einer Lehrerausbildung für nicht angemessen. Über 82 % waren der Ansicht, dass die didaktisch-methodische Ausbildung bereits während des Hochschulstudiums ein stärkeres Gewicht haben sollte." (Tietze 1990, S. 186)

Dabei verband eine Mehrheit der befragten Lehrerinnen und Lehrer mit dem Begriff „Didaktik" übrigens lediglich die methodische Seite des Lernens von Mathematik, und sie kritisierte nicht die traditionelle Aufgabendidaktik.

Die Frage nach „Mathematischen Weltbildern" von Mathematiklehrerinnen und -lehrern und von Studienanfängern wurde in den 1990er Jahren intensiv beforscht. Das mathematische Weltbild beschreibt einen vielschichtigen Komplex „von Einstellungen gegenüber (Bestandteilen) der Mathematik" und beinhaltet „subjektiv implizites Wissen über die Mathematik, das ein weites Spektrum an Vorstellungen umfasst" (Törner und Grigutsch 1994a, S. 237). Interessantes Ergebnis einer einschlägigen Studie (vgl. Grigutsch u. a. 1998): Im Durchschnitt ist das Mathematikbild der befragten Mathematiklehrerinnen und -lehrer für die Sekundarstufe (unabhängig von der Schulform) in folgendem Sinne vielschichtig und positiv: Die Auffassung, dass das Wesen der Mathematik von problemorientiertem, prozesshaftem Verstehen geprägt ist, findet breite Zustimmung, während die Haltung, Mathematik bestehe vor allem aus Regeln, Algorithmen und fertigen Schemata, eher abgelehnt wird. Der Prozess-Aspekt ist darüber hinaus eng verbunden mit einer Wertschätzung der Anwendungen von Mathematik, der Schema-Aspekt mit einer Präferenz für formale Strenge und Exaktheit. Inwieweit diese – aus mathematikdidaktischer Sicht positiven – Befunde zum mathematischen Weltbild auch handlungsleitend für den Unterricht sind, ist eine spannende, viel schwierigere und in der Studie nicht beantwortete Frage.
Die Resultate der Vergleichsstudien TIMSS und PISA zeigen allerdings, dass die Schülerleistungen im problem- und verstehensorientierten Umgang mit Mathematik deutlich hinter den Leistungen im kalkül- und verfahrensorientierten Umgang mit Mathe-

matik zurückbleiben. Als wichtig und erwünscht erachtete Einstellungen auf Lehrerseite führen jedenfalls nicht zwangsläufig zu entsprechenden Unterrichtserfolgen.

Zu den Einstellungen von Studienanfängern (Diplom und Staatsexamen für das gymnasiale Lehramt) erhebt eine hierfür zentrale Studie (vgl. Törner und Grigutsch 1994b) folgenden Befund: Eine deutliche Mehrheit der untersuchten Studierenden bringt aus den Erfahrungen des eigenen Mathematikunterrichts eine hohe Affinität zum produktorientierten System-Aspekt mit: „Mathematik besteht [...] für fast zwei Drittel der Studenten aus Lernen, Erinnern und Anwenden, für ein Fünftel ist Mathematik damit sogar vollständig erfaßt" (Törner und Grigutsch 1994b, S. 220). Gleichwohl wird durch diese Charakterisierung nach Meinung vieler Studentinnen und Studenten das Wesen der Mathematik nicht erschöpfend beschrieben: Dem Prozess-Aspekt, insbesondere dem Problemlösen, wird potenziell eine mindestens gleichwertige Bedeutung zugeschrieben. Diese Ambivalenz spiegelt einerseits den objektiven Doppelcharakter der Mathematik als Produkt und als Prozess, andererseits zeigt sie, dass die universitäre Lehrerbildung im Fach Mathematik gut beraten ist, das prozesshafte Verständnis von Mathematik von Anfang an explizit zu thematisieren und nachhaltig so zu fördern, dass daraus handlungsleitende Impulse für den späteren Unterricht entstehen können.

2.1.3 Professionelles Wissen

Zentral für den Zusammenhang von professionellem Lehrerwissen und Schülerleistungen im Fach Mathematik (Sekundarstufen) ist die COACTIV-Studie, die auf der Basis ausgewählter PISA-Daten zu bemerkenswerten Resultaten kommt (vgl. die zusammenfassende Darstellung der Ergebnisse durch die Autoren der Studie in Krauss u. a. 2008). Das relevante Professionswissen hat drei Komponenten:

> „[...] Pädagogisches Wissen, Fachwissen und Fachdidaktisches Wissen. Diese drei Kategorien bilden aus heutiger Sicht die allgemein akzeptierten Kernkategorien des Professionswissens von Lehrkräften und es besteht kein Zweifel, dass allen dreien eine zentrale Bedeutung bei den professionellen Aufgaben der Lehrerinnen und Lehrer zukommt." (Krauss u. a. 2008, S. 226)

Für die Gestaltung eines fachlich gehaltvollen und kognitiv aktivierenden Mathematikunterrichts sind das fachdidaktische Wissen und das Fachwissen von ausschlaggebender Bedeutung. Dabei wird *fachdidaktisches Wissen* in der Studie durch drei Hauptkomponenten beschrieben:

- Wissen darüber, wie man mathematische Inhalte für Schüler verständlich (und damit zugänglich) machen kann
- Wissen über fachbezogenen Schülerkognitionen (zum Beispiel typische Fehlvorstellungen)
- Wissen darüber, welches kognitive Potenzial Mathematikaufgaben haben (können)

Unter mathematischem *Fachwissen* wird im Rahmen von COACTIV ausdrücklich nicht das reine, vom Schulstoff losgelöste Universitätswissen verstanden, sondern ein tieferes, bewegliches Verständnis der Fachinhalte des schulischen Sekundar-Curriculums. Dahinter steht die Überzeugung, dass ein fachlich souveräner Umgang mit der Schulmathematik eines „höheren Standpunktes" bedarf, der nicht primär strukturmathematisch orientiert ist.

Zu den Ergebnissen der Studie:

1. Dass Gymnasiallehrkräfte aufgrund ihres sehr fachintensiven und längeren Studiums über deutlich mehr Fachwissen verfügen als ihre Kollegen der anderen Sekundarschulformen, mag weniger überraschen als das Ergebnis, dass sie auch beim fachdidaktischen Wissen im Durchschnitt besser abschneiden, allerdings ist „ihr fachdidaktisches Wissensniveau stärker von ihrem Fachwissen determiniert als bei Lehrkräften anderer Schulformen" (Krauss u. a. 2008, S. 243). Geringes fachdidaktisches Wissen ist bei nicht-gymnasialen Lehrkräften immer mit niedrigem Fachwissen verbunden. (Hieraus ist insgesamt natürlich nicht zu schließen, dass mit der Gymnasiallehrerbildung alles zum Besten steht, die oben zitierten Befunde zur Studienzufriedenheit und zu den „beliefs" lassen diese Deutung nicht zu.)

2. Fachdidaktisches Wissen und Fachwissen von Mathematiklehrkräften werden im Wesentlichen in der Ausbildung erworben. Nach den COACTIV-Daten darf vermutet werden, dass dieses Wissen durch Unterrichtserfahrung kaum vermehrt wird.

3. Das fachdidaktische Wissen der Lehrkraft ist tatsächlich ein entscheidender Faktor für Leistungszuwächse der Schüler. Fachwissen allein genügt nicht.

Der COACTIV-Studie verdanken wir den Hinweis, dass das Fachwissen eine wichtige Rolle für die Entwicklung fachdidaktischen Wissens spielt. Insgesamt stützt die Studie die Forderung nach solidem, auf die Schulmathematik bezogenem Fachwissen in Verbindung mit stoffdidaktisch orientiertem fachdidaktischen Wissen. Die gut ausgebildete und erfolgreiche Lehrkraft beschreiben die COACTIV-Autoren am Ende so:

> „Die Expertenlehrkraft verfügt über viel fachdidaktisches Wissen und viel Fachwissen, sie hat eine konstruktivistische Sichtweise von Lernen und berichtet von angemessener Disziplin in der eigenen Klasse. Sie ist weder der Meinung, Mathematik sei hauptsächlich eine Sammlung von Rezepten, die man nur erinnern und anwenden muss, noch glaubt sie, dass Mathematik am besten durch Zuhören gelernt werden kann. Sie vertritt ebenfalls nicht die Auffassung, dass Schüler jederzeit kleinschrittig angeleitet werden müssen." (Krauss u. a. 2008, S. 248)

2.2 Desiderate

Das Ziel des universitären Studiums von Gymnasiallehrerinnen und -lehrern im Fach Mathematik liegt also im Aufbau eines kognitiven und motivationalen Fundaments, das dem berechtigten Anspruch nach fachbezogener Professionalität Rechnung trägt. Mit Blick auf die skizzierten empirischen Befunde zu den Defiziten der traditionellen universitären Phase muss sich eine Neuorientierung auf die bereits in Kapitel 1 benannten drei zentralen Punkte beziehen: die Ausgestaltung des fachmathematischen Kanons, die Stellung und Aufgabe der fachdidaktischen Komponente und die Lehr- und Lernformen. Lehramtsstudierende als Lerngruppe mit eigenem Recht anzusehen, darf den wissenschaftlichen Anspruch der Ausbildung allerdings nicht gefährden:

> „Wofür ich hier plädiere ist ein Nachdenken, ob und inwiefern die fachliche Ausbildung der Gymnasiallehrer spezifisch erfolgen könnte, ohne das akademische und universitäre Niveau zu verlassen." (Reichel 2000, S. 35)

Im Abschlussbericht der KMK-Kommission zu den Perspektiven der Lehrerbildung in Deutschland wird der akademische Anspruch ausdrücklich bekräftigt. Gehaltvoller Fachunterricht ist nur möglich,

> „[...] wenn Lehrkräfte in ihren Fächern über ein breites Wissen verfügen, welches deutlich über den Horizont des unmittelbaren Unterrichtsstoffes hinausgeht. In der Lehrerbildung muss dieses fächerbezogene Wissen von den Studierenden erworben werden, wobei gleichzeitig der bildungstheoretische Aspekt der Begründung der Inhaltsauswahl sowie der didaktischmethodische Aspekt der Organisation und Unterstützung von Lernen mit berücksichtigt werden muss." (Terhart 2000, S. 99)

Als Ergebnis des Mathematikstudiums müssen sich die Absolventinnen und Absolventen auf ein tragfähiges mathematisches Weltbild stützen können, insbesondere sollten sie substanzielle Vorstellungen zu folgenden Leitfragen haben:

- Was macht das Wesen und den Bildungswert der Mathematik aus?
- Was sind die zentralen Ideen und Aufgaben der Mathematik?
- Was geschieht beim Lehren und Lernen von Mathematik?

Wir skizzieren im Folgenden genauer die intendierten Akzentverschiebungen in den drei relevanten Aufgabenfeldern: auf der fachmathematischen und fachdidaktischen Seite sowie auf dem Feld der Lehr- und Lernformen.

2.2.1 Die fachmathematische Seite

Wissenschaftlicher Charakter. Die Frage nach dem angemessenen wissenschaftlichen Charakter für das Lehramtsstudium in Mathematik ist keineswegs neu. In einer Denk-

schrift[1] aus dem Jahre 1874 behandelt der Tübinger Mathematiker Paul DU BOIS-
REYMOND (1831-1889) unter anderem das Thema „Wissenschaftliche oder encyklopädisch gebildete Lehrer?". Darin befürwortet er ganz entschieden den wissenschaftlich
gebildeten (Gymnasial-)Lehrer:

> „Es ist eine in mathematischen und verwandten Fächern durchaus falsche
> Vorstellung, daß man nicht viel mehr zu wissen brauche, als man zu leh-
> ren hat. Das trifft höchstens für den Universitätslehrer zu, der eben in
> manchen Vorlesungen bis an die Grenze seines Wissens geht, weil dieß
> dann überhaupt die Grenzen des Wissens sind. Aber ich behaupte: um die
> Elemente der Mathematik in bildender Weise zu lehren, muß der Lehrer
> durchtränkt sein von der Quintessenz des ganzen mathematischen Wis-
> sens. Dann erst wird sein Unterricht Klarheit gewinnen; zwar nicht jene
> niedere Klarheit, die man auch Trivialität nennt, sondern das tiefe und
> deutliche Erfassen des mathematischen Gedankens wird der Vorzug sei-
> ner Lehre werden, und dadurch wird er reinigend auf den Denkprozeß
> der mittleren Schüler, begeisternd auf den Berufenen wirken."

Es bleibt hier natürlich zu fragen, wie sich diese „Quintessenz des ganzen mathematischen Wissens" genauer bestimmt und wie diese in einem Lehramtsstudium zu
vermitteln wäre. Schon DU BOIS-REYMOND sah darin sicherlich nicht eine „encyklopä-
dische" Sammlung von Definitionen, Theoremen und Beweisen. Angesichts der aktuellen Ausdifferenzierung der Mathematik kann an eine solche ohnehin nicht mehr
gedacht werden. Es kann also nur um ein *basales* beziehungsweise *exemplarisches*,
darin aber gründliches Kennen und Verstehen von Mathematik gehen.

Eine besondere Bedeutung kommt dabei auch einer Wahrnehmung der Mathematik
im Kontext anderer Wissenschaften und Kulturbereiche zu. Dabei stellt die jeweilige
Fächerkombination der Studierenden eine viel zu wenig genutzte Chance dar.

Genetische Orientierung. Jedenfalls hinterlässt der fachwissenschaftlich orientierte
Teil des Studiums auch deshalb nur wenig Spuren, weil den Studierenden durch den
üblichen, axiomatisch-deduktiven Aufbau der Fachveranstaltungen die Wissenschaft
Mathematik in der Regel als fertiges, in sich geschlossenes System vermittelt wird.

> „Dabei spielen die ursprünglichen Problemstellungen, die Prozesse der
> Begriffsbildung und Theorieentwicklung der jeweiligen Gebiete, nur eine
> untergeordnete Rolle. Die Methoden der Vermittlung sind einseitig fixiert
> auf die reine Instruktion durch die klassische Vorlesung. Die so akzentu-
> ierte, traditionelle Fachausbildung ist eher produkt- und weniger prozess-
> orientiert, und sie setzt eher auf die Instruktion durch die Lehrenden als
> auf die aktive Konstruktion des Wissens durch die Lernenden. In der Ba-
> lance von Produkt und Prozess sowie von Instruktion und Konstruktion

---

[1] Die Denkschrift (du Bois-Reymond 1874) ist im Staatsarchiv Ludwigsburg (Bestand E 202/Bü 326) erhalten; für den Hinweis auf diesen hochinteressanten Diskussionsbeitrag und ein typografisches Transkript
danken wir Herrn Dr. Gerhard Betsch (Tübingen).

liegt der Schlüssel für eine Verbesserung der fachbezogenen Lehrerausbildung." (Danckwerts u. a. 2004, S. 48)

Die erwünschte Prozessorientierung kann nun insbesondere dadurch realisiert werden, dass genetische Aspekte zur Geschichte und Philosophie der Mathematik fortgesetzt und explizit integriert werden[2]. So kann etwa eine ideengeschichtliche (nicht lediglich ereignisgeschichtliche) Sicht erhebliche Wirkung entfalten. Dass um die etablierten mathematischen Begriffe über lange Zeit gerungen wurde, ist für den Lernenden (und für den Lehrenden) eine entlastende, motivierende und sinnstiftende Erfahrung, zumal das eigene Ringen um Verstehen häufig ähnlich verläuft. Für eine derartige Akzentuierung der Fachstudien hat der Mathematiker Otto TOEPLITZ (1881-1940) bereits vor mehr als 80 Jahren plädiert (vgl. Toeplitz 1927). Seine Ideen und Argumente sind nach wie vor aktuell.

Generell wird es darauf ankommen, dem Umgang mit der Wissenschaft Mathematik einen bildenden Wert zuschreiben zu können. In den jüngsten KMK-Empfehlungen zur Mathematik liest sich dieser Auftrag so:

> „Der Einblick in die Bedeutung der Mathematik für die moderne Welt gehört zum Kern des Studiums für alle Lehrämter. Studierende aller Lehrämter sollen der Mathematik als Kulturleistung und den für sie charakteristischen Wissensbildungsprozessen begegnen. Daher gehört zur Vermittlung mathematischer Inhalte grundsätzlich auch, ihren Beitrag zur mathematischen Bildung auszuweisen und sie in der historischen Genese zu verorten." (DMV, GDM und MNU 2008, S. 1)

Es kommt also auch darauf an, die Mathematik als außerordentliche Kulturleistung mit einer mehr als 3000-jährigen Geschichte und für die Gesellschaft prägenden Wirkungen differenziert in den Blick zu nehmen. Dies kann durch eine Darstellung historischer und philosophischer Wurzeln der Mathematik in den jeweiligen fachmathematischen Veranstaltungen geschehen, aber auch durch gesonderte Veranstaltungen zur Geschichte und Philosophie der Mathematik. Gerade die hier thematisierte historisch-genetische, aber auch eine wissenschaftsphilosophische Perspektive ermöglichen einen „Blick von außen" auf die Mathematik, der auch für einen beweglichen Umgang mit Lehr- und Lernprozessen essenziell ist.

Um den Prozesscharakter der Wissenschaft Mathematik erfahrbar zu machen, aber auch zur Unterstützung des Lernprozesses, ist es zudem notwendig, die kanonische Präsentation der Themen zu überdenken. Der italienische Mathematiker Frederigo ENRIQUES (1871-1946) schlägt in diesem Kontext vor:

> Man soll den „angemessenen Grad der Allgemeinheit" anstreben, das heißt den niedrigsten, in dem das Problem seine wahre Natur offenbart.[3]
> (Vgl. Enriques 1915, S. XI)

---

[2] Beispiele zu einer solchen Integration finden sich in Kapitel 5.

[3] „un proprio grado di generalità, che è il primo grado in cui il problema stesso rivela la sua vera natura".

Traditionell werden die mathematischen Inhalte von Beginn an auf einer hohen Stufe der Allgemeinheit unterrichtet. Die Ebene des Anschaulichen wird zum Spezialfall und allenfalls als Beispiel behandelt. Der Mahnung ENRIQUES folgend sollte der Einstieg in ein Teilgebiet besser auf einer Ebene erfolgen, die ohne zu trivialisieren bereits die fachspezifischen Strukturen erkennen lässt und dem Lernenden trotzdem die Sicherheit der Anschauung gibt[4]. Von dieser Basis aus kann eine mathematische Theorie in ihrer vollen Allgemeinheit erschlossen werden, wobei immer wieder die Möglichkeit zu Rückbezügen auf Anschauliches besteht. So steht der deduktive Aufbau einer Veranstaltung und damit die Mathematik als Produkt erst am Ende eines Lernprozesses.

Die Rolle der Elementarmathematik. Ein weiterer harter Punkt berührt die Vernachlässigung der elementarmathematischen Perspektive. Hiermit ist Folgendes gemeint: „Das Fach Mathematik wird in universitären Vorlesungen in der Regel in Darstellungen präsentiert, die sich in einer langen Entwicklung herausgebildet haben und Kriterien optimaler Systemtauglichkeit genügen. Damit haben sich die Konzepte aber zumeist weit von den Phänomenen entfernt, zu deren gedanklicher Organisation sie ursprünglich entwickelt wurden, und es wird nicht von selbst klar, welche Formen der Erschließung und Rekonstruktion der Welt hier am Werk sind. Folglich begegnet der Vorlesungsstoff den Studierenden wie ein entrückter Formalismus, der hohe technische Anforderungen stellt, dessen Sinn und Bedeutung sich nur mühsam oder gar nicht erschließt. Werden solche Erfahrungen dominant, so erzeugen sie ein Mathematikbild, das für die künftige Aufgabe als Lehrer oder Lehrerin nicht nur nicht hilfreich, sondern sogar kontraproduktiv sein kann. Die Studierenden weichen zwangsläufig in ‚systemkonforme Bewältigungskonzepte' aus und verpassen die Chance, eine authentische Begegnung mit Mathematik zu erleben und fachspezifische Denkweisen auszubilden, die sie später in schulmathematischem Kontext an ihre Schülerinnen und Schüler weitervermitteln sollen." (Empfehlungen 2010, S. 24 f.)
Diese Erwartung an den schulischen Mathematikunterricht hat WITTENBERG bereits 1963 so formuliert:

> „Im Unterricht muß sich für den Schüler eine *gültige Begegnung* mit der Mathematik, deren Tragweite, mit deren Beziehungsreichtum, vollziehen; es muß ihm am Elementaren ein echtes Erlebnis dieser Wissenschaft erschlossen werden. Der Unterricht muß dem gerecht werden, *was Mathematik wirklich ist*." (Wittenberg 1963, S. 50 f.)

„Die Studierenden müssen [also] ein differenziertes Bewusstsein entwickeln können über die Art des gedanklichen Zugriffs, den die Mathematik vornimmt, die besonderen Sichtweisen und Methoden der Wissenschaft, den Beitrag, den die Mathematik zur Gestaltung der Welt leistet." (Empfehlungen 2010, S. 25)

In diesem Sinne führen die EMPFEHLUNGEN (2010) konkreter aus: „In Bezug auf das Ausbilden eines solchen Bewusstseins kann die Elementarmathematik eine wichtige

---

[4] Beispiele, die diesen Ansatz veranschaulichen, finden sich in Kapitel 6.

Schlüsselstellung und Mittlerrolle zwischen Schul- und Hochschulmathematik einnehmen, weil sie technisch voraussetzungsarme, eben ‚elementar zugängliche' mathematische Inhalte verhandelt und zugleich authentische Mathematik ist. Elementarmathematische Lehrveranstaltungen sollen Erfahrungen ermöglichen, die mit folgenden Merkmalen im Einklang sind:

- Elementarmathematik ermöglicht den Erwerb typischer mathematischer Denk- und Arbeitsweisen und repräsentiert so die ‚Erfahrung Mathematik' im Kleinen.

- Elementarmathematik knüpft an grundlegende kognitive Erfahrungen an und ist so dem Denken und Verstehen in besonderer Weise zugänglich.

- Elementarmathematik trägt zur Erweiterung der mathematischen Erfahrungswelt der Lernenden bei und ist anschlussfähig für fachliche Vertiefungen.

- In der Elementarmathematik kann der innermathematische Beziehungsreichtum ihrer Inhalte erfahren werden; dies kann sowohl mit semantischem als auch mit syntaktischem Akzent geschehen."

Verzahnung von Schul- und Hochschulmathematik.   In diesen Kontext gehört ein weiteres, schon lange bekanntes Schlüsselproblem: Es geht um die vielfach beklagte Tatsache, dass im traditionellen Fachstudium die Verbindungen zur Schulmathematik kaum sichtbar sind. Prominent und immerhin 100 Jahre alt ist die inzwischen viel zitierte Feststellung des einflussreichen Mathematikers Felix KLEIN (1849-1925):

> „Der junge Student sieht sich am Beginn seines Studiums vor Probleme gestellt, die ihn in keinem Punkte mehr an die Dinge erinnern, mit denen er sich auf der Schule beschäftigt hat; natürlich vergißt er daher alle diese Sachen rasch und gründlich. Tritt er aber nach Absolvierung des Studiums ins Lehramt über, so soll er plötzlich eben diese herkömmliche Elementarmathematik schulmäßig unterrichten; da er diese Aufgabe kaum selbständig mit der Hochschulmathematik in Zusammenhang bringen kann, so wird er in den meisten Fällen recht bald die althergebrachte Unterrichtstradition aufnehmen." (Klein 1908, S. 1)

Ein fachlich souveräner Umgang mit den Themen des Mathematikunterrichts bahnt sich nicht von selbst an. Hierzu bedarf es eigener Lehrveranstaltungen, die die Schulmathematik in geeigneter Weise vom „höheren" Standpunkt behandeln. Dies ist ein eigener Anspruch und erfordert eine spezifische Anstrengung, die nicht in der Begegnung mit kanonisierter Hochschulmathematik aufgeht.
Eine derart konzipierte „Schulmathematik vom höheren Standpunkt" kann prinzipiell zwei Wege gehen: Entweder verfolgt sie das Ziel, im Anschluss an hinreichend breit und tief angelegte hochschulmathematische Erfahrungen die Schulmathematik in den Blick zu nehmen und diese in den erworbenen Wissenskanon fachlich einzubetten. (Diesen Weg geht Felix KLEIN mit seiner „Schulmathematik vom höheren Standpunkte aus" (vgl. Klein 1908).) Oder man knüpft zum Studienbeginn direkt und explizit an die schulmathematischen Vorerfahrungen an, bleibt inhaltlich bei diesen und arbeitet einen höheren Standpunkt heraus, der auf die fachbezogene Professionalisierung der

angehenden Mathematiklehrerinnen und -lehrer zielt und zugleich anschlussfähig für die Hochschulmathematik ist. Wir plädieren für den zweiten Weg, nicht zuletzt weil er zur lernbiografischen Kontinuität beiträgt. Die in der Regel nicht weit zurückliegende Oberstufenmathematik bietet eine tragfähige Basis für unser Verständnis vom „höheren Standpunkt":

„Die tragenden Säulen der Oberstufenmathematik sind (derzeit) die Lernbereiche Analysis, Analytische Geometrie/Lineare Algebra und Stochastik. Die von dort mitgebrachten mathematischen Erfahrungen sind in aller Regel kalkül- und verfahrensorientiert. Nur selten verfügen die Studienanfänger(innen) über reichhaltige inhaltliche Vorstellungen zu den in der Schule behandelten mathematischen Begriffen, und sie können kaum zwischen einer formalen und einer inhaltlich-interpretierenden Ebene unterscheiden und übersetzen. Entsprechend verfügen Absolvent(inn)en der gymnasialen Oberstufenmathematik nur selten über präformale Vorgehensweisen und Begründungen, und sie sind in der Regel nicht vertraut mit Übergängen vom Intuitiven zum Präzisen. Genau diese Fähigkeiten gehören aber zum fachlichen Professionswissen angehender Mathematiklehrer(innen), ohne die ein verstehens- und vorstellungsorientierter Mathematikunterricht in den Sekundarstufen nicht wirksam unterstützt werden kann.
Um diese fachbezogenen Kompetenzen frühzeitig zu entwickeln und zugleich die erwünschte Verbindung von Fach- und Berufsfeldbezug sichtbar zu machen, erscheint es sinnvoll, in eigenen Lehrveranstaltungen vom Typ ‚Schulmathematik vom höheren Standpunkt' einen kritisch-konstruktiven Rückblick auf die Oberstufenmathematik anzustreben. Ziel ist eine Standpunktverlagerung weg von der vertrauten Beherrschung von Kalkülen hin zu einer verstehensorientierten begrifflichen Durchdringung. So verschiebt sich etwa im Rahmen einer ‚Schulanalysis vom höheren Standpunkt' bei der Reflexion des Ableitungsbegriffs der Akzent vom syntaktischen Ableitungskalkül [...] hin zur semantischen Seite des Begriffs [...]." (Empfehlungen 2010, S. 23 f.) Damit wird ein umfassendes Begriffsverständnis wirksam unterstützt (vgl. Kapitel 4).

„Solche Lehrangebote sind einerseits anschlussfähig für die fortschreitende Formalisierung in den entsprechenden Basisvorlesungen der kanonischen Hochschulmathematik und tragen zu deren Verständnis bei, andererseits bieten sie die passende fachliche Plattform für eine mathematikdidaktische Vertiefung im engeren Sinne. Eine so konzipierte ‚Schulmathematik vom höheren Standpunkt' bildet eine *Schnittstelle* zwischen Hochschulmathematik und Mathematikdidaktik, die mit ihrer definierten Zielsetzung zwischen beiden Polen liegt, ohne in einem der beiden aufzugehen." (Empfehlungen 2010, S. 24)

TIETZE hat in den 1980er Jahren Gymnasiallehrerinnen und -lehrer befragt, welche Themen ihrer Meinung nach im Hochschulstudium zukünftiger Mathematiklehrer an Gymnasien stärker berücksichtigt werden sollten. Ergebnis: Bereits an zweiter Stelle (nach den Anwendungen von Mathematik) „steht die Forderung nach Veranstaltungen, in denen die Analysis als Schulmathematik vom höheren Standpunkt aus behandelt wird" (Tietze 1990, S. 194).[5]

---

[5] Über ein Beispiel wird in DANCKWERTS (1983) berichtet.

Wie immer man eine solche Schnittstelle im Einzelnen akzentuiert, entscheidend ist die Bedeutung des höheren Standpunkts für die spätere Tätigkeit.

Resümee.   Insgesamt plädieren wir bei der Neuorientierung der fachmathematischen Komponente für

- eine Begegnung mit dem Reichtum der Disziplin Mathematik,
- ein Einbeziehen der Geschichte und Philosophie der Mathematik,
- eine Reflexion der für die Mathematik typischen Denk- und Arbeitsweisen,
- eine Erfahrung eigener wissenschaftlicher Arbeit „im Kleinen" und
- eine hinreichend explizite schulmathematische Orientierung.

2.2.2 Die fachdidaktische Seite

Die Fachdidaktik konfrontiert die Mathematik mit ihrer Lehrbarkeit in der Schule. Als Wissenschaft vom Lehren und Lernen von Mathematik leistet sie einen spezifischen Beitrag zur Professionalisierung der angehenden Lehrerinnen und Lehrer.

> „So etwas können die Fächer nicht alleine und schon gar nicht die Erziehungswissenschaften alleine. Es geht um *fachspezifische* Arten des Zugänglichmachens, um *fachbezogene* Ziele, um *Fach*curricula etc. Das ist eine genuin fachdidaktische Aufgabe [. . .]." (Blum und Henn 2001, S. 68)

Die von TERHART angedeutete enge Verbindung von Fachwissenschaft und Fachdidaktik (siehe Zitat S. 10) steht im Einklang mit einer zentralen Forderung in der Denkschrift der einschlägigen Verbände für das Fach Mathematik:

> „Eine enge Verzahnung von fachwissenschaftlicher und fachdidaktischer Ausbildung erscheint uns essenziell. Gegenwärtig ist der Abstand zwischen der konkreten fachinhaltlichen Ausbildung und der fachdidaktischen Umsetzung oft zu groß. Es sollte angestrebt werden, dass Fachwissenschaft und Fachdidaktik möglichst stark miteinander verzahnt werden und in Teilen sogar parallel laufen." (Stroth u. a. 2001, S. 4)

Fachlehrerinnen und -lehrer müssen in ihrer Berufspraxis fähig sein, mathematische Denkprozesse bei Schülerinnen und Schülern anzustoßen, zu begleiten und zu beurteilen. Darauf vorzubereiten ist Hauptaufgabe der mathematikdidaktischen Studien.

Entscheidend ist, die fachdidaktische Ausbildungskomponente nicht auf methodische Fragen der Vermittlung von Mathematik zu reduzieren. Zentral sind umfassende Kenntnisse über Wege, Mathematik zugänglich zu machen, aber Wissen über den Bildungsauftrag des Mathematikunterrichts und eine systematische Einbeziehung der Lernerperspektive gehören zwingend dazu.

Insgesamt plädieren die EMPFEHLUNGEN (2010) für

- eine Einbeziehung bildungstheoretischer Aspekte,
- eine starke, hinreichend breit verstandene stoffdidaktische Komponente,
- eine Beachtung von Denk- und Verstehensprozessen bei Lernenden,
- eine geeignete Einbeziehung diagnostischer Fragestellungen.

2.2.3 Lehr- und Lernformen

Die Notwendigkeit von methodischen Veränderungen[6] ist von folgenden Überzeugungen getragen: Gelingendes Mathematiklernen bedarf der fruchtbaren Balance zwischen Instruktion (der Schüler durch den Lehrer) und individueller Konstruktion des Wissens (durch die Lernenden selbst). Angehende Mathematiklehrerinnen und -lehrer müssen diese Balance selbst erfahren; sie müssen in ihrem eigenen Lernprozess erleben, wie mathematische Wissensbildung geschieht.

> Stoff allein genügt nicht. Es muss der dem Fach eigentümliche Denkprozess erlebt und praktiziert werden. Ja, er selbst soll zum Gegenstand des Nachdenkens werden. (Vgl. Wagenschein 1970, S. 126)

Mit einer von solchen Gedanken motivierten methodischen Neuorientierung der Mathematiklehrerbildung sind berechtigte Hoffnungen auf verschiedenen Ebenen verbunden: Das Methodenrepertoire der angehenden Lehrerinnen und Lehrer erweitert sich, der Aufbau eines gültigen mathematischen Weltbildes wird unterstützt, und es wird der Boden für einen erfolgreichen Umgang der Studierenden mit der Hochschulmathematik bereitet.

Zu Recht wird von angehenden Mathematiklehrerinnen und -lehrern erwartet, ihren Unterricht nicht allein durch das traditionelle fragend-entwickelnde Unterrichtsgespräch zu strukturieren. Sie sollen über ein breites Methodenrepertoire verfügen, um den Anforderungen der heterogenen Schülerschaft und der zu unterrichtenden Wissenschaft Mathematik gerecht zu werden. Eine „systematische Integration unterschiedlicher methodischer Elemente" (Gudjons 2002, S. 9) im Mathematikunterricht kann nicht ausschließlich theoriegeleitet vorbereitet werden, sondern muss früh und durchgängig innerhalb der eigenen fachwissenschaftlichen Lernbiografie erlebt werden.

Auch der Aufbau eines tragfähigen mathematischen Weltbildes bei den Studierenden erfordert ein Erleben: das Erleben der Mathematik als Prozess. Die methodische Gestaltung des Fachstudiums muss deshalb sowohl den Produkt- als auch den Prozesscharakter der Mathematik aufnehmen. Insbesondere ist es Aufgabe, die Lernumgebungen auch an der Universität so zu gestalten, dass ein individueller Verstehensprozess bei den Studierenden angestoßen und unterstützt wird.

---

[6] Die Neugründung eines gemeinsamen Arbeitskreises „HochschulMathematikDidaktik" der Fachverbände belegt das breite Interesse, die Lehr- und Lernformen zu verändern (vgl. Eilerts u. a. 2011).

„Unabhängig vom Alter der Lernenden lässt sich Lernen entsprechend einer gemäßigt konstruktivistischen Auffassung generell als aktiver, selbstgesteuerter, konstruktiver, situativer und sozialer Prozess beschreiben."
(Reinmann-Rothmeier und Mandl 1997, S. 356)

Diese Auffassung vom Lernen liegt unserer methodischen Neuorientierung des universitären Mathematiklernens zu Grunde. Das bedeutet, dass traditionellen Formen der instruktiven Wissensvermittlung konstruktive Elemente zur Seite gestellt werden, die zur eigenaktiven Auseinandersetzung und zur Kooperation anregen. Die Gestaltung von universitären Lernumgebungen muss deshalb durchgängig von dem Grundsatz der *Balance von Instruktion und Konstruktion* getragen sein. Der Instruktion durch den Dozenten kommt dabei insbesondere die Aufgabe zu, mathematische Wissensbestände bereitzustellen und die Mathematik als „deduktiv geordnete Welt eigener Art" (Winter 1995, S. 37) zu präsentieren. Diese muss mit Phasen selbstgesteuerten Arbeitens Hand in Hand gehen, wo neues Wissen an bereits vorhandenes anknüpft und so individuell verfügbar gemacht werden kann. Nur die eigenaktive Konstruktion evoziert das Verstehen; erst dann können die Studierenden mit den Inhalten „etwas anfangen" (vgl. Stegmaier 2011).

Der Wissenserwerb verläuft individuell und kann nicht determiniert, sondern höchstens angeleitet werden. Auch deshalb hat das Ziel, über Mathematik sprechen zu lernen, besonderes Gewicht. Obwohl in der Öffentlichkeit häufig ein unüberbrückbarer Gegensatz von Sprachlichem und Mathematischem aufgebaut wird, ist für das Mathematiktreiben gerade der sprachliche Austausch zentral.
Das Sprechen über Mathematik spielt nicht nur in der Scientific Community, sondern besonders für den verstehensorientierten Umgang mit Mathematik eine zentrale Rolle: Ohne Versprachlichung der Gegenstände und Zusammenhänge keine individuelle Wissenskonstruktion, kein Mathematiklernen, kein Verstehen. Die wissenschaftliche Kommunikation über die Gegenstände und Fragestellungen lässt die Mathematik als diskursive Wissenschaft erlebbar werden und legt so auch die Basis für ein belastbares mathematisches Weltbild.

Martin WAGENSCHEIN (1980) unterscheidet in Bezug auf den Umgang mit wissenschaftlicher Ausdrucksweise die „Sprache des Verstehen-Wollens" von der „Sprache des Verstandenen" und markiert damit durch die Sprache zwei zentrale Facetten der Mathematik. Als ökonomisch und effizient charakterisiert er die „Sprache des Verstandenen", die Verbalisierung der mathematischen Produkte, also die Sprache der Instruktion. Die „Sprache des Verstehen-Wollens" ist dagegen als Mittel des gemeinsamen Lernprozesses zuerst individuell und bewegt sich nach und nach auf ein deduktiv geordnetes Produkt zu. (Vgl. Wagenschein 1980, S. 15 f.) Der Umgang mit den Inhalten durchläuft dabei verschiedene Ebenen der Abstraktion, die sich in der Sprache widerspiegeln. Diese gilt es, kennen und unterscheiden zu lernen. Dazu gehört auch die Fähigkeit, zwischen den Ebenen zu übersetzen und Sprache situationsangemessen einzusetzen (vgl. z. B. Gallin und Ruf 2010). Konstruktivistisch angelegte Lernumgebungen bilden den geeigneten Rahmen, um solchen Aspekten Raum zu geben.

WAGENSCHEINS Unterscheidung weist nicht nur auf zwei Pole der wissenschaftlichen Auseinandersetzung mit Mathematik hin, sondern bereitet auch den Boden für eine zentrale Frage der Mathematikdidaktik: das schwierige Verhältnis von Alltags- und Fachsprache. Eine vom Gedanken der Balance von Instruktion und Konstruktion getragene universitäre Lernumgebung kann dieses Spannungsverhältnis erleb- und reflektierbar machen und so einerseits den Lernprozess der Studierenden unterstützen, andererseits aber auch ein Bewusstsein für ein problematisches Feld der Schulpraxis anbahnen (vgl. Lengnink und Prediger 2000).

Insgesamt lautet das Credo: Eine Lehrerbildung, die den Anspruch der Professionalisierung in der Ausbildung ernst nimmt, muss auch eine neue methodische Orientierung universitärer Lehrveranstaltungen in den Blick nehmen.

2.2.4 Zusammenfassung

Lehramtsstudierende müssen *von Anfang an* als Lerngruppe mit eigenem Recht ernst genommen werden. Ihre gezielte Professionalisierung setzt auf

- eine aktive Beziehung zur Mathematik als Wissenschaft und als Kulturgut,
- Erfahrungen mit einer „Schulmathematik vom höheren Standpunkt",
- die Entwicklung fachdidaktischen Wissens, mit dem der Komplexität von Mathematikunterricht reflektiert begegnet werden kann,
- Formen des Lehrens und Lernens, die die Studierenden in der eigenaktiven Konstruktion ihres Wissens unterstützen.

3 Den Anfang anders machen! – Projekterfahrungen

Auf der Basis der oben dargestellten Befunde und Überzeugungen begann das Projekt *Mathematik Neu Denken* im Wintersemester 2005/06 mit einer Pilotphase. An den Universitäten Gießen und Siegen kam es zu einer grundlegenden Neuorientierung des Studiums für das gymnasiale Lehramt – bezogen auf die Studienorganisation ebenso wie auf die inhaltliche und methodische Gestaltung der Lehrveranstaltungen. Dabei setzte *Mathematik Neu Denken* dort an, wo der Grundstein für Studienzufriedenheit und Identifikation mit der Wissenschaft Mathematik und dem Berufsziel bei angehenden Gymnasiallehrerinnen und -lehrern gelegt wird: zu Beginn des Studiums, im ersten Studienjahr.

Ein zentraler Pfeiler der Konzeption der Pilotphase bestand darin, die Lehramtsstudierenden nicht nur als Gruppe mit eigenen Bedürfnissen wahrzunehmen, sondern ihnen unter „Laborbedingungen" auch den Studieneinstieg zunächst getrennt von den übrigen Studierenden zu ermöglichen. An den beiden beteiligten Standorten wurden für den Einstieg unterschiedliche Schwerpunkte gewählt: Während in Gießen zu Beginn die Lineare Algebra thematisch im Vordergrund stand, war dies in Siegen der Themenbereich Analysis. Somit lieferte das Tandemprojekt als Ganzes eine Neuorientierung der klassischen Eckpfeiler des Mathematikgrundstudiums. Weiterhin konnten so die standortspezifischen Stärken genutzt werden, und es wurde sichergestellt, dass der Studienbeginn mit den jeweiligen Studienordnungen kompatibel war.

Der Modellversuch wurde zunächst für zwei Anfängerjahrgänge durchgeführt und im Anschluss für einen dritten Jahrgang mit Blick auf eine dauerhafte Implementierung verschiedenen Abwandlungen unterzogen. Dazu zählten insbesondere die Öffnung bestimmter Veranstaltungen für weitere Studierendengruppen sowie die Restrukturierung personalintensiver Sonderveranstaltungen. So wurden beispielsweise die Vorlesungen zur *Analysis I* und *II* sowohl für Studierende des Lehramts als auch Fachbachelorstudierende aus Mathematik und Physik angeboten, wobei die im Projekt erfolgreich erprobte veränderte Studienstruktur für die angehenden Lehrerinnen und Lehrer ansonsten erhalten blieb. Dabei zeigte sich, dass auch unter veränderter Studierendenzusammensetzung die Studierenden im Lehramt nicht minder erfolgreich waren als ihre Kommilitonen der anderen Studiengänge, sie sogar die geringeren Abbrecher- und Durchfallquoten aufwiesen und sich ihre Ergebnisse nicht von denen der ersten beiden Projektjahre unterschieden.

> „Ich fühle mich als Lehramtskandidat nicht ‚unwahrgenommen'. [...] Erstens durch die ‚Schulanalysis-Vorlesung'. Die hat schon mal dazu beigetragen zu sagen: Du bist ein Lehrämter."

Aussagen wie diese aus einem Interview mit einer Studentin im Wintersemester 2007/08 zeigen, dass trotz gemeinsamer Veranstaltungen identitätsstiftende Erfahrungen der Lehramtsstudierenden als Gruppe gefördert werden können, und betonen so die Relevanz der inhaltlichen und methodischen Neuorientierung sowie der übrigen organisatorischen Rahmenbedingungen.

Im Folgenden werden nun mit Blick auf die in Kapitel 2 spezifizierten Ausgangslagen und Ziele die zentralen Aspekte des Pilotprojekts geschildert[7]. Dabei werden durch die praktisch erprobten Konzepte Geist und Grundidee von *Mathematik Neu Denken* plastisch und zugleich ein möglicher Rahmen für die in den Kapiteln 4 bis 8 kommentierten Materialien greifbar. Des Weiteren bilden die Erfahrungen der Pilotphase auch die Basis für die programmatische Weiterentwicklung der Projektidee auf ein volles Lehramtsstudium (vgl. Kapitel 10).

3.1 Schul- und Berufsfeldbezug von Anfang an

3.1.1 Analysis – Verzahnung von Schul- und Hochschulmathematik

Das Teilprojekt am Standort Siegen befasste sich mit der Umsetzung der skizzierten Neuorientierung im Lernbereich Analysis, einem der beiden Grundpfeiler jedes Mathematik-Studiums für das gymnasiale Lehramt. Inhaltliches Ziel des Siegener Teilprojekts im ersten Studienjahr war die enge Verzahnung der vier Bereiche Schulanalysis, kanonische Hochschulanalysis, Geschichte und Philosophie der Analysis sowie Didaktik der Analysis. Um dies zu gewährleisten, war eine Abkehr von der traditionellen zeitlichen Studienstruktur, jedoch kein Eingriff in die Studienordnung als solche nötig.

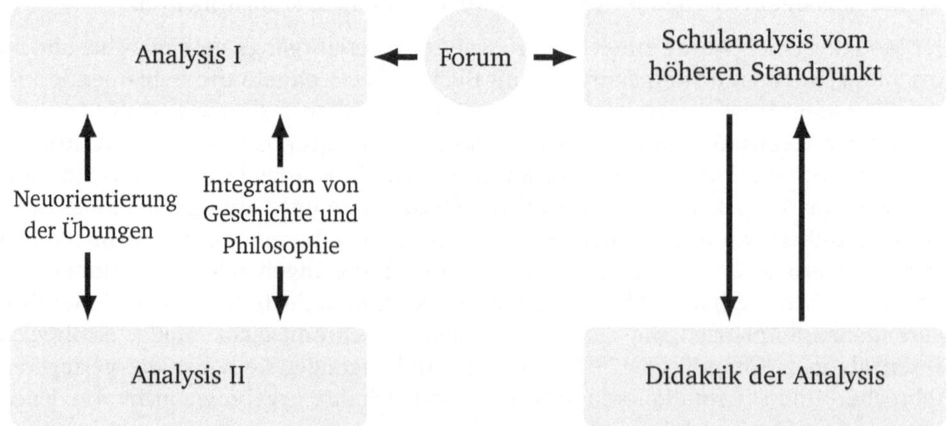

---

[7] Ein ausführlicher Bericht zu Konzeption, Durchführung und Ergebnissen der ersten Pilotphase an beiden Projektstandorten findet sich in BEUTELSPACHER und DANCKWERTS (2008). Für das dritte Projektjahr siehe DANCKWERTS und NICKEL (2009).

Gleich zu Beginn des Studiums nahm die Veranstaltung *Schulanalysis vom höheren Standpunkt* die zentralen Themen vertrauter Oberstufenmathematik auf und reflektierte sie so, dass die gewonnenen Einsichten sowohl anschlussfähig für die fachwissenschaftlich-systematische Vertiefung in der *Analysis I* und *II* als auch für die *Didaktik der Analysis* im zweiten Semester waren. Überdies integrierten die Veranstaltungen zur Hochschulanalysis durchgängig ideengeschichtliche wie auch mathematikphilosophische Aspekte.[8] Von den Studierenden wurde das Konzept entsprechend aufgenommen, wie diese Erinnerung eines Studenten im Interview (Beginn Sommersemester 2008) konkret werden lässt:

> „Zum anderen war es auch am Ende so, dass ich Verknüpfungen zwischen den beiden Vorlesungen gesehen habe, was mir dann auch geholfen hat. Ein Beispiel ist mir besonders aufgefallen: Auf dem zweiten oder dritten Übungszettel [zur Analysis I] sollten wir die Mittelungleichung beweisen. Da habe ich das bewiesen und damit war die Sache für mich erledigt. Bei dem Herrn Danckwerts [in der Veranstaltung Schulanalysis vom höheren Standpunkt] haben wir dann gelernt, was man mit der Mittelungleichung alles machen kann. Dass man auch ohne Analysis Hoch- und Tiefpunkte bestimmen kann. Das ist mir in der Analysisvorlesung überhaupt nicht klar geworden. Deshalb fand ich es gut, dass ich die beiden Veranstaltungen zusammen gehört habe. Das war jetzt eine Verbindung, die mir im Gedächtnis geblieben ist."

Das zwei Semesterwochenstunden umfassende (fakultative) *Forum* unterstützte den inhaltlichen Brückenschlag zwischen der *Schulanalysis vom höheren Standpunkt* und der *Analysis I* (vgl. auch 8.4.2).

Inhaltlich wirkte die enge Verzahnung von Schul- und Hochschulanalysis im ersten Studienjahr auf verschiedenen Ebenen: Die Kluft zwischen erlebtem Schulstoff und Hochschulmathematik wurde kleiner. Die Studierenden wurden nicht durch die allzu übliche Aufforderung, ihre „Schulkenntnisse zu vergessen", demotiviert. Vielmehr wurden die Vorerfahrungen für das Verständnis der Hochschulanalysis nutzbar gemacht. So konnte zur Identifikation der Studierenden mit ihrem Studienfach und mit der Wissenschaft Mathematik im Allgemeinen beigetragen werden. Die erweiterte Perspektive auf die Schulanalysis zielte außerdem auf eine fachliche Professionalisierung mit Blick auf den Lehrerberuf. Dies wiederum erlaubte sinnstiftende Erfahrungen für die angehenden Lehrerinnen und Lehrer, die teilweise bereits durch praktische Erfahrungen gefestigt werden konnten:

> „Was ich beim Praktikum an der Schule bemerkt habe, ist, dass mir diese Vorlesung [Schulanalysis vom höheren Standpunkt] am meisten geholfen hat, weil genau diese Themen, die in der Berufsschule durchgenommen werden, nochmals wiederholt wurden. Ohne diese Vorlesung wäre ich da ziemlich aufgeschmissen gewesen." (Teilnehmerinterview, Wintersemesters 2007/08)

---

[8] Zur konkreten inhaltlichen und methodischen Ausgestaltung vgl. die kommentierten Materialien in den Kapiteln 4, 5 und 8.

Durch die unterschiedlichen thematischen Schwerpunktsetzungen der Veranstaltungen, aber auch die verschiedenen Herangehens- und Darstellungsweisen an die zentralen Begriffe der Analysis innerhalb der Veranstaltungen, konnte weiterhin das häufig sehr statische Mathematikbild von Studienanfängern aufgebrochen werden:

> „Am meisten habe ich meinen Blick in der Mathematik geändert, d. h., ich versuche nicht mehr, Aufgaben nur mit einer Formel zu lösen, sondern ich versuche erst mal, die Aufgaben richtig zu verstehen und dann logisch zu lösen." (Projektevaluation, Sommersemester 2007)

Aus der Umstrukturierung des Studienbeginns und der damit verbundenen Verschiebung der Veranstaltung zur Linearen Algebra auf das zweite Semester entstanden speziell für das Siegener Teilprojekt inhaltliche Schwierigkeiten, da ein Hauptthema der Vorlesung *Analysis II*, die mehrdimensionale Analysis, wesentlich auf Begriffe und Resultate dieser Veranstaltung aufbaut. Werden nun nicht, wie traditionell üblich, *Analysis I* und *Lineare Algebra I* im ersten Semester parallel gehört, stehen diese Resultate im zweiten Semester noch nicht zur Verfügung. Dennoch wurde wegen der beschriebenen Verzahnung von *Schulanalysis vom höheren Standpunkt* und *Analysis I* im ersten Semester *bewusst* auf eine hochschulmathematische Doppelbelastung (*Analysis I* und *Lineare Algebra I*) verzichtet. Der entstandenen inhaltlichen Lücke wurde zunächst dadurch begegnet, dass in der Vorlesung *Analysis II* die Inhalte der *Linearen Algebra* – soweit benötigt – ad hoc entwickelt wurden. Dies hatte zwar einerseits den Nachteil eines „Zeitverlustes" und des Einschiebens „analysisfremder" Inhalte, bot aber andererseits den Vorteil, die abstrakten Begriffe der *Linearen Algebra* (Vektorraum, Skalarprodukt etc.) zusätzlich aus analytischer Perspektive motivieren zu können. In einer im dritten Semester angebotenen Projektveranstaltung zur *Analytischen Geometrie und Linearen Algebra* konnte dann darauf zurückgegriffen werden.

Ein wesentlicher Erfolg des Projekts im Sinne einer nachhaltigen Veränderung des Studiums ist, dass der Fachbereich Mathematik an der Universität Siegen die Notwendigkeit einer einsemestrigen, in sich geschlossenen Veranstaltung *Analytische Geometrie und Lineare Algebra* erkannt hat und im Zuge der Weiterentwicklung des Projekts die Themen der entsprechenden Veranstaltungen in diesem Sinne umgestellt wurden. So kann die unter Projektbedingungen erfolgreich erprobte Struktur beibehalten werden: Auf der hochschulmathematischen Seite wird im ersten Semester ausschließlich die *Analysis I* gemeinsam mit einer *Schulanalysis vom höheren Standpunkt* gehört. Erst im zweiten Semester kommt dann eine – einsemestrig konzipierte – Lineare Algebra hinzu.

3.1.2 Lineare Algebra – Primat der Geometrie

Am Projektstandort Gießen wurden die klassischen Vorlesungen *Lineare Algebra und Analytische Geometrie I* und *Lineare Algebra und Analytische Geometrie II* restrukturiert.

Dazu entstand für die Studierenden des gymnasialen Lehramts ein neuer Veranstaltungsverbund, in dem sie getrennt von den übrigen Mathematik Studierenden durch ihre ersten beiden Semester geführt wurden. Zu dem Verbund zählten eine vierstündige Vorlesung, zweistündige Übungen in kleineren Übungsgruppen sowie ein zusätzliches Software-Praktikum.

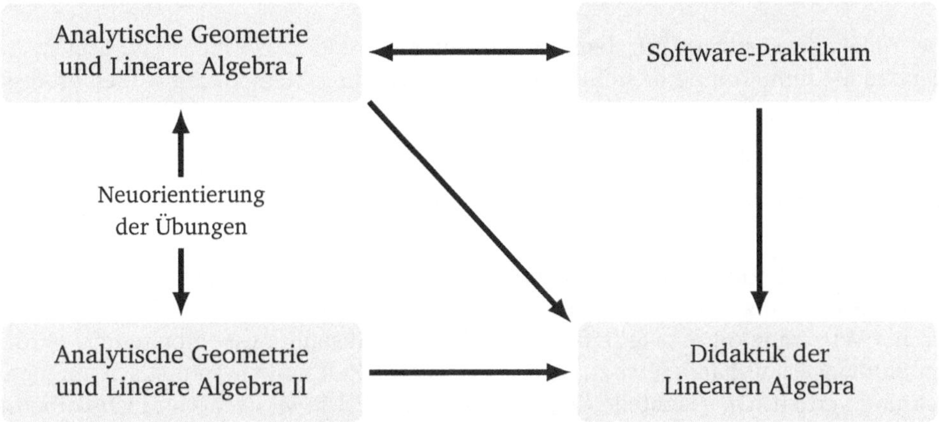

Der Name der neuen Projektveranstaltung *Analytische Geometrie und Lineare Algebra* weist auf eine Schwerpunktverschiebung in Richtung analytischer Geometrie hin. Im Allgemeinen steht in Vorlesungen zur Linearen Algebra die Abstraktion an erster Stelle: Die grundlegenden algebraischen Strukturen stehen eindeutig im Vordergrund, Zeit für geometrische Veranschaulichung oder praktische Anwendung bleibt de facto kaum. Hier bildete die Gießener Veranstaltung *Analytische Geometrie und Lineare Algebra* einen dem Lehramtsstudium angemessenen Kontrapunkt. Sie setzte auf die Kraft der Anschauung und damit auf das Primat der Geometrie.
Die ersten beiden Kapitel der Vorlesung („Der 3-dimensionale Raum" und „Lineare Gleichungssysteme") knüpften in diesem Sinne bewusst und explizit an die Vorerfahrungen der Studierenden an und bereiteten gleichzeitig die spätere Theorie vor.[9] Dieses Bottom-up-Modell hat sehr überzeugt, was auch daran erkennbar war, dass die abstrakten Konzepte in vielerlei Hinsicht den Studierenden auf Basis der konkreten Erfahrungen viel eingängiger waren, als traditionell zu beobachten ist. Zusätzlich wurde großer Wert auf einen stärkeren Bezug zu außermathematischen Anwendungen mit Blick auf die Relevanz für das spätere Berufsfeld Schule gelegt. Die Wechselwirkung zwischen der Anschauung, der deduktiv organisierten Mathematik und ihren Anwendungen in der Schule konnte bei den Studierenden zur Konstruktion eines gültigen, prozessorientierten Bildes der Wissenschaft beitragen.

Der Vorlesung war neben den traditionellen Übungsgruppen ein verpflichtendes Software-Praktikum zur Seite gestellt. Hier wurden die aktuellen Inhalte der Vorlesung aufgegriffen und mit Hilfe eines Computeralgebrasystems bearbeitet. Neben der Möglichkeit zur dynamischen Visualisierung einzelner Inhalte bot der Umgang mit den Vorlesungsinhalten im Rahmen von Programmieraufgaben auch die Möglichkeit

---

[9] Weitere Ausführungen zu Inhalt und Konzeption dieser Veranstaltung folgen in Kapitel 6.

einer vertieften Auseinandersetzung, was auch in Portfolios zur Veranstaltung von den Studierenden positiv reflektiert wurde:

> „Dieses Praktikum mit dem Mathematikprogramm Derive war in meinen Augen das absolute Highlight der zwei Semester. Mancher Stoff [...] wurde mir durch die praktischen Übungen am Laptop erst richtig klar."

Der reflektierte Umgang mit dem für den Oberstufenunterricht immer wichtiger werdenden Medium Computer stellt außerdem ein weiteres Element der frühen Professionsorientierung dar.

3.1.3 Integration der Fachdidaktik ab dem zweiten Semester

In einem traditionellen Mathematikstudium für das gymnasiale Lehramt ist die zeitliche Abstimmung von fachmathematischer Ausbildung und zugehöriger fachdidaktischer Vertiefung oft mangelhaft. Fachdidaktische Ausbildungskomponenten werden im Studienverlauf häufig erst zu einem sehr späten Zeitpunkt systematisch aufgegriffen und vertieft. Die Nachteile liegen auf der Hand: Die Verflechtung fachmathematischer und fachdidaktischer Sichtweisen kann nur unzureichend erfolgen. Zudem ist oftmals eine zeitaufwendige Wiederholung fachlicher Inhalte notwendig, bevor diese unter didaktischen Gesichtspunkten thematisiert werden können.

In der Pilotphase von *Mathematik Neu Denken* am Standort Siegen wurden die Studierenden daher bereits im zweiten Semester in der Veranstaltung *Didaktik der Analysis* mit der Didaktik des hier gewählten Schwerpunktbereichs Analysis konfrontiert. Ziel dieser Erstbegegnung war es, den zentralen analytischen Inhalten eine fachdidaktische Dimension zu geben und auf diese Weise frühestmöglich die Ausbildung eines eigenen Standpunktes zum späteren Unterrichtsfach zu initiieren. Gerade diese Inhalte waren aufgrund der zeitlichen Nähe zur *Schulanalysis vom höheren Standpunkt* noch unmittelbar verfügbar, so dass die dort bereits angestoßenen didaktischen Ausblicke in der *Didaktik der Analysis* systematisch vertieft werden konnten.

> „Die Diskussionen waren sehr hilfreich, seine Meinung zum einzelnen Thema zu festigen; die Kritik an alten Vorgehensweisen, um sich selber Vorstellungen vom eigenen Lehrstil zu machen." (Veranstaltungsevaluation *Didaktik der Analysis*, Sommersemester 2007)

Im Hinblick auf den zu gewinnenden Standpunkt ging es dabei nicht um die Erarbeitung von konkreten Unterrichtskonzepten und „methodischen Kniffen", sondern vielmehr darum, geeignete normative Orientierungen herauszuarbeiten, die den angehenden Lehrerinnen und Lehrern eine kritische Beurteilung von Unterrichtsinhalten und -materialien ermöglichen. Behandelt wurden etwa Fragen wie „Warum sollte man (will ich) Analysis unterrichten?" und „Was macht guten Analysisunterricht aus?". Antworten auf diese Fragen wurden konkret durch eine ausführliche Diskussion von Grundpositionen unter anderem anhand der Grunderfahrungen nach WINTER (1995) angebahnt und an Themen wie „Modellieren im Analysisunterricht", „Analysisunterricht hat Geschichte" oder durch den Blick in die Praxis auf die Anforderungen des Zentralabiturs und Lehrerinterviews vertieft.[10]

Auch hier trug die explizite Orientierung auf das Unterrichten von Analysis zu frühen sinn- und identitätsstiftenden Erfahrungen von Lehramtsstudierenden bei. Zusätzlich erlaubte die Organisationsform eines Seminars bereits im Grundstudium Erfahrungen in Vortrag und Diskussion fachdidaktischer Inhalte, was wiederum die Konstruktion eines tragfähigen Bildes von Mathematik*unterricht* unterstützt.

Im Rahmen des aus der Pilotphase entstandenen Fortsetzungsprojekts am Standort Gießen wurden dort auch zum Lernbereich Analytische Geometrie und Lineare Algebra fachdidaktische Elemente integriert. Das Software-Praktikum wurde im zweiten Semester durch ein die Fachveranstaltung weiterhin begleitendes fachdidaktisches Seminar im zweiten Studiensemester abgelöst. Unter seminaristischen Bedingungen konnten schulrelevante Inhalte der Vorlesung aufgegriffen und mit didaktischen Fragestellungen diskutiert werden: Zentrale Begriffe der Analytischen Geometrie und die zugehörigen Schülerkonzepte wurden ebenso thematisiert wie die Entwicklung dieser Disziplin im Rahmen der Schulmathematik. Auch wurden Möglichkeiten und Grenzen des Computereinsatzes im Unterricht reflektiert und damit eine Brücke zum Software-Praktikum des ersten Semesters geschlagen. Über die Vertiefung der schulrelevanten Vorlesungsinhalte konnten außerdem Möglichkeiten eines problem- und anwendungsorientierten Unterrichts aufgezeigt werden.[11] Auf diese Weise konnte eine frühe Begegnung mit der Didaktik der Linearen Algebra bereits in das erste Studienjahr integriert werden und fand nicht losgelöst von der Fachveranstaltung erst im Hauptstudium statt.

3.2 Historische und mathematikphilosophische Elemente

Eine zentrale Säule der oben beschriebenen Projektidee ist das Einbeziehen der Entstehungs- und Entwicklungsgeschichte sowie des kulturhistorischen und philosophischen Kontextes in das Fachstudium. Diese Forderung wurde insbesondere in den für das Pilotprojekt konzipierten Veranstaltungen zur Hochschulanalysis umgesetzt.

Die Integration historischer und mathematikphilosophischer Elemente schlug sich in einer – wo immer möglich – prozessorientierten Darstellung analytischer Inhalte anstelle einer Präsentation des „fertigen Produkts" nieder (beispielsweise bei einer Darstellung der Genese der Zahlkonzepte von $\mathbb{N}$ bis $\mathbb{C}$). Dies diente aber ausdrücklich nicht als Selbstzweck; „Analysis" sollte also nicht in einer „Geschichte der Analysis" aufgehen. Die Thematisierung einer genuinen Mathematikgeschichte sollte weiterführenden Veranstaltungen vorbehalten bleiben. Allerdings ist die historisch-genetische Darstellung ein wichtiges Hilfsmittel, die Analysis als Grundlagendisziplin für das

---

[10] Inhaltlicher Leitfaden der Veranstaltung war dabei DANCKWERTS und VOGEL (2006).

[11] Die thematische Strukturierung orientierte sich an TIETZE u. a. (2000), an den aktuellen und vorangegangenen Inhalten der Vorlesung sowie an den Vorerfahrungen aus dem Software-Praktikum des ersten Semesters.

weitere Fachstudium zu lehren und darüber hinaus die gesellschaftliche und allgemein kulturelle Relevanz der Mathematik (zumal für unsere naturwissenschaftlich-
technisch geprägte Gesellschaft) zu verdeutlichen. Zudem ermöglicht die historische
(Rück-)Sicht, die großartigen Konzepte der Analysis, die in zum Teil jahrhundertelan-
gen Bemühungen errungen wurden, wenigstens ansatzweise adäquat zu würdigen.
Und schließlich zeigt eine solche Perspektive, dass Verständnisschwierigkeiten bei den
Studierenden nicht notwendig an mangelnder Begabung oder Motivation liegen, sondern der schwierigen Genese der Konzepte durchaus entsprechen; eine für Lehrende
wie Lernende gleichermaßen hilfreiche Einsicht.

Für das mathematische Fachstudium gehören die in die Analysis integrierten historischen und philosophischen Aspekte sicherlich nicht zum kanonischen Repertoire; für
ein umfassendes Verständnis für das Fach Mathematik sind sie jedoch unverzichtbar.
In dieser Hinsicht wurden sie von vielen Studierenden als eine Bereicherung erfahren:

> „Es ist 'ne wichtige Veranstaltung, weil da erfährt man viel über die Gene-
> se, also die Entwicklung der Analysis, und ich denke auch, das sollte man
> bei Lehrern voraussetzen, dass die halt überhaupt mal wissen, warum
> Analysis funktioniert." (Teilnehmerinterview, Wintersemesters 2006/07)

Die explizit zu den Vorlesungsinhalten gezählten historischen und philosophischen
Aspekte der Analysis forderten und erlaubten zugleich eine Veränderung der Prüfungskultur: Sowohl auf den Übungsbögen als auch in Test und Klausur wurden die
klassischen Beweis- und Rechenaufgaben durch Textanalyseaufgaben und Fragen zum
historischen Kontext ergänzt. Eine kurze Hausarbeit zu meist mathematikhistorischen
Themen erweiterte das Leistungsportfolio zur *Analysis I*.[12] So bot sich den Studierenden die Möglichkeit, den Prozesscharakter der Analysis nicht nur in der Vorlesung zu
rezipieren, sondern auch im Sprechen und Schreiben über Mathematik zu erfahren.

> „Man betrachtet nun Analysis von einer anderen Seite. Sie besteht nicht
> nur aus Auf- oder Ableitungen, Extrema und Wendepunkten. Die Hinter-
> gründe und die Entstehung der Analysis wurden gut an den Studenten
> gebracht." (Veranstaltungsevaluation *Analysis I*, Wintersemester 2008)

Eine Möglichkeit, ideengeschichtliche Aspekte zu berücksichtigen, ohne sie in die
fachmathematischen Veranstaltungen direkt zu integrieren, erprobte das Gießener
Teilprojekt. Dort wurden von den Studierenden innerhalb eines eng an die Vorlesung
angebundenen Portfolioprojekts die Biografien und Ideen von für die Entwicklung
der Linearen Algebra wichtigen Mathematikern herausgearbeitet (vgl. auch 8.5.1).
Das Erstellen solcher Portfolios bot den Studierenden die Möglichkeit, die erlernte
Mathematik historisch und von ihrer Entstehung her besser einordnen und so die
Bedeutung einzelner Entdeckungen einschätzen und bewerten zu können.

---

[12] Eine kommentierte Auswahl möglicher Aufgaben und Hausarbeitsthemen folgt in Kapitel 5.1.5, der
methodische Einsatz wird in 8.5.2 beschrieben.

3.3 Methodische Neuorientierung in der Praxis

3.3.1 Balance von Instruktion und Konstruktion

Methodisch durchzog das gesamte Pilotprojekt das Streben nach einer Balance von Instruktion und Konstruktion. Dies ist sowohl in der Gesamtkonzeption als auch in der Gestaltung einzelner Veranstaltungen zu erkennen.

Um den Anteil konstruktivistischer Lernerfahrungen zu erhöhen, kam es insbesondere innerhalb der den Vorlesungen zur Seite gestellten Übungsgruppen zu einer methodischen Neuorientierung. Neben dem expliziten Einsatz kooperativer Arbeitsformen wurde dort eine Vielzahl öffnender Elemente erprobt.[13] Besonders durch den Einsatz verschiedener Formen der Gruppenarbeit konnte so bereits zu Beginn des Studiums das häufig als hilfreich erlebte kooperative Arbeiten über die Veranstaltungen hinaus angebahnt werden:

> „Die Gruppenarbeiten haben Spaß gemacht. Da hat man auch am meisten mitbekommen. Obwohl wir schon teilweise lange an den Übungen gearbeitet haben, wo man dann vier oder fünf Stunden dran gesessen hat und dann gesagt hat: ‚Jetzt reicht's‘, aber da hat man die Sachen am besten verstanden." (Teilnehmerinterview, Wintersemesters 2007/08)

Dem Grundgedanken der eigenaktiven Konstruktion des Wissens durch die Lernenden waren darüber hinaus auch die Arbeitsformen in den Software-Praktika sowie im *Forum* verpflichtet. Auch die Seminare zur *Didaktik der Analysis* und zur *Didaktik der Linearen Algebra* waren methodisch in diesem Geist angelegt. Dort konnten in der Vorbereitung von Seminarvorträgen die Inhalte und Fragestellungen individuell bearbeitet, vertieft und diskutiert werden.

Doch auch innerhalb der Großform Vorlesung wurde immer wieder auf unterschiedliche Weise versucht, den rein instruktiven Charakter aufzubrechen: Das Arbeitsklima sollte Zwischenfragen nicht nur zulassen, sondern auch befördern. In seminaristischen Phasen waren die Studierenden aufgefordert, selbst aktiv zu werden. Insbesondere in den Vorlesungen zur *Analytischen Geometrie und Linearen Algebra* wurde der Dozentenvortrag systematisch durch Präsenzaufgaben und damit durch Phasen der fachbezogenen Kommunikation der Studierenden untereinander unterbrochen. So wurde im vierstündigen Vorlesungsblock konsequent die dritte Stunde für die Bearbeitung von Präsenzaufgaben genutzt, die dann wiederum in der letzten Stunde aufgegriffen und zur inhaltlichen Vertiefung geführt wurde.[14]

---

[13] Eine ausführliche und mit Beispielen versehene Darstellung der in *Mathematik Neu Denken* eingesetzten Methoden folgt in Kapitel 8.

[14] Beispiele für solche Aufgaben finden sich unter 8.3.

3.3.2 Erweiterung der universitären Lernumgebung

Die Laborbedingungen der Pilotphase konnten auch zur Erprobung von abseits des kanonischen Angebots liegenden Lernarrangements genutzt werden. So wurde eine dreitägige studentische Tagung an einem Ort außerhalb der Universität zum festen Bestandteil der Konzeption der Praxisphasen des Projekts.

> „Es war lehrreich, hat uns allen aber auch viel Spaß bereitet und diejenigen, die nicht mit dabei waren, bereuen es schon." (Veranstaltungsevaluation „Wochenendseminar", Sommersemester 2007)

Mit diesem Arrangement wurden Ziele auf unterschiedlichen Ebenen verfolgt. Diese reichten vom Lernen fachmathematischer Inhalte über den Bereich der Schlüsselqualifikationen bis hin zu Fragen der individuellen Berufswahl. Nicht zuletzt wurden mit der Möglichkeit des intensiven persönlichen Austauschs der Studierenden untereinander und dem Kontakt mit den Professoren und Mitarbeitern außerhalb der gewohnten Umgebung soziale Erfahrungen gemacht, die für den Lernerfolg nicht zu unterschätzen sind.[15]

Auch das Mathematikum in Gießen wurde genutzt, um als außeruniversitärer Lernort das Angebot zu ergänzen. Es war dabei gleichzeitig ein Ort der Begegnung der Studierenden mit der Mathematik wie auch der Begegnung untereinander. Über das gemeinsame Erleben der Experimente konnten die Studierenden in einem weniger formalen Umfeld Kontakte zu den Mitstudierenden, aber auch zu den Dozenten, Mitarbeitern und Tutoren knüpfen und so Hürden im Miteinander abbauen. Für die Gießener Projektstudierenden dienten außerdem einzelne veranstaltungsbezogene Exponate als Grundlage für die Arbeit mit Portfolios (vgl. 8.5.1).

---

[15] Eine Beschreibung möglicher methodischer Ausgestaltungen an Beispielthemen findet sich unter 8.4.3.

4 Ideen und Materialien zu einer *Schulanalysis vom höheren Standpunkt*

Die Analysis ist der harte Kern der Oberstufenmathematik. Die von dort mitgebrachten mathematischen Erfahrungen sind in aller Regel kalkül- und verfahrensorientiert; ein Paradebeispiel hierfür ist die in der algorithmischen Routine erstarrte Kurvendiskussion. Ziel einer früh ansetzenden *Schulanalysis vom höheren Standpunkt* ist eine Standpunktverlagerung weg von der vertrauten Beherrschung von Kalkülen hin zu einer verstehensorientierten begrifflichen Durchdringung mit Mitteln, die prinzipiell am Ende der gymnasialen Oberstufe zur Verfügung stehen. So verschiebt sich zum Beispiel bei der Reflexion des *Ableitungsbegriffs*, einer der zentralen Begriffsbildungen der (elementaren) Analysis, der Akzent vom syntaktischen Ableitungskalkül („Wie wird abgeleitet?") hin zur semantischen Seite des Begriffs („Was bedeutet die Ableitung?"). Hier geht es um die Analyse des inhaltlichen Aspektreichtums dieses Begriffs, etwa repräsentiert durch das Grundverständnis als lokale Änderungsrate oder über die lokale Linearisierung mit je eigenem spezifischen Nutzen. Auf diese Weise entwickelt sich ein umfassendes Begriffsverständnis.

Auf der Ebene der Kalküle bietet der Themenkreis *Extremwertprobleme* ein ideales Beispiel, um die Idee des „höheren Standpunktes" herauszuarbeiten: Ziel ist der reflektierte Umgang mit den aus der Schule vertrauten und dort dominanten analytischen Standardverfahren. Kern ist hier das Spannungsfeld zwischen Standardkalkül und der Kraft elementarer Lösungsmethoden.

Eine dritte Ebene ist grundlagenorientiert. Tragendes Beispiel hierfür ist das Thema *Vollständigkeit der reellen Zahlen*, mit dem im schulischen Analysisunterricht eher naiv umgegangen wird. Eine verstehensorientierte Durchdringung zielt auf eine erste Problematisierung von Sinn und Bedeutung des Konstrukts der Vollständigkeit für die elementare Analysis und ist anschlussfähig für die Präzisierungen im Rahmen der universitären Anfängervorlesung zur Analysis.

Alle drei Beispielthemen – Ableitungsbegriff, Extremwertprobleme und Vollständigkeit – werden im Folgenden nach der im Projekt direkt verwendeten Vorlage DANCKWERTS und VOGEL (2006) genauer diskutiert. Für weitere etablierte Themen der schulischen Analysis wie Integralbegriff, Kurvendiskussion oder Exponential- und Sinusfunktionen finden sich Anregungen in DANCKWERTS und VOGEL (2005) sowie DANCKWERTS und VOGEL (2006), ebenso bei ARTMANN (1993), BÜCHTER und HENN (2010) oder bei LEUFER und PREDIGER (2007) für Verstehensprobleme mit dem Unendlichen.

Die verstehensorientierte Diskussion des Ableitungsbegriffs hat für uns Priorität, da dieser Begriff die schulanalytischen Erfahrungen und Erinnerungen in besonderer Weise prägt. Daher spricht einiges dafür, eine frühe Veranstaltung zur *Schulanalysis vom höheren Standpunkt* damit zu beginnen und die Inkongruenz zum kanonischen Aufbau einer *Analysis I* bewusst in Kauf zu nehmen.

4.1 Erstes Beispiel: Der Ableitungsbegriff

Ziel des „höheren Standpunktes" zum schulanalytischen Ableitungsbegriff ist die Entfaltung zweier tragender Aspekte für das inhaltliche Verstehen: der Aspekt der lokalen Änderungsrate und das Grundverständnis über die lokale Linearisierung.

4.1.1 Der Aspekt der lokalen Änderungsrate

Zum Kern des inhaltlichen Verständnisses der Ableitung als lokale Änderungsrate gehört die Interpretation des Differenzenquotienten als mittlere Änderungsrate. Hierzu haben wir mehrfach Test-Items der folgenden Art eingesetzt:

Test-Item zum Differenzenquotient

$f(t)$ gebe die zum Zeitpunkt t gemessene Außentemperatur an. Die Temperatur wird zu den Zeitpunkten t_1 und (etwas später) t_2 gemessen. Kreuzen Sie an, welche Deutungen des Ausdrucks

$$\frac{f(t_2) - f(t_1)}{t_2 - t_1}$$

richtig sind!

- ☐ Der Ausdruck gibt an, um wie viel Grad sich die Temperatur zwischen den Zeitpunkten t_1 und t_2 ändert.

- ☐ Der Ausdruck gibt das Verhältnis der Temperaturänderung zu der dafür benötigten Zeit an.

- ☐ Der Ausdruck gibt den Unterschied zwischen der Temperaturänderung und der dafür benötigten Zeit an.

- ☐ Der Ausdruck gibt an, um wie viel sich die Temperatur im Mittel pro Zeiteinheit im Intervall $[t_1, t_2]$ ändert.

- ☐ Der Ausdruck gibt die mittlere Temperaturänderung pro Zeiteinheit zwischen den Zeitpunkten t_1 und t_2 an.

- ☐ Der Ausdruck gibt an, wie viel mal „stärker" sich die Temperatur im Intervall $[t_1, t_2]$ ändert als die Zeit.

(Richtig sind alle außer der ersten und der dritten Deutung.)

Die verstehensorientierte Durchdringung zielt auf zwei Einsichten:

- Im Grundverständnis der lokalen Änderungsrate ist die Ableitung einer Funktion an einer festen Stelle eine (theoretische) Modellgröße, die am Ende einer Kette von Beschreibungen des Änderungsverhaltens der Funktion steht: vom aktuellen Bestand über die absolute und relative Änderung zur lokalen Änderungsrate (vgl. Danckwerts und Vogel 2006, S. 57):

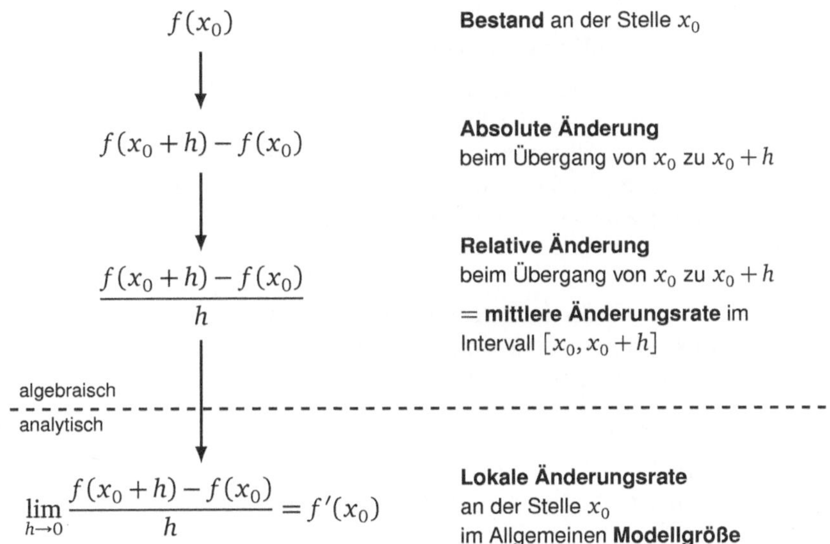

Jede Etappe erfordert je eigene Anstrengungen bei der Interpretation in Sachzusammenhängen (zum Beispiel in obigem Item). Der Übergang von der mittleren zur lokalen Änderungsrate ist in kinematischen Kontexten vergleichsweise unproblematisch, weil der funktionale Weg-Zeit-Zusammenhang sich in intuitiver Weise des Zeitkontinuums bedient. Ein Paradebeispiel hierfür ist der Begriff der Momentangeschwindigkeit. Interessant wird es, wenn die Funktion von Haus aus auf einem diskreten Größenbereich operiert und die Ableitung zu einer (idealisierten) *Modellgröße* führt, die im Sachkontext weder messbar noch interpretierbar ist. Dies tritt zum Beispiel bei funktionalen Zusammenhängen im wirtschaftlichen Bereich ein und ist dort auch elementar thematisierbar. Ein Beispiel ist der Begriff der Grenzsteuer.
Und überhaupt: Wie kann sich eine Funktion in einem Punkt ändern? Die Diskussion solcher (auch philosophisch bedeutsamer) Fragen gehört beim Aspekt der lokalen Änderungsrate zum „höheren Standpunkt".

- Die Deutung des Differenzenquotienten als mittlere (oder durchschnittliche) Änderungsrate (zum Vergleich vierte und fünfte Alternative im obigen Item) verweist darauf, dass hier eine Mittelwertbildung im Spiel ist. In der Tat: Zerlegt man das Ausgangsintervall in endlich viele Teilintervalle, so ist der Differenzenquotient auf dem gesamten Intervall das gewichtete arithmethische Mittel aller Differenzenquotienten auf den Teilintervallen. Oder kontinuierlich weitergedacht: Das Integralmittel aller lokalen Änderungsraten ist der gesamte Differenzenquotient:

$$\mu(f') = \frac{1}{b-a} \int_a^b f'(x)dx = \frac{1}{b-a}[f(x)]_a^b = \frac{f(b)-f(a)}{b-a},$$

was im Übrigen die Bezeichnung „mittlere Änderungsrate" für den Differenzenquotienten eindrucksvoll rechtfertigt: Die mittlere Änderungsrate ist – wie es sein sollte – der Mittelwert aller lokalen Änderungsraten!

Die hier angedeutete Diskussion mit zugleich inhaltlichen und terminologischen Aspekten ist ein typisches Beispiel für unser Verständnis vom „höheren Standpunkt": Er ist im Allgemeinen nicht Teil der kanonisierten hochschulmathematischen Befassung, und er gehört nicht zur fachdidaktischen Reflexion im engeren Sinne. Gleichwohl berührt er relevantes fachliches Metawissen zur Schulmathematik.

Abschließend folgen zwei geometrisch orientierte Aufgabenbeispiele (für Studierende), die dezidiert eine Auseinandersetzung mit dem Grundverständnis der Ableitung als lokale Änderungsrate verlangen:

Lokale Änderungsrate

Aufgabe 1 (Kugel)
Das Volumen einer Kugel mit dem Radius r ist bekanntlich

$$V(r) = \frac{4}{3}\pi r^3.$$

Die formal gebildete Ableitung von V nach r ist demnach

$$V'(r) = 4\pi r^2.$$

Offenbar gilt: Die lokale Änderungsrate des Volumens der Kugel (man denke sich den Radius veränderlich) ist gerade gleich ihrer Oberfläche. Wie lässt sich das inhaltlich verstehen?

Aufgabe 2 (Zylinder)
Wir blicken auf das Volumen eines Zylinders und denken uns den Radius und die Höhe des Zylinders variabel. Wie groß ist die lokale Änderungsrate des Volumens

(a) in Abhängigkeit von der Höhe bei festem Radius?

(b) in Abhängigkeit vom Radius bei fester Höhe?

Interpretieren Sie Ihre Ergebnisse!

Kommentar:

1. Beide Aufgaben unterstützen das heuristische Arbeiten mit kleinen Änderungen.So etwa bei Aufgabe 1: Hat man eine Kugel mit Radius r und vergrößert diesen um ein kleines Stück Δr, so wird sich der Volumenzuwachs ΔV umso weniger vom Produkt aus Oberfläche $4\pi r^2$ und Zuwachs Δr unterscheiden, je kleiner Δr wird.Also ist $\Delta V \approx 4\pi r^2 \cdot \Delta r$ und somit $V'(r) \approx \frac{\Delta V}{\Delta r} \approx 4\pi r^2$.

   Entsprechende Skizzen helfen bei der Interpretation der Ergebnisse. So unterstützt etwa bei Aufgabe 2a das Bild die Deutung des formalen Ergebnisses $V'(h) = \pi r^2 = $ const. (r fest): Ist der Radius r fest, so wächst das Volumen in Richtung der Höhe.

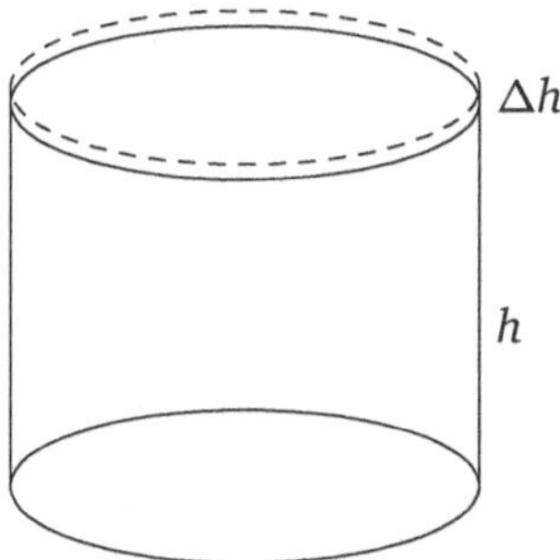

   Genauer: Wir denken uns den Höhenzuwachs Δh klein- und festgehalten. Dann hängt der Volumenzuwachs allein von der Grundfläche des Zylinders ab und nicht von der Höhe. Die Grundfläche ist aber konstant.

2. In Kontrast zur Aufgabe 1 (Kugel) steht die Situation beim Würfel. Hier ergibt sich durch formales Ableiten: Die lokale Änderungsrate des Volumens eines Würfels in Abhängigkeit seiner Kantenlänge ist gleich seiner halben (!) Oberfläche. Entsprechendes gilt in der Ebene beim Vergleich von Kreis und Quadrat. Was ist hier los? Solche Fragen (formuliert etwa als offene Aufgabe) können die verstehensorientierte Diskussion fördern.

4.1.2 Der Aspekt der lokalen Linearisierung

In der Schulanalysis wird gern mit der Schmiegeigenschaft der Tangente gearbeitet, etwa beim grafischen Differenzieren. Die Tangente ist dann jene Gerade durch den betreffenden Punkt, die sich an den Funktionsgraphen lokal „besonders gut anschmiegt".

Zum „höheren Standpunkt" gehört die Frage: *In welchem Sinne ist die Tangente an f (definiert als Gerade durch $(x_0, f(x_0))$ mit der Steigung $f'(x_0)$) bestapproximierende Gerade?*

Dazu ist der Fehler $r(h)$ zu untersuchen, der die Abweichung der Tangente t_{x_0} von der Funktion f in der Nähe von x_0 beschreibt (vgl. Danckwerts und Vogel 2006, S. 68 ff.):

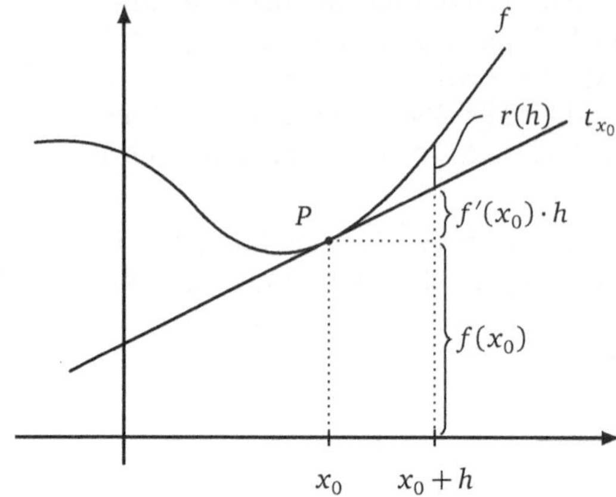

Approximation von f durch die Tangente.

$$r(h) = f(x_0 + h) - t_{x_0}(x_0 + h)$$
$$= f(x_0 + h) - (f(x_0) + f'(x_0) \cdot h) \qquad (4.1)$$
$$= f(x_0 + h) - f(x_0) - f'(x_0) \cdot h$$

Wie erwartet ist $\lim_{h \to 0} r(h) = 0$ (wofür die Stetigkeit in f in x_0 ausreicht). Zusätzlich aber gilt wegen

$$\frac{r(h)}{h} = \frac{f(x_0 + h) - f(x_0)}{h} - f'(x_0) \qquad (4.2)$$

auch

$$\lim_{h \to 0} \frac{r(h)}{h} = 0 \qquad (4.3)$$

(weil definitionsgemäß $f'(x_0) = \lim_{h \to 0} \frac{f(x_0 + h) - f(x_0)}{h}$ ist), das heißt, der Approximationsfehler $r(h)$ geht „besser gegen Null als h selbst". In der Tat gilt für jede andere Gerade durch $(x_0, f(x_0))$ mit der Steigung $m \neq f'(x_0)$ zwar noch $\lim_{h \to 0} r(h) = 0$, aber nicht mehr die verschärfte Restbedingung (4.3), was man der Darstellung (4.1) und (4.2) entnimmt, wenn $f'(x_0)$ durch m ersetzt wird. In diesem Sinne ist die Tangente als bestapproximierende Gerade ausgezeichnet, und die Restbedingung (4.3) ist analytischer Ausdruck der Schmiegeigenschaft der Tangente. Der Standpunktwechsel von der geometrischen Intuition der Bestapproximation zur analytischen Präzisierung eröffnet neue Horizonte und vertieft das inhaltliche Verständnis des Ableitungsbegriffs. (4.1) bedeutet nämlich in guter Näherung

$$f(x_0 + h) \approx f(x_0) + f'(x_0) \cdot h \quad \text{für kleine } |h|, \qquad (4.4)$$

das heißt, die Kenntnis von Bestand und Änderung von f an der Stelle x_0 erlaubt Prognosen von f in der Nachbarschaft. Mit der linearen Näherung (4.4) sind typische Anwendungen und Sichtweisen verbunden, die die lokale Linearisierung als eigenständigen Aspekt der Ableitung legitimieren. Sie reichen über numerische Näherungen, die Fehlerrechnung bis hin zur Taylor-Abschätzung, auch die Leistungsfähigkeit des Newtonverfahrens gehört in diesen Kontext. Und schließlich: Mit hochschulmathematischer Perspektive ist festzustellen, dass – im Gegensatz zum Konzept der lokalen Änderungsrate – die Idee der lokalen Linearisierung auch den Differenzierbarkeitsbegriff für Funktionen mehrerer Veränderlicher (und darüber hinaus) trägt. Entscheidend ist hier: Die Bedeutung des Aspekts der lokalen Linearisierung ist elementar zugänglich und konstituiert einen „höheren Standpunkt" des inhaltlichen Verstehens schulanalytischer Vorerfahrungen.

Die folgenden beiden Aufgaben illustrieren den elementaren operativen Umgang mit dem Linearisierungsaspekt.

Lokale Linearisierung

Aufgabe 3 (Näherungswert)
Die durch $f(x) = x^3$ gegebene Funktion soll in der Nähe von $x_0 = 2$ durch die Tangente approximiert werden.

(a) Bestimmen Sie die Gleichung der Tangente.

(b) Welcher Näherungswert ergibt sich für den Funktionswert $f(2,5)$, und wie groß ist der absolute Fehler?

(c) Bezieht man den absoluten Fehler auf den zugehörigen Funktionswert und nimmt davon den Betrag, so erhält man den *relativen* Fehler. Wie groß ist dieser (in Prozent)?

(d) Bezieht man den absoluten Fehler statt auf den Funktionswert auf den Zuwachs im Argument (hier $h = 0{,}5$), so bekommt man einen weiteren *relativen* Fehler. Wie groß ist dieser?
Wie kann dieser relative Fehler interpretiert werden?

(e) Wir untersuchen, wie sich der absolute Fehler $r(h)$ und der relative Fehler $\frac{r(h)}{h}$ für kleine h entwickeln.
Ergänzen Sie folgende Tabelle:

h	$r(h)$	$\dfrac{r(h)}{h}$
0,5	1,625	3,25
0,05		
0,005		
0,0005		

Inwiefern stützen die Ergebnisse die Tatsache, dass der Fehler $r(h)$ *„schneller gegen Null geht als h selbst"*? (Diese Tatsache ist der Kern der Restbedingung $\lim\limits_{h \to 0} \frac{r(h)}{h} = 0$.)

(f) Machen Sie sich genau klar: Der erste relative Fehler $\left|\frac{r(h)}{f(x_0+h)}\right|$ (siehe Teil (c)) gibt an, um wie viel Prozent der tangentiale Näherungswert an der Stelle $x_0 + h$ vom wahren Funktionswert an dieser Stelle abweicht.

Der zweite relative Fehler $\frac{r(h)}{h}$ (siehe Teil d)) gibt an, um wie viel die mittlere Änderungsrate im Intervall $[x_0, x_0 + h]$ von der lokalen Änderungsrate an der Stelle x_0 abweicht.

Aufgabe 4 (Faustregel)

Bekanntlich wächst bei Zinseszins das Kapital exponentiell. Für die Verdoppelungszeit T (in Jahren) gilt bei kleinem jährlichen Zinssatz p (in Prozent) in guter Näherung

$$T \cdot p \approx 70.$$

(a) Wie genau ist diese Faustregel für $p = 1 \, (5, 25)$?

(b) Leiten Sie die Faustregel her!
    (Hinweis: Verwenden Sie die Näherung $\ln(1 + x) \approx x$.)

(c) Welchen praktischen Nutzen könnte diese Faustregel haben?

Kommentar:

Die begriffliche Unterscheidung von absoluten und (verschiedenen) relativen Änderungen und Fehlern erfordert gedankliche Genauigkeit, ebenso erschließt sich ein intuitives Verständnis der Restbedingung $\lim_{h \to 0} \frac{r(h)}{h} = 0$ nicht von selbst. Aufgabe 3 enthält ein (rechnerisch orientiertes) Angebot zur Annäherung.

Theoretischer und zugleich verstehensorientiert ist folgender Aufgabenvorschlag, der an die analytische Charakterisierung der Bestapproximation durch die Restbedingung (4.3) anknüpft und eine (äquivalente) arithmetisch-geometrisch orientierte Beschreibung enthält:

Tangente als beste Gerade

Aufgabe 5

Man zeige: Die Tangente ist bestapproximierende Gerade in folgendem Sinne:
Ist t die Tangente an f in x_0 (f sei differenzierbar in x_0), so gilt für jede andere lineare Funktion g, die durch den Punkt $(x_0, f(x_0))$ geht, die Abschätzung

$$\left|f(x) - t(x)\right| < \left|f(x) - g(x)\right| \quad \text{für genügend kleine } \left|x - x_0\right| \neq 0.$$

Wie ist diese Eigenschaft zu interpretieren?

Solche Aufgaben bieten Sprechanlässe zur fachlichen Bewertung gleichwertiger Beschreibungen mathematischer Eigenschaften und können dadurch zu vertiefter Reflexion Anlass geben. Darüber hinaus sind sie anschlussfähig zu den Anforderungen in der Hochschulanalysis.

4.1.3 Beide Aspekte in der Zusammenschau

Hinter beiden diskutierten Aspekten des Ableitungsbegriffs – dem Grundverständnis über die lokale Änderungsrate beziehungsweise der Idee der lokalen Linearisierung – stehen mathematisch äquivalente Definitionen der Differenzierbarkeit: zum einen über die Existenz des Grenzwerts des Differenzenquotienten, zum anderen über die Existenz einer linearen Funktion, die die gegebene Funktion im Sinne der Restbedingung (4.3) lokal approximiert. Im Zuge fortschreitender Formalisierung wird man zu beiden Definitionen gelangen und deren Äquivalenz auch formal beweisen. Der vorstellungorientierte, inhaltliche Fokus hat für die Entwicklung des „höheren Standpunktes" hier jedoch besonderes Gewicht. Generell hat für uns die semantische Seite gegenüber der logisch-syntaktischen Seite Vorrang, wenn es um eine „Schulmathematik vom höheren Standpunkt" geht, die inhaltlich reflektierend primär beim schulmathematischen Gegenstand bleibt. Insbesondere heißt dies, dass formale Beweise nicht im Mittelpunkt stehen, gleichwohl präformal-inhaltliches Beweisen unverzichtbar dazugehört.

Beide Sichtweisen des Ableitungsbegriffs markieren wichtige historische Etappen bei der Entwicklung der Differenzialrechnung. Das Konzept über den Differenzenquotienten wurde – in der Tradition von LEIBNIZ (1646-1716) und NEWTON (1643-1727) – von CAUCHY (1789-1857) analytisch präzisiert, die Auffassung über die lokale Linearisierung war – ein halbes Jahrhundert später – für WEIERSTRASS (1815-1897) zentral. Die folgenden beiden Arbeitsblätter mit Originalzitaten beider Mathematiker zielen direkt auf den analytischen Kern beider Aspekte und können die historisch-genetische Perspektive unterstützen:[16]

Historische Genese des Ableitungsbegriffs (CAUCHY und WEIERSTRASS)

Arbeitsblatt 1

Die Ableitung als „letztes Verhältnis"

Hören wir, was August-Louis CAUCHY, einer der Begründer der modernen Analysis, in seiner ersten Vorlesung über die „Differenzialrechnung" im Jahr 1815 zur Ableitung sagt (in deutscher Übersetzung):

> „Um die Begriffe zu fixieren, nehmen wir an, daß man bloß zwei Veränderliche betrachte; nämlich eine unabhängige Veränderliche x und eine durch $y = f(x)$ bezeichnete Function von x. Wenn die Function $f(x)$ zwischen zwei gegebenen Grenzen der Veränderlichen x continuirlich bleibt, und wenn man der Veränderlichen einen zwischen diesen Grenzen liegenden Wert beilegt; so wird ein der Veränderlichen ertheiltes unendlich kleines Increment auch eine unendlich kleine Veränderung der Function zur Folge haben. Also werden, wenn man $\Delta x = i$ setzt, die beiden Glieder des Differenzenverhältnisses:

---

[16] Beide Arbeitsblätter sind unabhängig voneinander einsetzbar. Sie stammen aus der Projektarbeit.

$$\frac{\Delta y}{\Delta x} = \frac{f(x+i) - f(x)}{i}$$

unendlich kleine Größen sein. Aber während sich diese beiden Glieder unbestimmt und gleichzeitig der Grenze Null nähern, wird ihr Verhältniß selbst gegen eine andere Grenze, sie sei positiv oder negativ, convergiren können, welche das letzte Verhältniß der unendlich kleinen Differenzen $\Delta y, \Delta x$ sein wird. Diese Grenze, oder dieses letzte Verhältniß, hat, wenn es existirt, für jeden particulären Werth von x einen bestimmten Werth; aber es variirt mit x. [...]; nur wird die Form der neuen Function, welche die Grenze des Verhältnisses $\frac{f(x+i)-f(x)}{i}$ ist, von der Form der gegebenen $y = f(x)$ abhängig sein. Um diese Abhängigkeit auszudrücken, gibt man der neuen Function den Namen *abgeleitete* (*derivierte*) *Function*, und bezeichnet sie vermittelst eines Accentes durch:

$$y' \text{ oder } f'(x).\text{“}$$

Cauchy 1836, S. 16 ff.

Fragen:

(a) CAUCHY *spricht die $\frac{0}{0}$-Problematik für den Differenzenquotienten direkt an. Was ist gemeint?*

(b) *Inwiefern ist* CAUCHYs *Bezeichnung „letztes Verhältnis" für die Ableitung $f'(x)$ treffend gewählt?*

Arbeitsblatt 2

Ein neuer Blick auf die Ableitung

Wir zitieren aus einer Vorlesung, die Karl WEIERSTRASS im Sommersemester 1861 am Königlichen Gewerbeinstitut zu Berlin gehalten hat und die von dem bekannten Mathematiker H. A. SCHWARZ aufgezeichnet wurde. WEIERSTRASS gehört zu jenen Mathematikern, die führend an der Grundlegung der Analysis mitgewirkt haben.

„Die vollständige Veränderung $f(x+h)-f(x)$, welche eine Funktion $f(x)$ dadurch erfährt, daß x in $x+h$ übergeht, läßt sich im allgemeinen in zwei Teile zerlegen, von denen der eine der Aenderung h des Argumentes proportional ist, also aus h und einem von h unabhängigen – in Bezug auf h constanten – Faktor besteht, [...] der andere aber nicht bloß an und für sich unendlich klein wird, wenn h unendlich klein wird, d. h. noch unendlich klein wird, wenn man ihn mit h dividiert."

Zit. nach Dugac 1973, S. 120

Fragen:

(a) *Wovon spricht* WEIERSTRASS *hier, und was hat dies mit der Ihnen vertrauten Ablei-tung zu tun?*

(b) WEIERSTRASS *sagt vorsichtig, dass die beschriebenen Zerlegung „im allgemeinen" gelingt. Kennen Sie eine Funktion, für die diese Zerlegung an einer Stelle x nicht möglich ist?*

Aufgabe 6 (CAUCHY und WEIERSTRASS)
Welche Definitionen der Differenzierbarkeit stehen hinter den Auffassungen von CAUCHY und WEIERSTRASS, und in welchem Sinne sind diese gleichwertig?

Kommentar:
Die unterliegenden analytischen Definitionen (bei CAUCHY die Existenz des Grenz-werts des Differenzenquotienten, bei WEIERSTRASS die Existenz einer lokal approxi-mierenden Gerade mit geeigneter Restbedingung (vgl. Danckwerts und Vogel 2006, S. 30 ff.)) sind bis hin zu einem formalen Äquivalenzbeweis als mathematisch gleich-wertig zu erkennen.

4.2 Zweites Beispiel: Der Themenkreis Extremwertprobleme

Ziel des „höheren Standpunktes" zum Thema Extremwertprobleme ist der reflektier-te Umgang mit dem aus der Schule vertrauten analytischen Standardkalkül. Dazu gehören:

- ein beweglicher Umgang mit dem Kalkül selbst,

- eine Einschätzung der Kraft elementarer Lösungsmethoden,

- die Kenntnis vom Optimieren als fundamentale Idee.

4.2.1 Beweglicher Umgang mit dem Standardkalkül

Die schulklassischen Kriterien der Kurvendiskussion sind ein leistungsfähiges Instru-ment zur Berechnung lokaler Extremwerte. Sie begründen den im Analysisunterricht traditionell vertrauten Algorithmus zur Lösung von Extremwertproblemen. Zum „hö-heren Standpunkt" im Umgang mit diesem Rezept gehört – neben der Einsicht, dass der Kalkül nur relative Extrema liefert und daher Randwertuntersuchungen unerläss-lich sind – die Beziehung zwischen dem *empirisch-numerischen* und dem *theoretischen* Standpunkt (vgl. Danckwerts und Vogel 2006, S. 169 ff.):

Die optimale Dose

Welche Abmessungen hat die zylindrische 1 Liter-Dose mit minimaler Oberfläche?

So lässt sich etwa das vertraute (idealisierte) Problem der optimalen Dose empirisch-numerisch lösen, indem man die variable Oberfläche als Funktion des Radius durch einen Funktionenplotter graphisch darstellt und das gesuchte Minimum mit der gewünschten Genauigkeit abliest. Damit ist das gestellte konkrete Problem ohne Rückgriff auf den Ableitungskalkül vollständig gelöst (und die Bedeutung des theoretischen Kalküls relativiert). Aber: Vergleicht man die gefundenen Werte für Radius und Höhe, so fällt auf: Die optimale Dose scheint genauso hoch wie breit zu sein. Für einen exakten Nachweis braucht es einen Standpunktwechsel hin zur Theorie, und hier greift unser Kalkül. In der Tat erweist sich die Höhe der optimalen Dose als exakt so groß wie ihr Durchmesser, das heißt, die Dose ist ebenso hoch wie breit. Dieses (exakte) Ergebnis wäre ohne den theoretischen Standpunkt nicht zugänglich gewesen. Die „höhere" Einsicht dahinter:

> *„Antworten auf theoretische Fragen sind eben nur mit theoretischen Hilfsmitteln möglich."* (Danckwerts und Vogel 2006, S. 173)

Mit Blick auf die rasante Weiterentwicklung elektronischer Werkzeuge wird es für angehende Mathematiklehrerinnen und -lehrer immer wichtiger werden, die Beziehung zwischen dem empirisch-numerischen und dem theoretischen Standpunkt gedanklich zu durchdringen. Ein Paradebeispiel für dieses Spannungsfeld sind die Extremwertprobleme.

4.2.2 Kraft elementarer Methoden

Eine weitreichende Relativierung erfährt der analytische Standardkalkül durch die Kraft elementarer, das heißt nichtanalytischer Lösungsmethoden (vgl. Danckwerts und Vogel 2006, S. 180 ff.). Dazu gehören geometrische und algebraische Verfahren.

> „Typisch geometrische Beispiele sind die Methode des Flächenvergleichs sowie das Symmetrisieren, typisch algebraische Beispiele sind die Nutzung der Mittelungleichung und die Methode der quadratischen Ergänzung. Sobald man sich der funktionalen Sicht zur Problemlösung bedient – von den elementaren Methoden bis hin zum analytischen Standardverfahren –, gewinnt man den Vorteil einer zunehmend kalkülhaften Bearbeitung, entfernt sich aber vom ursprünglichen Verstehen des Problems. Der Weg von dem elementaren zu den analytischen Methoden ist verbunden mit einem zunehmenden Verlust des Inhaltlichen." (Danckwerts und Vogel 2006, S. 185 f.)

Aufschlussreich ist folgendes Beispiel:

Die Bahnlinie

An einer Bahnlinie ist der Standort eines Bahnhofs so zu wählen, dass die Summe der Entfernungen von A und B minimal wird:

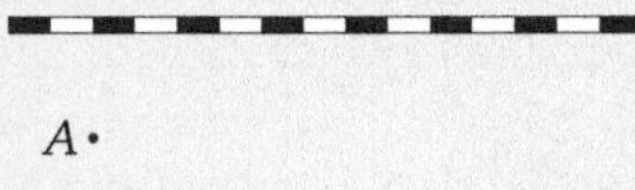

Nach geeigneter Koordinatisierung (und mit einigen algebraischen Fertigkeiten!) liefert der Standardkalkül eine Lösung, die ohne weitere Interpretation inhaltlich (das heißt hier geometrisch) nicht direkt verstehbar ist. Ganz anders, wenn man symmetrisiert und einen der Punkte an der Bahnlinie spiegelt:

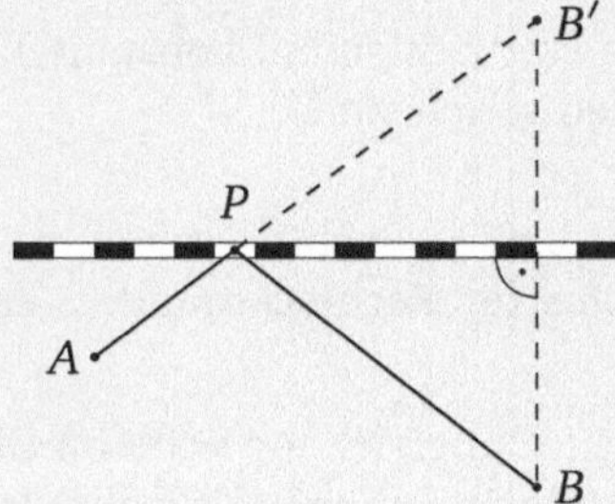

Den Standort P für den Bahnhof findet man nun, indem man den Spiegelpunkt B' mit A geradlinig verbindet. (Die kürzeste Verbindung zweier Punkte ist eine Gerade!) Physikalische Deutung: Ein von A ausgehender Lichtstrahl, der an dem ebenen Spiegel „Bahnlinie" nach B reflektiert wird, trifft den Spiegel in P (Fermatsches Prinzip).

Studierende können durch derartige Beispiele lernen, Lösungsvielfalt bewusst wahrzunehmen und Lösungsmethoden vergleichend zu bewerten. Beides gehört zum fachlich beweglichen Umgang mit Schulmathematik und sensibilisiert für Monopolansprüche „universeller" Verfahren.

Die gesamte Bandbreite elementarer Methoden lässt sich gut am klassischen isoperimetrischen Problem für Rechtecke diskutieren.

Das isoperimetrische Problem für Rechtecke

Unter allen umfangsgleichen Rechtecken hat das Quadrat den größten Inhalt.

Angefangen von der dicht am Problem liegenden Methode des Flächenvergleichs über die Nutzung der Mittelungleichung bis zur elementaren Diskussion einer quadratischen Flächenfunktion (mit der Suche nach dem Scheitel der zugehörigen Parabel) wird erneut der Blick geöffnet für die Vielfalt der Methoden diesseits der Analysis. Nutzt man die Mittelungleichung, so zeigt sich die bemerkenswerte Leistungsfähigkeit dieses algebraischen Instruments: Es löst zugleich auch das duale Problem:

Das duale isoperimetrische Problem

Unter allen flächengleichen Rechtecken hat das Quadrat den kleinsten Umfang.

Zur Begründung:
Die Ungleichung zwischen dem geometrischen und arithmetischen Mittel („Mittelungleichung") besagt für den Spezialfall zweier Zahlen:

$$\text{Für alle } x, y > 0 \text{ gilt } \sqrt{xy} \leq \frac{x+y}{2}, \text{ mit Gleichheit genau dann, wenn } x = y \text{ ist.}$$

Das bedeutet:

1. Das Produkt zweier positiver Zahlen mit konstanter Summe ist maximal genau dann, wenn beide Zahlen gleich sind; und

2. Die Summe zweier positiver Zahlen mit konstantem Produkt ist minimal genau dann, wenn beide Zahlen gleich sind.

Sind x und y die Längen der beiden Rechteckseiten, so ist 1. eine Umformulierung des isoperimetrischen Problems für Rechtecke und 2. eine äquivalente Fassung des dualen Problems.

Im Zusammenhang mit der Mittelungleichung wäre im Übrigen die Erfahrung zu machen, dass die allgemeine Mittelungleichung mit mehr als zwei Zahlen in der Lage ist, den Großteil der handelsüblichen Extremwertaufgaben aus dem Analysisunterricht zu lösen!

Wie weit die elementaren Methoden im Vergleich zum vertrauten Standardkalkül tragen, zeigt ein schlagendes Beispiel (viele weitere findet man etwa in Niven 1981): Wir bleiben beim isoperimetrischen Problem, lassen aber statt nur Rechtecke alle ebenen Vierecke zur Konkurrenz zu. Ergebnis:

Das isoperimetrische Problem für Vierecke

Unter allen umfangsgleichen ebenen Vierecken hat das Quadrat den größten Inhalt.

Der schulische Standardkalkül ist hier chancenlos, da jetzt Seiten und Winkel variieren und man nicht bei einer Funktion von nur einer Veränderlichen ankommt. Dagegen leistet die Idee des fortgesetzten Symmetrisierens das Gewünschte: Wir starten mit einem beliebigen Viereck mit gegebenem Umfang. Ist es nicht konvex, so wird die einspringende Ecke nach außen geklappt, wodurch sich bei unverändertem Umfang sein Inhalt vergrößert. Fasst man nun genau zwei gegenüberliegende Ecken des Vierecks als Brennpunkte einer Ellipse auf und bewegt gleichsam die verbleibenden Ecken auf dem Ellipsenbogen (Gärtnerkonstruktion der Ellipse), so lassen sich mit dieser Idee unter Erhalt des Umfangs benachbarte Seiten paarweise gleich lang machen – und man landet schließlich bei einer Raute. Zu guter Letzt wird daraus ein umfangsgleiches Quadrat gemacht, und mit jedem Schritt wurde – bei invariantem Umfang – der Flächeninhalt vergrößert.

Fazit: Aus der Perspektive der elementaren Methoden schärft sich der Blick für Defizite und Schieflagen der im Analysisunterricht erlebten gängigen Praxis. Diese Reflexion macht den „höheren Standpunkt" aus.

4.2.3 Optimieren als fundamentale Idee

Optimieren ist eine fundamentale Idee der Mathematik: Sie ist gleichermaßen tief verankert in der Tätigkeit des Mathematikers wie im Alltagsdenken, und auch die Natur steht im Einklang mit Extremalprinzipien. Insofern ist es nicht überraschend, dass die Idee des Optimierens das schulische Curriculum wie ein roter Faden durchzieht. Beispiele sind die Begriffsbildungen ggT und kgV sowie Inkreis und Umkreis in der Dreieckslehre, das algebraische Verfahren der Scheitelpunktbestimmung von Parabeln und eben auch das Standardverfahren zur Lösung von Extremwertaufgaben im Analysisunterricht.

Durch die Dominanz des analytischen Standardkalküls in der schulischen Praxis beim Thema Extremwertprobleme gerät leicht aus dem Blick, wie weitreichend die Idee des Optimierens ist. Es gilt also, die Perspektive der Lehramtsstudierenden für einen Mathematikunterricht zu weiten, der die Bedeutung des Optimierens in voller Breite widerspiegelt.

So spannt sich der Bogen von der fachbezogenen Reflexion eigener Schulerfahrungen (hier: durch die Relativierung des Standardkalküls) zum Nachdenken darüber, warum das Thema überhaupt unterrichtet werden soll. Der „höhere Standpunkt" auf der schulfachlichen Seite wird damit anschlussfähig für die fachdidaktische Reflexion.

4.3 Drittes Beispiel: Die Vollständigkeit der reellen Zahlen

Kern des sachanalytischen Teils des „höheren Standpunkts" zum Thema Vollständigkeit ist die Einsicht, dass

- zentrale Inhalte der Schulanalysis ohne die Vollständigkeit der reellen Zahlen nicht auskommen.

- das Intervallschachtelungsprinzip (zusammen mit dem Archimedischen Axiom) für die Belange der elementaren Analysis in der Schule die bevorzugte Fassung des Vollständigkeitsaxioms ist.

- über die Grundvorstellung der Lückenlosigkeit der Zahlengeraden die fachdidaktische Reflexion angebahnt wird.

Im Folgenden wird genauer beschrieben, was den Kern dieser Einsichten ausmacht (vgl. Danckwerts und Vogel 2006, S. 33 ff.).

4.3.1 Keine „richtige" (Schul-)Analysis auf $\mathbb{Q}$!

Betrachten wir zwei für die Schulanalysis zentrale Aussagen, die dort im Allgemeinen unbewiesen der Anschauung entnommen werden.

Nullstellensatz

Wechselt eine in einem Intervall stetige Funktion ihr Vorzeichen, so hat sie dort wenigstens eine Nullstelle.

Die Aussage dieses anschaulich evidenten Satzes wird falsch, wenn man sich nur innerhalb der rationalen Zahlen bewegt.

Gegenbeispiel:
Für das $\mathbb{Q}$-Intervall $I := \{x \in \mathbb{Q} \mid 1 \leq x \leq 2\} \subset \mathbb{Q}$ und die dort stetige Funktion $f : I \longrightarrow \mathbb{Q}$ mit $f(x) = x^2 - 2$ ist $f(1) = -1 < 0$ und $f(2) = 2 > 0$, aber es gibt kein $x_0 \in I$ mit $f(x_0) = 0$. Ein solches $x_0 \in \mathbb{Q}$ müsste der Gleichung $x_0^2 = 2$ genügen, die in $\mathbb{Q}$ aber keine Lösung hat.

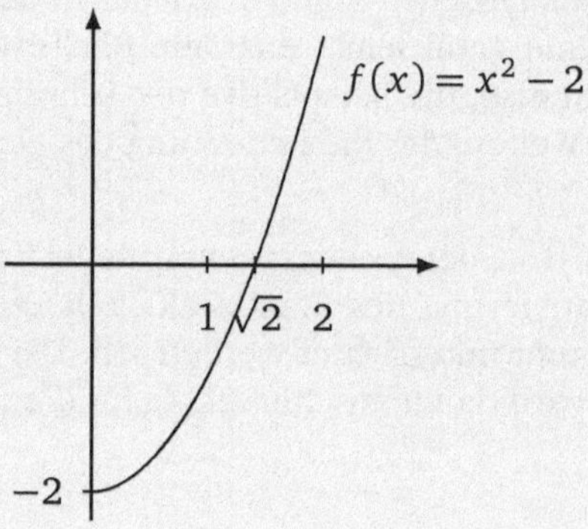

Herauszuarbeiten ist: Für die Gültigkeit des Nullstellensatzes – und allgemeiner: des Zwischenwertsatzes – für stetige Funktionen ist es offenbar entscheidend, dass man mit *allen* reellen Zahlen arbeitet und damit die Lückenlosigkeit der Zahlengerade zur Verfügung hat. In diesem Kontext gehört auch der klassische, elementar zugängliche Beweis des Zwischenwertsatzes (als Satz der *reellen* Analysis), der sich über die Methode der fortgesetzten Intervallhalbierung der Vollständigkeit in Form des Intervallschachtelungsprinzips bedient.

Monotoniekriterium

Eine auf einem Intervall differenzierbare Funktion mit überall positiver Ableitung ist dort streng monoton wachsend.

Die Kriterien der Kurvendiskussion im Analysisunterricht beruhen im Wesentlichen auf diesem Satz (der, wenn man die Ableitung als Tangentensteigung interpretiert, anschaulich evident ist). Auch dieser Satz wird falsch, wenn man sich auf $\mathbb{Q}$ beschränkt.

Gegenbeispiel:

Die durch $f(x) = \frac{1}{2-x^2}$ auf dem $\mathbb{Q}$-Intervall $I := \{x \in \mathbb{Q} \mid 1 \leq x \leq 2\}$ definierte Funktion hat dort überall, d. h. an jeder Stelle, eine positive Ableitung (da $f'(x) = \frac{2x}{(2-x^2)^2} > 0$ ist), sie ist jedoch auf I nicht streng monoton wachsend, denn $f(1) = 1$ ist nicht kleiner als $f(2) = -\frac{1}{2}$.

Ein Bild zeigt, welche Probleme eine Lücke in der rationalen Zahlengerade hier bereitet:

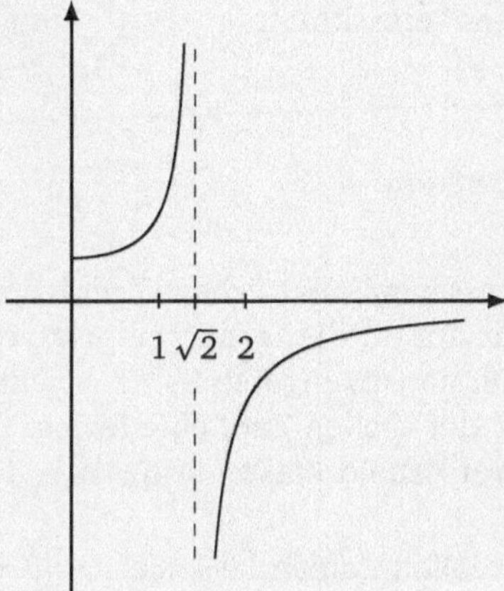

Wie im ersten Beispiel (Nullstellensatz) lässt sich auch beim Beweis des Monotoniekriteriums (als Satz der reellen Analysis) die Vollständigkeit in der Fassung des Intervallschachtelungsprinzips nutzen.

Ziel in beiden Beispielen ist, sich die zentrale Rolle der Vollständigkeit der reellen Zahlen für die (Schul-)Analysis bewusst zu machen. Diese Reflexion macht den „höheren Standpunkt" aus. Die genannten Gegenbeispiele werden im Allgemeinen unterrichtlich nicht genutzt werden, aber sie gehören zum Metawissen der angehender Lehrerinnen und Lehrer.

4.3.2 Primat des Intervallschachtelungsprinzips

In der kanonischen Anfängervorlesung zur Hochschulanalysis wird die Vollständigkeit von $\mathbb{R}$ häufig durch das Supremumsaxiom oder die Konvergenz von Cauchy-Folgen beschrieben. Für die elementare Schulanalysis ist das Intervallschachtelungsprinzip dagegen besonders geeignet, weil es sich als intuitiv zugängliches, konstruktives und zugleich universelles Berechnungs- und Beweisinstrument erweist. Wichtiger noch: Das Intervallschachtelungsprinzip spielt schon in der Sekundarstufe I eine tragende Rolle: In der Tat werden Intervallschachtelungen bereits im Mittelstufenunterricht zur (näherungsweisen) Wurzelberechnung und zur Umfangs-, Flächen- und Volumenberechnung herangezogen, etwa bei der Kreismessung. Die gesuchte (Maß-)Zahl ist dann jeweils das Zentrum einer geeigneten Intervallschachtelung.

Ziel einer Diskussion über Vollständigkeitskonzepte ist, das Gespür der Lehramtsstudierenden dafür zu schärfen, dass unterschiedliche, aber mathematisch äquivalente Fassungen einer Eigenschaft (hier der Vollständigkeit von $\mathbb{R}$) unterschiedliche Nähe zur Schulmathematik haben. Diese Blickrichtung ist Teil des „höheren Standpunkts" und soll zum einen die fachliche Beweglichkeit im Umgang mit schulmathematischen (hier vor allem schulanalytischen) Inhalten erhöhen. Zum anderen wird eine Reflexion darüber angebahnt, dass mathematische Äquivalenz im Allgemeinen nicht die Gleichwertigkeit des „Nutzens" einschließt.

4.3.3 Adäquate Grundvorstellung

Die Frage nach einer angemessenen inhaltlichen Grundvorstellung zur Vollständigkeit der reellen Zahlen ist bedeutsam für die Lernerperspektive, und sie ist anschlussfähig für die fachdidaktische Diskussion im engeren Sinne. Leicht ist sie nicht, was vor allem daran liegt, dass der *Begriff* der reellen Zahl eine höchst theoretische Angelegenheit ist. Der Mathematikdidaktiker Arnold KIRSCH bringt es auf den Punkt:

> „Die Einführung der reellen Zahlen lässt sich *nicht aus praktischen Meß-aufgaben* rechtfertigen. In realen Situationen, insbesondere bei Messungen, treten irrationale Zahlen niemals direkt auf. Die Entscheidung, ob eine Maßzahl oder eine Gleichungslösung rational ist oder nicht, kann nicht experimentell-empirisch erfolgen, auch *nicht durch Ausrechnen mittels Computer*, sondern nur mittels theoretischer Argumentation. Der Übergang von den rationalen zu den reellen Zahlen ist eine *aus theoretischen Gründen* zweckmäßige Erweiterung des Zahlbereichs. Durch sie wird gesichert, daß für gewisse geometrische und algebraische Probleme (wie etwa die Bestimmung der Diagonalenlänge eines Quadrats oder des Kreisumfangs) *anschaulich vorhandene Lösungen auch in der Theorie als wohlbestimmte Objekte existieren*." (Kirsch 1987, S. 90)

Breit akzeptiert wird zum Beispiel der Vorschlag, im Mathematikunterricht die reellen Zahlen über die Zahlengerade als etwas Gegebenes anzusehen, das heißt unter der Menge der reellen Zahlen die Gesamtheit *aller* Punkte der Zahlengerade zu verstehen. Die Vollständigkeit von $\mathbb{R}$ spiegelt sich dann in der geometrisch orientierten Grundvorstellung der *Lückenlosigkeit der Zahlengeraden*. Analytischer Ausdruck dieser Grundvorstellung ist das Intervallschachtelungsprinzip oder die Supremumseigenschaft.

Von der lückenlosen Zahlengeraden gelangt man unter Nutzung des Intervallschachtelungsprinzips (zusammen mit dem Archimedischen Axiom) zu den Dezimalbrüchen und etabliert so die eineindeutige Korrespondenz zwischen der Menge der reellen

Zahlen, das heißt aller Punkte der Zahlengeraden, und der Menge aller Dezimalbrüche. Insbesondere entsteht die Unterscheidung zwischen der Menge der rationalen Zahlen (darstellbar als abbrechende oder periodische Dezimalbrüche) und der Menge der irrationalen Zahlen (darstellbar als nichtabbrechende nichtperiodische Dezimalbrüche). Genau so wird in der Schule mit den reellen Zahlen gearbeitet.

Angehende Mathematiklehrerinnen und -lehrer sollen beurteilen können, ob die vorgeschlagene Grundvorstellung fachlich kohärent ist mit den bisher beschriebenen Einsichten, und sie sollen gedanklich durchdringen, dass der Übergang von der mit den rationalen Punkten *dicht*, aber noch lückenhaft besetzten Zahlengeraden zur *lückenlosen* reellen Zahlengeraden eine erkenntnistheoretische Herausforderung und eine echte Hürde für das inhaltlich-anschauliche Verstehen ist. Sprechanlässe in dieser Richtung bieten zum Beispiel folgende einfache Situationen (mit denen allerdings höchstens die algebraischen reellen Zahlen in den Blick genommen werden):

Sprechanlässe zur Irrationalität von Zahlen

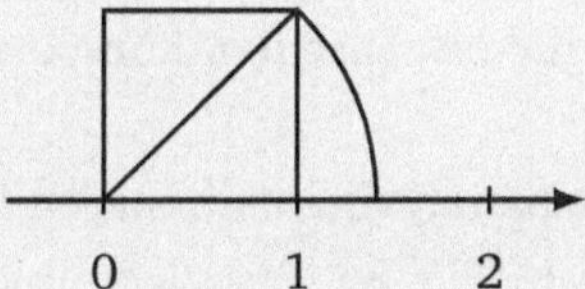

An der Stelle $\sqrt{2}$ ist eine Lücke in der dicht besetzten rationalen Zahlengeraden.

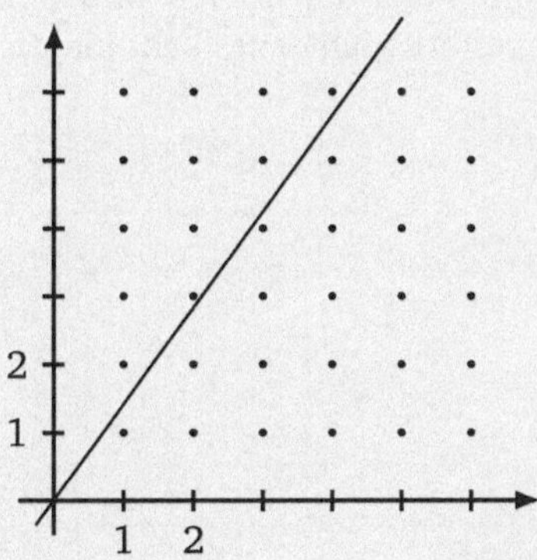

Die eingezeichnete Gerade mit der Gleichung $y = \sqrt{2} \cdot x$
trifft keinen einzigen Gitterpunkt. (Warum?)

Der „höhere Standpunkt" ist hier nicht damit zu erledigen, dass auf die axiomatische Beschreibung der Vollständigkeit etwa durch die Supremumseigenschaft verwiesen wird. Intendiert ist eine (gegebenenfalls auch philosophische) Reflexion über die Frage, ob und wie wir uns die Vollständigkeit der reellen Zahlen vorstellen können, ohne sie inhaltlich zu verfälschen, und wie wir darüber sachangemessen sprechen können. Eine reflexionsbereite und philosophisch aufgeschlossene *Analysis I/II* wird das Repertoire hierfür erweitern (vgl. auch Kapitel 5).

4.4   Epilog

In den KMK-Standards für die Lehrerbildung im Fach Mathematik steht der Lernbereich Analysis unter der Perspektive des funktionalen und infinitesimalen Denkens. Hierzu heißt es treffend:

> „Charakteristisch für die Analysis ist der systematisierende Umgang mit dem unendlich Kleinen (und Großen). Davon handeln die zentralen Begriffe Grenzwert, Ableitung und Integral. Sie handeln ebenso von der grundlegenden Idee des funktionalen Denkens. Beides – die Erfahrung des erfolgreichen Umgangs mit dem Unendlichen und die Erziehung zum funktionalen Denken – gehört zum Kern des allgemeinbildenden Werts der Analysis, begründet ihre breite Anwendbarkeit und trägt substanziell zu einem gültigen Bild der Mathematik als Kulturleistung bei." (DMV, GDM und MNU 2008, S. 7)

Die Standards beziehen dann die erwünschten Kompetenzen auf die konkreten (analytischen) Inhalte.

Die Kernthese zu unserer „Schulanalysis zum höheren Standpunkt" lautet: Damit die angehenden Lehrerinnen und Lehrer die Analysis im Sinne der KMK-Standards verständig unterrichten können, müssen sie die elementare Analysis verstehensorientiert durchdrungen haben. Diesem Ziel dient der entfaltete „höhere Standpunkt". Er erschließt sich nicht von selbst aus den Zielen und Bemühungen der kanonischen Hochschulanalysis, und er gehört nicht zur fachdidaktischen Reflexion im engeren Sinne.

5 Analysis – Historische und philosophische Aspekte

Die Integration mathematikhistorischer und -philosophischer Aspekte in eine fachmathematische Einführungsveranstaltung kann einerseits dazu dienen, die vielfach erst im Laufe von Jahrhunderten erarbeiteten mathematischen Konzepte zu motivieren und durch eine genetische Perspektive für die Studierenden besser zugänglich zu machen. Andererseits ist ein Wissen um die kulturelle Prägekraft der Mathematik – in historischer wie in systematischer Dimension – ein unverzichtbares Bildungsziel eigenen Rechts für künftige Mathematikpädagogen. Dabei eignet sich das Themenfeld der Analysis wegen ihrer bereits seit der griechischen Antike bearbeiteten Grundprobleme und ihrer tiefliegenden, immer wieder auch philosophisch diskutierten Konzepte besonders gut für dieses Anliegen. Sicherlich soll dabei eine Grundvorlesung zur Analysis nicht in einer „Geschichte der Analysis" aufgehen[17]. Stattdessen schlagen wir vor, der Vorlesung an passender Stelle mehr oder weniger ausführliche Exkurse zur historischen Entwicklung der dargestellten Konzepte oder auch deren wissenschaftstheoretischer und philosophischer Dimension einzufügen. Durch passende Übungsaufgaben können die Studierenden zudem angeregt werden, sich eingehender mit der Genese beziehungsweise mit einer über den innermathematischen Bezug hinausweisenden Bedeutung der Konzepte zu beschäftigen. Dies wird im Folgenden anhand dreier ausführlicher Beispiele für mögliche Themenkomplexe und Exkurse, die Ausblicke auf den wissenschafts- und kulturhistorischen Kontext der Analysis eröffnen, illustriert.

Zunächst folgen jedoch in einem ersten Abschnitt – angeordnet nach dem systematischen Fortgang einer Analysisvorlesung – Beispiele für Übungsaufgaben, die dazu anregen können, Themen der Analysis in einem solchen weiteren Kontext zu diskutieren. Außerdem werden in 5.1.5 Themen für ausführlichere Hausarbeiten vorgestellt.

In 5.2 wird im historischen Kontext der *Infinitesimalmathematik in Antike und Mittelalter* ein, vielleicht sogar *das* Kernthema der Analysis präsentiert. Hierbei können Studierende Grundphänomene der Analysis am elementaren Beispiel und vor der üblicherweise dargestellten, ausdifferenzierten Formalisierung (des 19. Jahrhunderts) vertieft kennenlernen. Zugleich kann ein weiter kulturgeschichtlicher Rahmen aufgezeigt werden: Analysis ist ein mehr als 2000 Jahre altes und zugleich hochaktuelles Menschheitsprojekt.

Der Abschnitt *Die Genese des Begriffs der gleichmäßigen Konvergenz* stellt in 5.3 ein überaus faszinierendes, zeitlich relativ dichtes Kapitel der Mathematikgeschichte im

---

[17] Für einen hochinteressanten Versuch, die Analysis konsequent entlang ihrer historischen Entwicklung darzustellen, vgl. HAIRER und WANNER (2011).

engeren Sinne dar, in dem sich das Herausbilden bzw. Präzisieren dreier analytischer Schlüsselbegriffe – *Funktion, Stetigkeit* und *(gleichmäßige) Konvergenz* – im Detail studieren lässt. Diese Genese unterscheidet sich grundlegend von einer systematischen (axiomatisch-deduktiven) Präsentation. Es zeigt sich dabei also: Mathematikgeschichte ist noch einmal ganz anders als Mathematik.

Schließlich präsentiert 5.4 die *Mengenlehre Georg* CANTORs, und damit ein Kapitel der (Vor)geschichte des fundamentalen Wandels zur modernen Mathematik des 20. Jahrhunderts (vgl. Mehrtens 1990). Das Mengen- und Unendlichkeitskonzept CANTORS (1845-1918) hat zugleich, neben seiner Bedeutung für die Grundlegung der Analysis, tiefliegende Verbindungen zu philosophischen Fragen, die in einem Exkurs zumindest angedeutet werden können: Die Person und Weltanschauung CANTORS zeigen exemplarisch das Wechselspiel von Mathematik und Metaphysik.

5.1 Beispiele für Aufgaben zum historischen oder philosophischen Kontext

„Wer schwimmen lernen will, muß ins Wasser gehen, und wer Aufgaben lösen lernen will, muss Aufgaben lösen."[18]

George PÓLYA

Im Folgenden stehen ausgewählte Beispiele für Aufgaben – in etwa nach der chronologischen Abfolge einer Analysis-Vorlesung angeordnet –, die zu einer Reflexion über historische oder philosophische Aspekte der Analysis anregen können. Einige Aufgaben zu Querschnittthemen sind vorangestellt.

Nicht selten haben gerade Studierende der Mathematik bei Aufgaben des folgenden Typs grundlegende Schwierigkeiten, eine begriffliche Argumentation klar zu verbalisieren beziehungsweise zu verschriftlichen; hier gibt ein übliches Mathematikstudium über weite Strecken nur wenig oder gar keine Gelegenheit zu Übung und Korrektur. Abgesehen davon, dass ein sorgfältiger und klarer schriftlicher Ausdruck zum Beispiel auch mit Blick auf spätere Seminar- und Examensarbeiten für Studierende eine wichtige Grundfertigkeit darstellt, ist es für künftige Pädagogen unerlässlich, sich gegenüber Schülerinnen und Schülern mündlich wie schriftlich klar und vorbildlich ausdrücken zu können. Hilfreich bei den unten stehenden Aufgaben ist sicherlich, dass dabei der schriftliche Ausdruck im kleinen Rahmen geübt werden kann; als Umfang reicht in der Regel eine, zum Teil auch nur eine halbe Seite aus. Möglich ist auch, die „historischen Aufgaben" als Alternative zu einer „Rechenübung" zu stellen.

Zudem können die Studierenden auf diese Weise zu einer begründeten, eigenen Position herausgefordert werden. Mathematik soll nicht nur – jenseits aller Wertungen – erlernt werden, sondern zugleich soll auch die Urteilsfähigkeit *über* Mathematik im kleinen Rahmen erprobt werden.

---

[18] Pólya 1979, S. 9.

5.1.1 Querschnittthemen

Die gerade für Lehramtsstudierende brisante Spannung von hochschulmathematischem Fachwissen und schulbezogenen Erfordernissen kommt bereits in der in 2.2.1 zitierten Denkschrift[19] des Tübinger Mathematikers Paul DU BOIS-REYMOND besonders pointiert zum Ausdruck. Zugleich wird deutlich, dass es sich bei dieser Frage nicht etwa um eine erst kürzlich aufgekommene Problematik handelt. Die lebhafte Debatte um eine Reform des gymnasialen Unterrichts, aber gerade auch der Lehrerbildung (in Deutschland) um die Wende zum 20. Jahrhundert bietet reichhaltige Anregung zu einer historischen wie auch fachdidaktisch systematischen Vertiefung. Die Frage nach dem historischen Kontext kann hier zu einer ersten Exploration anregen.

Fachwissen und Schulunterricht

Aufgabe 1 Recherchieren Sie den historischen Kontext des folgenden Zitats und nehmen Sie mit Bezug auf die heutige Situation Stellung:

> „Es ist eine in mathematischen und verwandten Fächern durchaus falsche Vorstellung, daß man nicht viel mehr zu wissen brauche, als man zu lehren hat. Das trifft höchstens für den Universitätslehrer zu, der eben in manchen Vorlesungen bis an die Grenze seines Wissens geht, weil dieß dann überhaupt die Grenzen des Wissens sind. Aber ich behaupte: um die Elemente der Mathematik in bildender Weise zu lehren, muß der Lehrer durchtränkt sein von der Quintessenz des ganzen mathematischen Wissens. Dann erst wird sein Unterricht Klarheit gewinnen; zwar nicht jene niedere Klarheit, die man auch Trivialität nennt, sondern das tiefe und deutliche Erfassen des mathematischen Gedankens wird der Vorzug seiner Lehre werden, und dadurch wird er reinigend auf den Denkprozeß der mittleren Schüler, begeisternd auf den Berufenen wirken."
>
> Paul DU BOIS-REYMOND

Im Rahmen von Vorlesung und Übungen können Fragen der mathematischen Heuristik kaum häufig genug thematisiert werden. Dies gilt nicht nur für eine Motivation der verwendeten Konzepte, sondern auch für Strategien der Problemlösung. Die folgende Aufgabe animiert die Studierenden, eigene heuristische Strategien zu explizieren und mit der Beschreibung eines Klassikers mathematischer Heuristik, George PÓLYA (1887-1985), zu vergleichen.

Heuristik und Problemlösen

Aufgabe 2 Reflektieren Sie Ihr Vorgehen (einzeln und als Gruppe) beim Lösen einer ausgewählten Übungsaufgabe (keine „Rechenaufgabe"!) der letzten Übungsbögen. Benennen Sie dabei heuristische Strategien und vergleichen Sie anschließend (!) mit den Schritten, die George PÓLYA in seinem Klassiker „How to solve it" beschreibt[20].

---

[19] Vgl. den Hinweis in Fußnote 1 auf Seite 10.

[20] Vgl. den Problemlöseplan aus PÓLYA (1995), Innenseite Umschlag.

Ebenso sollte im Kontext der Vorlesung immer wieder zu einer Reflexion *über* Mathematik im kleinen Rahmen angeregt werden; geeignet sind dazu beispielsweise klassische Zitate verbunden mit der Aufforderung zu einer Stellungnahme.

Mathematik und Wirklichkeit

Aufgabe 3 Nehmen Sie zu den folgenden Zitaten von Galileo GALILEI (1564-1642), David HILBERT (1862-1943) und Albert EINSTEIN (1879-1955) vergleichend Stellung!

„Die Philosophie steht in jenem riesigen Buch geschrieben, das uns ununterbrochen offen vor Augen liegt, ich meine das Universum. Aber man kann es nicht verstehen, wenn man nicht zuerst lernt, die Sprache zu verstehen, und die Buchstaben zu kennen, in denen es geschrieben ist. Geschrieben ist es in mathematischer Sprache, und die Buchstaben sind Dreiecke, Kreise und andere geometrische Figuren, und ohne diese Mittel ist es für Menschen unmöglich, auch nur ein einziges Wort davon zu verstehen. Ohne sie irrt man vergeblich in einem dunklen Labyrinth umher."

Übers. aus Galilei 1623, Cap. VI

„Ich glaube: Alles, was Gegenstand des wissenschaftlichen Denkens überhaupt sein kann, verfällt, sobald es zur Bildung einer Theorie reif ist, der axiomatischen Methode und damit mittelbar der Mathematik."

Hilbert 1917, S. 415

„Insofern sich die Sätze der Mathematik auf die Wirklichkeit beziehen, sind sie nicht sicher, und insofern sie sicher sind, beziehen sie sich nicht auf die Wirklichkeit."

Einstein 2005, S. 157

Die folgende Aufgabe stellt plakativ drei unterschiedliche Positionen zum Status der Mathematik zum Vergleich. Bei Arthur SCHOPENHAUER (1788-1860) wird insbesondere der Analysis jeder „Tiefsinn" abgesprochen. Hier wäre weiterführend die Frage zu thematisieren, ob die Analysis tatsächlich im Wesentlichen auf „Rechnerei", das heißt Arithmetik hinausläuft oder dieser gegenüber etwas grundlegend Neues bedeutet.

Wert der Mathematik

Aufgabe 4 Nehmen Sie zu den folgenden drei Positionen vergleichend Stellung!

„Daß die niedrigste aller Geistesthätigkeiten das Rechnen sei, wird dadurch belegt, daß sie die einzige ist, welche auch durch eine Maschine ausgeführt werden kann. [...] Nun läuft aber alle *analysis finitorum et infinitorum* im Grunde doch auf Rechnerei zurück. Danach bemesse man den ‚mathematischen Tiefsinn' [...]".

Schopenhauer 1851, § 356, S. 493

„Derjenige, der die Beschäftigung mit Arithmetik ablehnt, ist dazu verurteilt, Unsinn zu erzählen."

Übers. Slogan von John MCCARTHY, vgl. McCarthy 1998

> „Die Vorstellungskraft arbeitet in einem schöpferischen Mathematiker nicht weniger stark als in einem schaffenden Dichter."
>
> d'Alembert 1975, S. 93

5.1.2 Natürliche Zahlen und Induktion

Die natürlichen Zahlen sind das für die gesamte Mathematik, und damit auch für die Analysis basale und selbstverständlichste, zugleich aber auch in gewissem Sinne das tiefste Konzept (vgl. dazu auch 7.2.1). Die folgende Aufgabe kann dazu anregen, Ursprung und Tragweite des Zahlkonzepts zu befragen; eine Vertiefung etwa im Rahmen einer Hausarbeit über Richard DEDEKINDs (1831-1916) Arbeit wäre gut möglich.

Was sind und was sollen die Zahlen?

Aufgabe 5 In seiner berühmten Publikation *Was sind und was sollen die Zahlen?* (1888) schreibt Richard DEDEKIND:

> „Die Zahlen sind freie Schöpfungen des menschlichen Geistes, sie dienen als ein Mittel, um die Verschiedenheit der Dinge leichter und schärfer aufzufassen. Durch den rein logischen Aufbau der Zahlen-Wissenschaft und durch das in ihr gewonnene stetige Zahlen-Reich sind wir erst in den Stand gesetzt, unsere Vorstellungen von Raum und Zeit genau zu untersuchen, indem wir dieselben auf dieses in unserem Geiste geschaffene Zahlenreich beziehen."
>
> Dedekind 1960, Vorwort, S. III

Nehmen Sie – vor dem Hintergrund der historischen Exkurse der Vorlesung – zu dieser Position Stellung. Was meint DEDEKIND mit dem „stetige[n] Zahlen-Reich"?

Die Vollständige Induktion ist nicht nur eine zentrale Beweismethode, sondern ein wesentlicher begrifflicher Schritt über den endlichen logischen Schluss hinaus; so wird sie etwa bei Henri POINCARÉ (1854-1912) als *das* synthetische Element der Mathematik bezeichnet. Die folgende Aufgabe präsentiert den Beweis einer offenbar falschen Aussage; eine sorgfältige Suche nach dem *argumentativen* Fehler vertieft das Verständnis für das Induktionsprinzip vermutlich eher als eine weitere Rechenaufgabe zum Thema.

Vollständige Induktion

Aufgabe 6 Wo steckt der Fehler?

Friseur-Theorem: *Alle Menschen sind blond.*

Beweis: Da es nur endlich viele Menschen gibt und zumindest einige blond sind, genügt es zu zeigen, dass in jeder Menge von $n \in \mathbb{N}$ Menschen, in der ein Mensch blond ist, alle blond sind. Der Beweis wird mittels Induktion geführt. Der Induktionsanfang ($n = 1$) ist offensichtlich richtig. Für den Induktionsschluss $n \rightarrow n + 1$ betrachte man eine Menge von $n+1$ Menschen $\{M_1, M_2, \ldots, M_n, M_{n+1}\}$, wobei einer, o. B. d. A. M_1, blond ist. Nach Induktionsvoraussetzung sind dann $M_1, M_2, \ldots, M_n$ blond und auch $M_1, M_2, \ldots, M_{n-1}, M_{n+1}$. Damit sind aber alle $M_1, M_2, \ldots, M_n, M_{n+1}$ blond.

□

5.1.3 Zahlkonzepte von den Griechen bis Dedekind

> „Für das Bauwerk der Vernunft gibt es einen Ursprung, der sozusagen aus ihrer Natur selbst hervorsprießt: Die Zahl. Wesen, die keinen Geist besitzen, z. B. Beispiel die Tiere, können nicht zählen. Überhaupt ist die Zahl nichts anderes als ausgefaltete Vernunft."[21]
>
> NIKOLAUS VON KUES

Der Vergleich eines systematischen (konstruktiven) Aufbaus des Zahlensystems, $\mathbb{N} \to \mathbb{Z} \to \mathbb{Q} \to \mathbb{R} \to \mathbb{C}$ mit der historischen Genese zeigt besonders plakativ, dass sich die historische Entwicklung in ganz anderer Weise vollzieht als der schließlich resultierende systematische Aufbau[22]. Die genetische Betrachtung hat hier also neben der Illustration der Konzepte auch die Funktion, *Unterschiede* zwischen systematischer und historischer Perspektive explizit zu thematisieren.

Zugleich wird deutlich, dass das oft allzu selbstverständlich vorausgesetzte Konzept der reellen Zahlen mühsam im Laufe von Jahrhunderten errungen wurde. In jedem Falle sollten die Studierenden den Zugang DESCARTES' (1596-1650) kennenlernen, der das geometrische, eindimensionale Kontinuum (mittels Strahlensätzen) mit einer additiven und multiplikativen Struktur versieht[23] und diesen mit dem axiomatischen (oder konstruktiven) Zugang vergleichen. An dieser Stelle ist es wichtig, darauf hinzuweisen, dass eine befriedigende Theorie des Kontinuums beziehungsweise der reellen Zahlen ein immer wieder intensiv beforschtes Desiderat mathematischer Begriffsbildung war und dies vermutlich auch weiterhin bleiben wird[24].

Geometrische Konstruktion des Rechnens in $\mathbb{R}$

Aufgabe 7 Veranschaulichen Sie geometrisch das Assoziativgesetz für die Addition, das Kommutativgesetz für die Multiplikation sowie das Distributivgesetz in $\mathbb{R}$.

Aufgabe 8 Vergleichen Sie den geometrischen mit einem axiomatisch-deduktiven Zugang zu $\mathbb{R}$. Wo liegen die jeweiligen Stärken und Schwächen?

Die Genese von $\mathbb{C}$ zeigt besonders schön, wie geometrischer und arithmetischer Zugang gleichermaßen essenziell sind, ein mathematisches Gebiet zu gestalten und zu entwickeln. Das fremdartige, „ohnmögliche" (EULER) Objekt $\sqrt{-1}$ wird etwa durch die auf GAUSS (1777-1855) zurückgehende, geometrische Interpretation, aber *auch*

---

[21] Nikolaus von Kues: *De coniecturis*, cap. II, n. 7; Cusanus 2002, S. 11.

[22] Vgl. zur Genese des Zahlbegriffs beispielsweise EBBINGHAUS 1988 oder GERICKE 1970.

[23] Vgl. die Darstellung in EBBINGHAUS 1988, S. 28.

[24] Vgl. hierzu etwa den klassischen Traktat von Richard DEDEKIND (1960).

als das Paar $(0,1) \in \mathbb{R}^2$ „demystifiziert"; verschiedenste Zugänge und Erklärungsmodelle für Schülerfragen wären in der folgenden Aufgabe zu thematisieren.

Komplexe Zahlen in Literatur und Unterricht

Aufgabe 9 In seinem ersten großen Werk, der Erzählung *Die Verwirrung des Zöglings Törleß*, schildert Robert MUSIL (1880-1942), wie der Schüler Törleß sich mit einer Frage zur Existenz imaginärer Zahlen an seinen Mathematiklehrer wendet (vgl. Musil 1978, S. 73-78).

Diskutieren Sie das Verhalten des Lehrers. Wie würden Sie auf eine ähnliche Frage antworten?

5.1.4 Grenzwerte – Infinitesimalien

Die Einführung der Infinitesimalrechnung durch NEWTON und LEIBNIZ bedeutet eine fundamentale wissenschaftliche Revolution der Mathematik; dabei bleiben die grundlegenden Konzepte noch über Jahrhunderte umstritten. Zumindest Einblicke in den Streit um die „unendlich kleinen Größen" sollten die Studierenden erhalten. Lehrreich ist dabei etwa die Kritik George BERKELEYS (1685-1753) an einem allzu naiven Umgang mit den NEWTONschen Konzepten[25].

Interpretation der Infinitesimalien

Aufgabe 10 Nehmen Sie zu den Positionen von Guillaume François Antoine Marquis DE L'HÔPITAL (1661-1704) und George BERKELEY vergleichend Stellung.

> „Man könnte sogar sagen, dass diese [in diesem Werk erläuterte] Analysis über das Unendliche hinausreicht: sie beschränkt sich nämlich nicht auf die unendlich kleinen Differenzen, sondern deckt die Beziehungen zwischen den Differenzen dieser Differenzen, ja sogar zwischen den Differenzen dritter, vierter Ordnung usw. auf, ohne je ein Ende zu finden, wo sie zum Stillstand käme. So dass sie nicht nur das Unendliche umfasst, sondern das Unendliche des Unendlichen, oder eine Unendlichkeit von Unendlichkeiten."
>
> Übers. aus de l'Hôpital 1716, Preface, aij-iii

> „Nun gebe ich zu, daß es meine Fähigkeit übersteigt, mir eine unendlich kleine Größe vorzustellen, d. h. eine, die unendlich kleiner als jede wahrnehmbare oder anschaulich vorstellbare oder kleiner als jede noch so kleine endliche Größe ist. Aber sich gar einen Teil einer solchen unendlich kleinen Größe vorzustellen, der noch unendlich viel kleiner als diese ist und folglich trotz unendlicher Vervielfältigung niemals gleich der kleinsten endlichen Größe wird, bedeutet, wie ich vermute, für jeden Menschen eine unendliche Schwierigkeit und wird bei denen, die offen sagen, was sie denken, als solche zugestanden werden, vorausgesetzt, sie überlegen wirklich, denken nach und nehmen nichts auf Treu und Glauben an."
>
> Übers. aus Berkeley 1734, Abschnitt V, S. 10

---

[25] Diese Thematik kann auch in einer ausführlicheren Hausarbeit vertieft werden, vgl. 5.1.5.

5.1.5 Hausarbeitsthemen

Historische und philosophische Fragestellungen können in Mathematikveranstaltungen nicht nur in Form von Übungsaufgaben oder thematischen Exkursen einbezogen werden, sondern auch zur längerfristigen Auseinandersetzung der Studierenden mit einem Thema anregen. Gerade die Geschichte der Analysis bietet zahlreiche Anknüpfungspunkte für Arbeiten, bei denen die Studierenden tiefer in die Mathematik und die mathematische Heuristik eindringen können und zudem methodische Kompetenzen erwerben.[26] Indem in kleineren Forschungsarbeiten, beispielsweise in Hausarbeiten, Portfolios oder Essays mathematische Vorgehensweisen aus der Geschichte der Mathematik erkundet werden, können die Studierenden ihre eigene Lernerfahrung aus der Veranstaltung in einen anderen Bezugsrahmen einordnen und so durch Reflexion zu einem vertieften Verständnis gelangen. Zudem erfordern solche Forschungsarbeiten die Beschäftigung mit geeigneter Literatur und unterstützt so die Kompetenz der angehenden Lehrerinnen und Lehrer, sich Themen und einen Forschungsstand selbstständig zu erschließen.[27]

Die Themen der Hausarbeiten sollen sowohl einen Bezug zum mathematischen Teil einer Vorlesung – hier der Veranstaltung *Analysis I* – erkennen lassen als auch Aspekte aus der Geschichte und Philosophie der Mathematik einbeziehen. Die Studierenden haben so die Gelegenheit, eine historisch-genetische und philosophische Perspektive auf ein begrenztes Stück Mathematik einzunehmen und die in den Vorlesungen begonnene Integration einer ideengeschichtlich orientierten Mathematikgeschichte fortzuführen. Dies kann vertiefend dazu beitragen, ein prozessorientiertes Bild von Mathematik zu entwickeln und die Mathematik als zentrales Element der Kulturentwicklung zu sehen.

Im Folgenden werden einige im Projekt erprobten Themen und zugehörige Fragestellungen für den Einsatz von Hausarbeiten vorgestellt.

Hausarbeitsthemen: Probleme aus der antiken Mathematik

- Die klassischen Probleme (Quadratur des Kreises, Verdopplung des Kubus, Dreiteilung des Winkels) der antiken Geometrie
- Die Kreismessung des ARCHIMEDES (287-212 v. Chr.)
- Die Exhaustionsmethode
- Der Goldene Schnitt

Die *klassischen Probleme der Antike* haben die Mathematik als Wissenschaft lange Zeit befruchtet, denn die Auseinandersetzung mit ihnen hat Mathematiker dazu inspiriert, weiterzudenken und neue mathematische Ideen und Konzepte zu entwickeln. Eine Ar-

---

[26] Vgl. zur methodischen Dimension 8.5.2.

[27] Im Folgenden seien einige Titel aus der umfangreichen Literatur zu mathematikgeschichtlichen Themen genannt, die es auch Anfängern in geeigneter Weise ermöglichen, sich einem schwierigen Thema und neuen Arbeitsfeld zu nähern und dabei gleichzeitig die nötige Tiefe und den wissenschaftlichen Anspruch nicht zu sehr zu vernachlässigen. Exemplarisch sei hier zu einer ersten Orientierung auf BECKER (1975), GERICKE (1993), JAHNKE (1999), KAISER und NÖBAUER (2006), KATZ (2009), MESCHKOWSKI (1997), PEIFFER und DAHAN-DALMÉDICO (1994), WUSSING (2008) verwiesen.

beit zu diesem Themenkomplex kann beispielsweise die Schwierigkeit thematisieren, dass Problemlösungen immer von den zugelassenen Bedingungen abhängen. So kann gezeigt werden, dass ohne die Beschränkung auf die „euklidischen Werkzeuge" Lösungen dieser Probleme mit Hilfe spezieller Kurven möglich sind. Dieser Idee von mechanisch erzeugten Kurven kann in einer Hausarbeit genauso nachgespürt werden wie dem mathematisch-philosophischen Problem irrationaler und transzendenter Zahlen. Eng mit der Frage nach dem mathematischen Kontinuum ist die Beschäftigung mit dem Unendlichen und den unendlichen Reihen verbunden. Schon die griechische Antike hat einen philosophischen Unendlichkeitsbegriff und unterscheidet aktual und potentiell unendlich. Diesem Diskurs kann in einer Hausarbeit anhand der *Exhaustionsmethode* oder der *Kreismessung des Archimedes* nachgespürt werden, zumal wenn die Entwicklung des modernen Unendlichkeitsbegriffs in der CANTORschen Mengenlehre Teil eines Vorlesungsexkurses ist. Ein weiteres klassisches Thema aus der Mathematikgeschichte ist die Analyse des *Goldenen Schnitts*, der eine Vielzahl unterschiedlicher Bezugspunkte zur Geschichte der Analysis hat, sei es durch die Schnittzahl als „irrationalste" Zahl oder den Bezug zur Fibonacci-Folge.

Hausarbeitsthemen: Mathematik in Mittelalter und Renaissance

- Unendliche Reihen im Mittelalter am Beispiel Nicole ORESMES
- Die Fibonacci-Zahlen
- CARDANO (1505-1576) und das Lösen von kubischen Gleichungen
- Geschichte des Logarithmus
- Das Pascalsche Dreieck
- Das Leibnizsche harmonische Dreieck
- Jacob BERNOULLI (I.) und das Zinsproblem
- EULERS Funktionsbegriff

Schon im frühen Mittelalter und auch in der Renaissance haben sich die Mathematiker auf Basis der Kenntnisse der griechischen Mathematik mit den unendlichen Prozessen und besonders mit *unendlichen Reihen* beschäftigt und sind zu zahlreichen Ergebnissen gelangt. Eine Auseinandersetzung mit geeigneten Quellen aus der Mathematikgeschichte kann bei den Studierenden einerseits zu der Einsicht führen, dass Mathematik zu allen Zeiten eine wichtige Kultur- und Schlüsseltechnik war. Zum anderen wird deutlich, dass auch in der Geschichte der Mathematik „Holz-" und „Irrwege" eingeschlagen wurden und sich die Wissenschaft prozesshaft entwickelt hat. Bei CARDANOS *Lösungsformel* für Gleichungen des Typs $ax^3 + bx^2 + cx + d = 0$ kann anhand der historischen Quellen dem Umgang mit komplexen Zahlen lange vor ihrer Formalisierung nachgespürt werden. Der *Logarithmus* ist eine elementare Funktion, deren Eigenschaften im Rahmen der *Analysis I* an unterschiedlichen Stellen behandelt wird. Die Entwicklung der Logarithmen hat aber, neben einer vielseitig möglichen theoretischen Bezugnahme, auch eine lange Geschichte hinsichtlich der mathematischen Anwendungen beispielsweise in der Astronomie. Eine Analysis ist insbesondere nicht denkbar ohne einen leistungsfähigen *Funktionsbegriff*. Leonhard EULER (1707-1783) entwickelte nicht nur einen großen Teil der modernen mathematischen Symbolik, sondern machte in seinem Werk *Introductio in analysin infinitorum* den Funktionsbegriff zur Grundlage der Analysis.

Hausarbeitsthemen: Geschichte der Infinitesimalrechnung

- Vorläufer der Infinitesimalrechnung: CAVALIERI, DESCARTES, FERMAT, ROBERVAL
- Isaac BARROW – Ein Hauptsatz der Differential- und Integralrechnung
- Die NEWTONsche Fluxionsmethode
- Der Prioritätsstreit um die Entwicklung der Differentialrechnung

Eine Hausarbeit zum *Prioritätsstreit* um die Entwicklung der Differentialrechnung ermöglicht einen spannenden Blick auf die Entstehungsgeschichte dieses mathematischen Teilgebiets und bringt gleichzeitig die beteiligten Mathematiker als Menschen den Studierenden näher. Dies eröffnet auch für die Studierenden einen neuen Einblick in die mathematische Fachkultur. Die Arbeiten von NEWTON und LEIBNIZ sind aber nicht denkbar ohne eine Betrachtung ihrer *Vorläufer* Bonaventura CAVALIERI (1598-1647), Pierre DE FERMAT (1601-1665), Gilles Personne DE ROBERVAL (1602-1675) oder Isaac BARROW (1630-1677) (vgl. zur methodischen Dimension auch S. 172). Ihre mathematischen Arbeiten haben einen wichtigen Beitrag zur Entstehung der Differential- und Integralrechnung geleistet, wenn sie auch nicht als ihre „Erfinder" gelten dürfen. Die Studierenden können in der Auseinandersetzung mit den Vorläufern der Infinitesimalrechnung ermessen, in welchen Stufen begrifflicher Strenge sich eine ausgefeilte Theorie entwickelt hat.

Hausarbeitsthemen: Logische und philosophische Aspekte

- ARISTOTELES – Das Kontinuum und das Unendliche
- BERKELEYS Kritik an NEWTONS Infinitesimalmathematik
- Logik und Axiomatik: Die Peanoaxiome und der konstruktive Aufbau der reellen Zahlen
- Der Dedekindsche Schnitt

Auch logische oder philosophische Fragestellungen können zur weiteren Reflexion über Mathematik anregen; dabei bieten sich verschiedene Themen im Zusammenhang mit der Analysis an. Das *mathematische und philosophische Kontinuum* und die Verbindung dieser Vorstellungen in der Geschichte der Mathematik haben sowohl den philosophischen wie auch den mathematischen Diskurs zu allen Zeiten befruchtet. Insbesondere ARISTOTELES (384-322 v. Chr.) hat in seiner Physik das Kontinuum analysiert und in Auseinandersetzung mit den Paradoxien des ZENON VON ELEA (ca. 490-425 v. Chr.) eine Definition des Kontinuums gegeben, die bis in die Scholastik das tragende mathematische, philosophische und theologische Konzept war. Hausarbeiten zu den Themenfeldern der Analysis können sich aber beispielsweise auch mit den *Peanoaxiomen und dem konstruktiven Aufbau der reellen Zahlen* beschäftigen und neben biografischen Aspekten ein Schlaglicht auf die Entwicklung der axiomatischen Methode werfen. Außerdem kann das Thema der *Dedekindschen Schnitte* anhand des Aufsatzes *Stetigkeit und Irrationale Zahlen* von Richard DEDEKIND quellenkritisch untersucht werden. Ziel ist es zu zeigen, wie notwendig es ist und wie kompliziert es sein kann, die Lückenlosigkeit der Zahlengerade nachzuweisen.

In George BERKELEYS Werk *The Analyst* hat die Infinitesimalmathematik einen wichtigen Kritiker gefunden. Die Auseinandersetzung mit BERKELEYS Argumenten kann zu einem vertieften Verständnis der Infinitisimalrechnung führen, wobei besonders der von BERKELEY geschaffene Bezug zur Theologie zur Reflexion anleiten kann.

5.2 Infinitesimalmathematik in Antike und Mittelalter

Die Entdeckung der *Inkommensurabilität* bedeutet nicht nur ein Schlüsselerlebnis für die (antike) Mathematik. Das nur bei „unendlicher Genauigkeit" – also nie empirisch, sondern stets nur im Rahmen der reinen Deduktion – „sichtbare" Phänomen, dass zwei Größen nicht im Verhältnis ganzer Zahlen zueinander stehen, stellt zugleich ein zentrales Phänomen der Analysis dar.[28] Die Bearbeitung der so genannten Grundlagenkrise in der griechischen Antike führt denn auch zu einer ersten, erstaunlich weit ausgearbeiteten Infinitesimalmathematik. Ein genaues und vertieftes Verständnis für dieses Phänomen – möglichst auch im Kontext seiner antiken mathematischen Bewältigung – gehört zum Pflichtkanon eines gymnasialen Lehramtsstudiums. Einfache Beispiele für dieses Phänomen einschließlich ihrer (bis auf die Notation) antiken Beweise können (und sollten!) durchaus im gymnasialen Unterricht thematisiert werden. Dabei ist eine vergleichende Würdigung des zahlentheoretischen Zugangs im Beispiel zur *Diagonale und Seite im Quadrat* (vgl. S. 63) mit dem geometrischen Verfahren der Wechselwegnahme (vgl. S. 65), fachwissenschaftlich wie fachdidaktisch ausgesprochen fruchtbar. Erst der kulturhistorische Kontext zeigt jedoch die tiefe Bedeutung des Phänomens, die weit über die oft nur lapidar vermerkte Feststellung der Schulmathematik: „$\sqrt{2}$ ist irrational" hinausreicht (vgl. dazu auch 4.3). Zugleich kann ein Einblick in die virtuose Bewältigung des Problems in der griechischen Mathematik und deren Grenzen aufgrund der fehlenden (algebraischen) Symbolsprache geworfen werden. In einer *Analysisvorlesung* könnte ein Exkurs zur Inkommensurabilität als grundlegende Motivation ganz am Anfang stehen. Es ist natürlich auch möglich, stärker deduktiv orientiert zu beginnen und den Bedarf für eine Zahlbereichserweiterung über $\mathbb{Q}$ hinaus mit einem solchen Exkurs zu motivieren.

Das Thema der *Konvergenz von Folgen und Reihen* ist ein zentrales Kapitel einer klassischen Vorlesung *Analysis I*. Es hat eine besondere Relevanz, wenn man bedenkt, dass der Analysisunterricht der gymnasialen Oberstufe das Thema Folgen häufig nicht mehr enthält und der Unterricht zudem auf einen anschaulich geprägten, nichtformalen Grenzwertbegriff setzt. Ein vertieftes Verständnis des Konvergenzbegriffs und der bewegliche Umgang mit konvergenten Folgen und Reihen sind sicherlich zentrale Ziele für das erste Semester. So sollte diesem Thema besondere Aufmerksamkeit geschenkt werden. Da sich die Frage nach dem Unendlichen wie ein roter Faden durch die Mathematikgeschichte zieht, können auch für die Betrachtung von Grenzwerten unterschiedliche Beispiele herangezogen werden, die es den Studierenden einerseits ermöglichen, die Entwicklung einer Idee nachzuvollziehen, und die andererseits – durch die „historische Brille" betrachtet – zu einer vertieften Auseinandersetzung mit dem Gegenstand beitragen.

---

[28] Vgl. zu dieser Thematik auch die Bemerkungen auf S. 49.

5.2.1 Inkommensurabilität in der griechischen Antike – Das Phänomen

Historischer Hintergrund für die Thematik der Inkommensurabilität ist die *Arithmetica Universalis* des PYTHAGORAS (ca. 570-510 v. Chr.) und seiner Schule. Zentral für die Philosophie der Pythagoreer war die Erfahrung eines Zusammenhanges von musikalischer Harmonie und dem Verhältnis (kleiner) ganzer Zahlen. So entsprechen zum Beispiel am Monochord dem harmonischen Klang einer Oktave das Seitenverhältnis von 2 : 1, dem einer Quinte ein Verhältnis von 3 : 2 und dem einer Quarte ein Verhältnis von 4 : 3. Diese zahlengemäße Ordnung wird bei den Pythagoreern schließlich auf den gesamten Kosmos ausgeweitet:

> „Während dieser Zeit und schon vorher befaßten sich die so genannten Pythagoreer mit der Mathematik und brachten sie zuerst weiter, und darin eingelebt hielten sie deren Prinzipien für die Prinzipien alles Seienden. Da nämlich die Zahlen in der Mathematik der Natur nach das Erste sind, und sie in den Zahlen viele Ähnlichkeiten (Gleichnisse) zu sehen glaubten mit dem, was ist und entsteht, mehr als in Feuer, Erde und Wasser wonach ihnen (z. B.) die eine Bestimmtheit der Zahlen Gerechtigkeit sei, eine andere Seele oder Vernunft, wieder eine andere Reife [...] – da ihnen als das übrige seiner ganzen Natur nach den Zahlen zu gleichen schien, die Zahlen aber sich als das Erste in der gesamten Natur zeigten, so nahmen sie an, der ganze Himmel sei Harmonie und Zahl. Und was sie nun in den Zahlen und den Harmonien als übereinstimmend mit den Eigenschaften (Zuständen) und den Teilen des Himmels und der ganzen Weltbildung aufweisen konnten, das brachten sie zusammen und paßten es an. Und wenn irgendwo eine Lücke blieb, schauten sie eifrig darauf, daß ihre ganze Untersuchung in sich geschlossen sei. [...] Offenbar nun sehen auch sie die Zahl als Prinzip an, sowohl als Stoff für das Seiende, als auch als Bestimmtheit und Zustände. Als Element der Zahl aber betrachten sie das Gerade und das Ungerade, von denen das eine begrenzt sei, das andere unbegrenzt, das Eine aber bestehe aus diesen beiden (denn es sei sowohl gerade als ungerade), die Zahl aber aus dem Einen, und aus Zahlen, wie gesagt, bestehe der ganze Himmel." (Aristoteles: *Metaphysik* 985b-986a; Aristoteles 1995b, S. 14 ff.)

Das populäre Motto der Pythagoreer: „*Alles entspricht der Zahl*" stößt allerdings bereits bei einfachen Figuren der Geometrie an seine Grenzen. Seit dem 5. Jh. v. Chr. ist bekannt, dass etwa Diagonale und Seite im Quadrat[29] oder im Fünfeck nicht im Verhältnis ganzer Zahlen stehen. Um die Entdeckung dieses Phänomens (möglicherweise durch HIPPASOS VON METAPONT) ranken sich zahlreiche Legenden, die vor allem die Wichtigkeit seiner Entdeckung unterstreichen. IAMBLICHUS (ca. 245-325 n. Chr.) etwa berichtet:

---

[29] Vgl. dazu auch einen antiken Beweis, der sich im Buch X unter § 115a als Ergänzung in der deutschen Ausgabe der *Elemente* des EUKLID findet.

> „Man sagt, sie hätten jenen, der als erster die Natur des Kommensurablen und des Inkommensurablen [...] denen ausgeplaudert habe, die nicht würdig waren, an den Lehren teilzuhaben, als einen so widerlichen Menschen betrachtet, daß sie ihn nicht nur vom Zusammenleben in ihrem gemeinsamen Kreis ausschlossen, sondern sogar einen Grabstein für ihn errichteten, als wäre der Freund von damals aus dem Leben der Menschen überhaupt ausgeschieden." (Mansfeld 1983, S. 171)

Bei ARISTOTELES wird ein arithmetischer Widerspruchsbeweis, der vermutlich bereits auf die Pythagoreer zurückgeht, angedeutet (vgl. Aristoteles: *Erste Analytik* 41a; Aristoteles 1995a, S. 53).

Diagonale und Seite im Quadrat

Satz 5.1. Diagonale und Seite eines Quadrates sind nicht kommensurabel.

Beweis: Wären die Seite des Quadrats $= 1$ und die Diagonale $= x$ kommensurabel, so könnte $x = p : q$ mit teilerfremden p und q geschrieben werden. Es folgte (nach dem Satz des Pythagoras) zunächst $x^2 = 2 = p^2 : q^2$. Es wäre also $p^2 = 2q^2$ gerade, somit (gemäß der Pythagoreischen Theorie gerader und ungerader Zahlen) wäre auch $p = 2r$ gerade (und, da p und q als teilerfremd vorausgesetzt sind, müsste q ungerade sein). Somit würde $p^2 = 4r^2$ gelten, also wäre $q^2 = 2r^2$ gerade, und somit q gerade. Es müsste q also zugleich ungerade und gerade sein: Widerspruch!

Sowohl bei PLATON (427-347 v. Chr.)[30] als auch bei ARISTOTELES ist die Aufregung um das Phänomen übrigens kaum mehr spürbar, es ist durch die antike Mathematik sozusagen „demystifiziert" worden. Das Phänomen, das zunächst für große Irritation sorgte, gab Anlass zur Entwicklung einer mächtigen mathematischen Methode, in deren Rahmen das Phänomen schließlich „verstanden" und entschärft werden konnte. Zugleich verliert es damit zunächst auch seine Faszination. Die weitere Entwicklung der Mathematikgeschichte zeigt dann allerdings, dass die antike Bearbeitung das Grundphänomen allenfalls vorläufig bewältigt und dass es immer wieder Anstoß zu einer neuerlichen Vertiefung mathematischer Begriffsbildung (etwa bei NEWTON und LEIBNIZ, bei CAUCHY und WEIERSTRASS oder bei CANTOR, DEDEKIND und WEYL (1885-1955)) gibt.

Der genaue historische Ablauf der „antiken Grundlagenkrisis" und ihrer Verarbeitung ist außerordentlich schwierig zu rekonstruieren und noch immer kontrovers[31]. Wir präsentieren hier nur eine knappe Skizze der (euklidischen) Theorie der (In)kommensurabilität ohne Anspruch auf eine akurate historische Rekonstruktion und mit „modernisierter" Notation. Vorausgesetzt wird der Grundbegriff einer *Größe*. Größen sind dadurch gekennzeichnet, dass sie vermehrt beziehungsweise vermindert werden können. Die antike Mathematik unterscheidet streng zwischen (diskreten) *Zahlgrößen*, bei denen die Einheit nur vervielfacht wird, und *stetigen Größen* (Linien, Flächen, Volumina, Winkel, aber auch Ort, Zeit, Gewicht), die beliebig geteilt werden

---

[30] Vgl. Platon: *Gesetze* 819c-820e; Platon 1990, S. 95-99.
[31] Vgl. dazu BURKERT (1962), HASSE und SCHOLZ (1928), WAERDEN (1996), ZHMUD (1997).

können. Größen derselben Art können verglichen (angeordnet), vervielfacht und (die kleinere von der größeren) abgezogen werden.

Definition 5.2 (kommensurabel, EUKLID Buch X, Definition 1). Zwei Größen derselben Art a, b heißen *kommensurabel*, wenn sie ein gemeinsames Maß e besitzen, es gibt also eine Größe dieser Art e und zwei natürliche Zahlen $n, m \in \mathbb{N}$, so dass

$$ne = a, \qquad me = b.$$

Im umgekehrten Fall heißen a und b *inkommensurabel*.

Insbesondere sind zwei Zahlen(größen) $p, q \in \mathbb{N}$ also stets kommensurabel, *ein* gemeinsames Maß ist der $\mathrm{ggT}(p, q)$, ein weiteres (für nicht teilerfremde Zahlen davon verschiedenes) ist die Einheit 1.

Das wichtigste Kriterium für Kommensurabilität und zugleich eine Methode zum Bestimmen eines gemeinsamen Maßes ist die so genannte *Wechselwegnahme*.

Bemerkung 5.3 (Wechselwegnahme). Ein gemeinsames Maß zweier Größen kann mittels „Wechselwegnahme" ermittelt werden. Dazu zieht man die kleinere a_1 von der größeren a_0 so oft ab, bis der Rest a_2 kleiner als a_1 ist,

$$a_0 = n_1 a_1 + a_2, \quad n_1 \in \mathbb{N}, \quad a_2 < a_1$$

Anschließend wird diese Prozedur für a_1 und a_2 wiederholt und so weiter:

$$a_1 = n_2 a_2 + a_3, \quad n_2 \in \mathbb{N}, \quad a_3 < a_2,$$
$$a_2 = n_3 a_3 + a_4, \quad n_3 \in \mathbb{N}, \quad a_4 < a_3,$$
$$\vdots$$

Bricht dieses Verfahren irgendwann ab, d. h. $a_{k+1} = 0$ beim k-ten Schritt, so ist $a_{k-1} = n_k a_k$ und a_k ist ein gemeinsames Maß von a_0 und a_1.

Zur Übung könnten die Studierenden die Wechselwegnahme für zwei Zahlen erproben und sollten dabei den ggT als gemeinsames Maß erhalten, die Wechselwegnahme also in dieser Situation mit dem bekannten Euklidischen Algorithmus identifizieren können.

Dass das oben beschriebene Verfahren jedoch nicht immer nach endlich vielen Schritten abbrechen muss, zeigt gerade das Phänomen der Inkommensurabilität. Einfacher als beim Quadrat[32] verläuft die Argumentation für Seite und Diagonale eines regulären Pentagons; daher sei diese hier vorgestellt.

---

[32] Ein Nachweis der Inkommensurabilität von Diagonale und Seite im Quadrat mittels Wechselwegnahme könnte als Übungsaufgabe gestellt werden (vgl. Thiele 1999, S. 18 oder Rademacher und Toeplitz 2000, S. 14-19).

Diagonale und Seite im regulären Pentagon

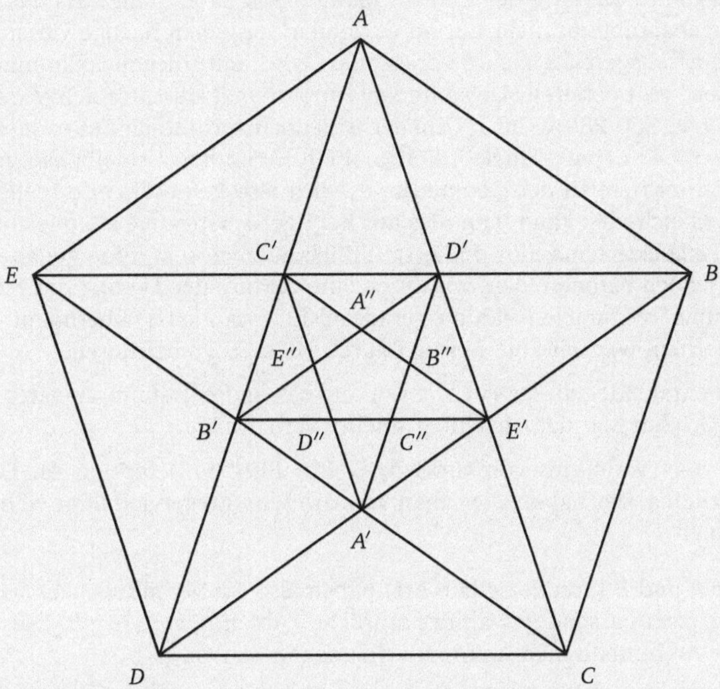

Die Diagonalen erzeugen in der Mitte ein kleineres reguläres Pentagon $A' \ldots E'$. Je eine Seite und eine Diagonale sind parallel. Die Dreiecke AED und $BE'C$ haben parallele Seiten, sind also ähnlich, somit gilt $AD : AE = BC : BE'$. Betrachtet man das Parallelogramm $DE'AE$, so erhält man $BE' = BD - BC$. Im Pentagon gilt also:

$$\text{Diagonale} : \text{Seite} = \text{Seite} : (\text{Diagonale} - \text{Seite}).$$

Bezeichne die Diagonale mit a_0, die Seite mit a_1 und $a_2 := a_0 - a_1$. Es gilt also $a_0 : a_1 = a_1 : a_2$, und $a_2 < a_1$. Es ist aber a_2 die Diagonallänge im kleineren Pentagon und $a_3 := a_1 - a_2$ dessen Seitenlänge. Somit wiederholt sich die Prozedur *ad infinitum*:

$$a_1 = a_2 + a_3, \quad a_3 < a_2,$$
$$a_2 = a_3 + a_4, \quad a_4 < a_3,$$
$$\vdots$$

Aus diesem und vielen weiteren konkreten Beispielen zeigt sich also: Gleichartige Größen verhalten sich zueinander nicht immer wie natürliche Zahlen.

5.2.2 Inkommensurabilität in der griechischen Antike – Die Theorie des Eudoxos

Eine überragende Leistung der antiken Mathematik ist es nun, dass das Phänomen der Inkommensurabilität nicht nur an einzelnen Beispielen nachgewiesen wird, sondern dass eine ausgereifte Theorie präsentiert wird, mit solchen „inkommensurablen Verhältnissen" zu operieren. Diese finden wir systematisiert in Buch V der *Elemente* des EUKLID (ca. 360-280 v. Chr.). Urheber ist jedoch vermutlich EUDOXOS VON KNIDOS (ca. 390-345 v. Chr.)(vgl. Thiele 1999, S. 11 ff.). Hierbei verbleibt die gesamte Begriffsbildung im Bereich der Geometrie, es wird also keine Theorie reeller „Zahlen" entwickelt. Gleichwohl kann man dies aus heutiger Perspektive allzu leicht unterstellen. Diese Perspektive mag für den ersten Blick nützlich sein. Eine genauere Darstellung sollte jedoch betonen, dass wir durch eine Lektüre der Theorie des EUDOXOS, die eine „Kenntnis" der reellen Zahlen gerade nicht voraussetzt, überhaupt erst besser verstehen lernen, was wir zum Beispiel durch $\sqrt{2} \in \mathbb{R}$ symbolisieren.

Die fundamentale Idee dieser Theorie sind die passenden Definitionen des Verhältnisses zweier Größen und der Gleichheit solcher Verhältnisse.

Definition 5.4 (Verhältnis von Größen, EUKLID Buch V, Definition 4). Dass sie ein Verhältnis zueinander haben, sagt man von Größen, die vervielfältigt einander übertreffen können.

Die Größen A und B (von derselben Art) haben also ein Verhältnis, wenn $B < nA$ und $A < mB$ für zwei passend gewählte natürliche Zahlen $n, m \in \mathbb{N}$ gilt. Dies entspricht gerade dem Archimedischen Axiom für die reellen Zahlen.[33]

Definition 5.5 (Verhältnisgleichheit, EUKLID Buch V, Definition 5). Zwei Größen a, b (derselben Art) stehen im selben Verhältnis wie zwei Größen A, B (derselben Art), falls für irgend zwei Zahlen $n, m \in \mathbb{N}$ stets gilt:

$$na < mb \Rightarrow nA < mB$$
$$na = mb \Rightarrow nA = mB$$
$$na > mb \Rightarrow nA > mB$$

Wenn wir dies ahistorisch umschreiben, so bedeutet Verhältnisgleichheit

$$\frac{a}{b} \begin{smallmatrix}>\\<\end{smallmatrix} \frac{n}{m} \Rightarrow \frac{A}{B} \begin{smallmatrix}>\\<\end{smallmatrix} \frac{n}{m}.$$

Wenn die „reellen Zahlen" $\frac{a}{b}$ und $\frac{A}{B}$ also durch dieselben Brüche $\frac{n}{m}$ (beliebig genau) von oben und von unten angenähert werden können, werden sie als gleich definiert. Aus der Sicht des EUDOXOS wäre eine solche Formulierung sicherlich unzulässig, denn vergleichen lassen sich zunächst nur die Größen selbst und ihre Vielfachen, die Gleichheit der Verhältnisse soll ja überhaupt erst definiert werden.

---

[33] Ein elementares Beispiel nicht-archimedisch geordneter Größen stellen so genannte Hornwinkel dar (vgl. Thiele 1999, S. 14).

Im Anschluss finden wir bei EUKLID Rechenregeln für die so definierten Verhältnisse, wiederum ohne eine Analogie zum Rechnen mit den natürlichen Zahlen herauszustellen.

Als ein (elementares) Beispiel für die Leistungsfähigkeit der so begründeten *Exhaustionstheorie* könnte man das folgende Theorem zeigen.

Theorem 5.6 (EUKLID Buch XII, § 2). Zwei Kreisflächen K_1, K_2 verhalten sich zueinander wie die Quadrate über ihren Durchmessern d_1^2, d_2^2:

$$K_1 : K_2 = d_1^2 : d_2^2.$$

Beweis (Exhaustionsverfahren beziehungsweise zweifacher Widerspruchsbeweis): Wäre dem nicht so, dann müsste es eine Flächengröße $F \neq K_2$ geben mit

$$K_1 : F = d_1^2 : d_2^2$$

(die Existenz dieser „vierten Proportionalen" F wird unbewiesen vorausgesetzt); zwei Fälle sind möglich: $F < K_2$ und $F > K_2$. Im ersten Falle gibt es ein (regelmäßiges) Polygon $P_2^{(n)}$ in K_2 mit

$$F < P_2^{(n)} < K_2. \tag{5.1}$$

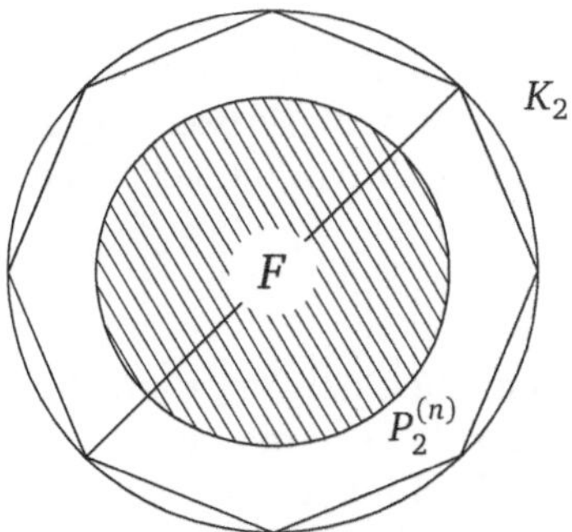

Dies sieht man durch in den Kreis ein- beziehungsweise umbeschriebene Polygone mit jeweils doppelter Eckenzahl, so dass die Differenz beider jeweils mehr als halbiert wird); konstruiere ein zu $P_2^{(n)}$ ähnliches, in K_1 eingeschriebenes Polygon $P_1^{(n)}$; elementargeometrisch folgt

$$P_1^{(n)} : P_2^{(n)} = d_1^2 : d_2^2$$

(für ähnliche Polygone gilt die Behauptung nach EUKLID Buch XII, § 1). Somit erhalten wir

$$P_1^{(n)} : P_2^{(n)} = d_1^2 : d_2^2 = K_1 : F \text{ oder } P_1^{(n)} : K_1 = P_2^{(n)} : F.$$

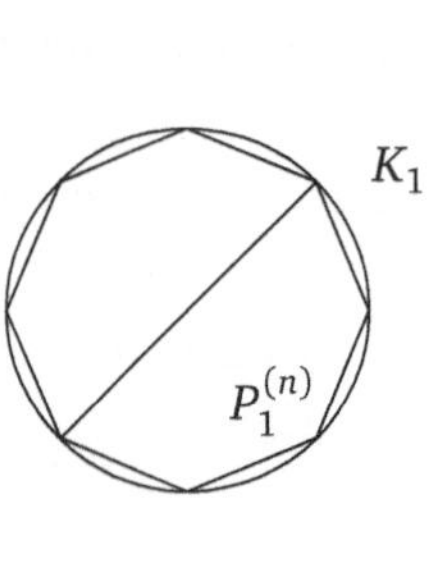

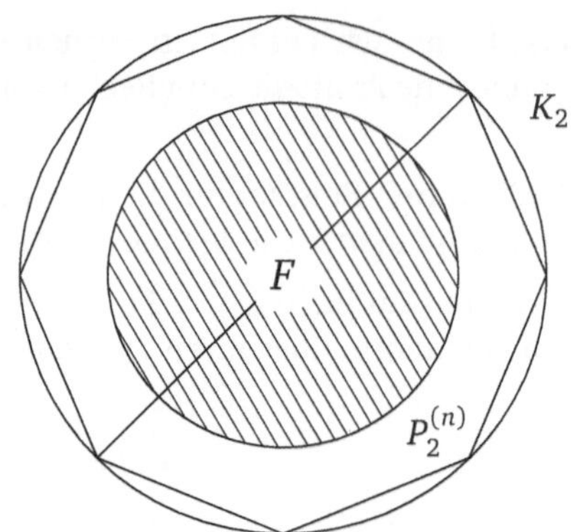

Nun sind aber beide Polygone eingeschrieben, also $P_1^{(n)} < K_1$ und damit $P_2^{(n)} < F$ im Widerspruch zur Annahme (5.1).

Fall zwei mit $F > K_2$ wird analog mit umschriebenen Polygonen zum Widerspruch geführt.

$\square$

Die folgende Aufgabe ist geeignet, die obigen Zusammenhänge zu rekapitulieren.

Inkommensurabilität

Aufgabe 11 Diskutieren Sie das folgende Zitat[34]:

> „Wenn wir heute die reellen Zahlen als Elemente eines vollständig geordneten Körpers definieren, so ist uns nicht mehr gegenwärtig, wie sehr die Entdeckung, daß sich nicht alles durch rationale Zahlen erfassen läßt, einst Bildungs- und Weltanschauungskrisen auslöste – ja, wenn man späteren Legenden trauen darf – ihrem Entdecker die Strafe der Götter einbrachte."
>
> Klaus MAINZER

Auf welches historische Ereignis spielt der Autor an? Stellen Sie den entsprechenden mathematischen Sachverhalt dar! Welche mathematische[35] beziehungsweise mathematikhistorische[36] Ungenauigkeit ist im obigen Text zu korrigieren?

5.2.3 Grenzwerte im Mittelalter

Bereits die griechische Antike kennt also den Umgang mit dem Phänomen der Konvergenz, wenn dieser auch nicht zu expliziten oder gar formalisierten Grenzwertbetrachtungen geführt hat. Beispielsweise stellt die Exhaustionsmethode (siehe dazu

---

[34] Zit. nach EBBINGHAUS 1988, S. 23.

[35] Im Allgemeinen wird $\mathbb{R}$ als vollständiger, *Archimedisch* geordneter Körper definiert.

[36] Die antike Mathematik hätte Brüche niemals als „Zahlen" bezeichnet, sondern stets präzise als „Verhältnisse von Zahlen".

auch Theorem 5.6) die Möglichkeit bereit, die Fläche zwischen einer Parabel und einer Sehne durch geradlinig begrenzte Flächen „auszuschöpfen". Dabei vermeidet der Widerspruchsbeweis aber einen tatsächlichen Grenzübergang zu „unendlich vielen" Schritten.

Ein wichtiges Werkzeug im Umgang mit Exhaustionsproblemen ist die Anwendung der Geometrischen Reihe. Der Terminus der endlichen „Geometrischen Reihe" kommt bereits in den *Elementen* des EUKLID vor. Nach den Ausführungen zur Proportionenlehre im siebten Buch der *Elemente*, handeln viele Paragrafen des achten und neunten Buches von „beliebig vielen Zahlen $a_1, a_2, \ldots, a_n$ in Geometrischer Reihe".

Geometrische Summenformel, EUKLID Buch IX, § 35

> „Hat man beliebigviele Zahlen in Geometrischer Reihe und nimmt man sowohl von der zweiten als auch von der letzten der ersten gleiche weg, dann muss sich, wie der Überschuss der zweiten zur ersten, so der Überschuss der letzten zur Summe der ihr vorangehenden verhalten."

In moderner Schreibweise bedeutet dies Folgendes: Sind $a, aq, aq^2, \ldots, aq^n$ mit $q \in \mathbb{Q}$ und $0 < q, q \neq 1$, $a \in \mathbb{N}$ die Glieder einer geometrischen Reihe, dann gilt

$$(aq - a) : a = (aq^n - a) : (a + aq + aq^2 + \cdots + aq^{n-1}),$$

was gleichbedeutend ist mit

$$\sum_{k=0}^{n-1} aq^k = a\frac{q^n - 1}{q - 1}.$$

Ein Beispiel für eine Anwendung der (endlichen) geometrischen Reihe findet sich in der Parabelquadratur des ARCHIMEDES. In einer Übungsaufgabe könnte die Exhaustion der Parabel thematisiert werden. Ziel dabei ist, die schulmathematischen Erfahrungen der Studierenden aufzugreifen und an einem Beispiel aus der Mathematikgeschichte zu vertiefen (vgl. z. B. Katz 2009, S. 108 f.; 128 oder Freudigmann u. a. 2006, S. 95 ff.).

Ansätze für eine Analyse von Reihen und auch erste Versuche, das Kontinuum durch unendliche Prozesse zu erforschen, gibt es also schon in der griechischen Mathematik. Aber durch die Herrschaft des römischen Imperiums und die Völkerwanderung war Zentraleuropa lange von den Kenntnissen der griechischen Antike abgeschnitten, so dass das Mittelalter, häufig zu Unrecht, den Beinamen des dunklen Zeitalters trägt. Tatsächlich sind viele wissenschaftliche Werke der Antike den späten mittelalterlichen Gelehrten durch die arabische Überlieferung bekannt geworden, so dass heute oft von einer Renaissance im 12. Jahrhundert gesprochen wird.

Die antike Interpretation der Unendlichkeit und deren Reserve gegenüber einem aktual Unendlichen forderte die christliche Scholastik zu umfangreichen Untersuchungen auf, da viele Glaubenswahrheiten nicht mit den herkömmlichen logisch-philosophischen Methoden verstanden werden konnten. Im Vordergrund der Analyse stand meist die Frage, ob der omnipotente Gott nicht doch ein aktual Unendliches auf der Erde schaffen könne (vgl. auch 5.4.2 und 5.4.4).

Eine Antwort darauf, die sich unter anderem bei BURIDAN (ca. 1295-1358) findet, geht von den proportionalen Teilen einer Stunde in geometrischer Progression aus. Gott könne beispielsweise in der ersten halben Stunde eine bestimmte Größe schaffen, in der folgenden Viertelstunde noch einmal dieselbe Größe, in der nächsten Achtelstunde wiederum und so fort. Am Ende der Stunde wäre dann ein aktual Unendliches entstanden (vgl. Gericke 1993, S. 139). Bei der Beantwortung theologischer Fragen konnten sich auch infolge logisch-mathematischer Überlegungen Paradoxien ergeben, die im Sinne der christlichen Lehre nur mit dem Hinweis auf Gottes Allmacht, Allwissenheit oder seine „Unendlichkeit" gelöst werden konnten. Robert HOLKOT (ca. 1290-1349) stellte die Frage, ob Gott immer in der Lage sei, den gerechten Menschen zu belohnen und den sündvollen zu bestrafen. In einem Beispiel teilt HOLKOT die letzte Lebensstunde eines Mannes, wie BURIDAN, in die Teile einer Stunde. Der Mann kann sich nun in der ersten halben Stunde verdienstvoll verhalten. Die folgende Viertelstunde verbringt er aber sündvoll, die Achtelstunde wieder als ein Gerechter und so fort. Es gibt dann in seinem Leben keinen letzten Augenblick, in dem er sich gerecht oder sündhaft verhalten kann, da die Teilung der Stunde kontinuierlich verläuft. Gott kann daher nicht wissen, ob er ihn in der Ewigkeit belohnen oder bestrafen soll (vgl. Grant 1986, S. 61). Dieses Beispiel zeigt nochmals die Schwierigkeiten der naturphilosophischen Kontinuumsdiskussion auf.

Der spätscholastische Gelehrte Nicole ORESME (ca. 1323-1382) untersucht im Zusammenhang mit Bewegungsvorgängen die Konvergenz von Reihen und bestimmt den Grenzwert der Reihe $\sum_{n=1}^{\infty} \frac{n}{2^n}$. ORESMES Motivation und seine Vorgehensweise resultiert aus seinen Überlegungen zur Bewegung und daher benutzt er eine „kinematische" Sprache, die sich aber leicht in eine geometrische Argumentation umsetzen lässt:

Nicole ORESME: Konvergenz bei „einfacher gleichförmiger Bewegung"

Wenn ein Mobile [beweglicher Körper] sich im ersten proportionalen Teil einer Stunde (*gemeint ist eine halbe Stunde*) mit irgendeiner Geschwindigkeit bewegen würde und im zweiten proportionalen Teil (*eine Viertelstunde*) doppelt so schnell und im dritten dreimal und im vierten viermal und so fort, bis ins Unendliche immer zunehmend, so würde jenes Mobile in der ganzen Stunde genau das Vierfache durchlaufen von dem, was in der ersten Hälfte der Stunde durchlaufen wurde.

Adaptiert aus Clagett 1968, S. 414

ORESME geht das Problem – in typisch antiker Weise – geometrisch an; er interpretiert also das Problem so, dass eine unendliche Reihe von Rechtecken zu addieren seien, nämlich:

$$\frac{1}{2}v + \frac{1}{4}2v + \frac{1}{8}3v + \ldots = v \cdot \sum_{n=1}^{\infty} \frac{n}{2^n}.$$

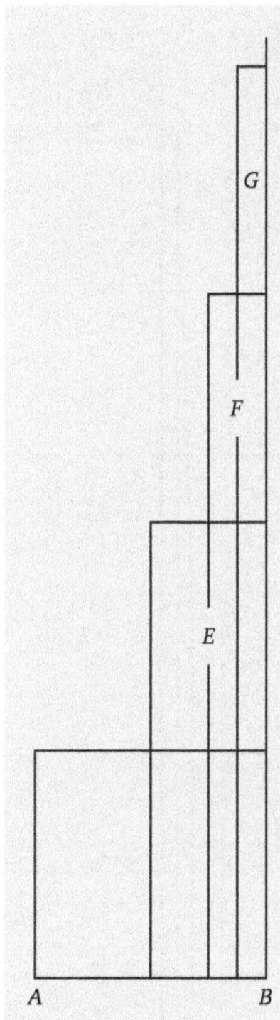

Die Argumentation verläuft bei ORESME etwa folgendermaßen (es wird der Einfachheit halber $v = 1$ angenommen), siehe Bild: Man geht von einem Quadrat der Seitenlänge 1 aus und teilt dessen Grundseite CD gemäß der geometrischen Folge $\frac{1}{2}, \frac{1}{4}, \frac{1}{8}, \ldots$ Dadurch wird das Quadrat in die Rechtecke E, F, G usw. zerlegt (denn $\frac{1}{2} + \frac{1}{4} + \frac{1}{8} + \ldots = 1$). Nun wird über einer zu C, D gleichlangen Strecke A, B das Quadrat „aufgesetzt", über diesem das Rechteck E, darüber das Rechteck F, hierüber das Rechteck E und so fort. Da die Summe der Rechtecke $E, F, \ldots$ gleich dem Flächeninhalt des Quadrats über CD ist, ist der Flächeninhalt der gesamten Treppenfigur gleich der Summe der Flächeninhalte der beiden Quadrate, also gleich 2. Man sieht so:

$$\sum_{n=1}^{\infty} \frac{n}{2^n} = 2.$$

Adaptiert aus Clagett 1968, S. 413-417

An diesem kinematisch-geometrischen Beispiel von ORESME kann die Bestimmung des Werts einer unendlichen Reihe auf eine eher ungewöhnliche Art und Weise nachvollzogen werden. Dieses Handeln steht im Kontrast zu den üblicherweise angewandten (modernen) Methoden zur Bestimmung der Konvergenz von Reihen und ihrer Grenzwerte. Das häufig kalkülorientierte Arbeiten in Übungsaufgaben kann in diesem Zusammenhang zur Reflexion genutzt werden:

Nicole ORESME: Anschauung und Abstraktion

Aufgabe 12

(a) Überprüfen Sie, ob die Reihe $v \cdot \sum_{n=1}^{\infty} \frac{n}{2^n}$ für $v := 1$ konvergiert, und bestimmen Sie ggf. den Grenzwert.

(b) Vergleichen Sie Ihr (modernes) Vorgehen mit der Arbeitsweise ORESMES. Wie beurteilen Sie die Leistungsfähigkeit der Methoden? Charakterisieren Sie das Verhältnis von Anschauung und Abstraktion in diesem Beispiel.

In ORESMES Werken finden sich weitere Beispiele für die Behandlung unendlicher Reihen, die sich ebenfalls als Übungsaufgaben einsetzen lassen.

Nicole ORESME: Konvergenz bei „zusammengesetzter gleichförmiger Bewegung"

Wird eine Stunde im Verhältnis 2 : 1 bis ins Unendliche geteilt, so dass der erste proportionale Teil die Hälfte einer
Strecke ist und der darauf folgende Abschnitt wiederum
die Hälfte des Vorhergehenden und so weiter bis ins Unendliche. Und ein Mobile bewegt sich im ersten proportionalen Teil der Stunde (*gemeint ist eine halbe Stunde*) mit
einer konstanten Geschwindigkeit. Es bewegt sich dann im
zweiten proportionalen Teil der Stunde (*gemeint ist eine
Viertelstunde*) gleichförmig beschleunigt, bis es die doppelte Geschwindigkeit erreicht hat. Dann bewegt es sich
im dritten proportionalen Teil der Stunde konstant weiter in dieser doppelten Geschwindigkeit. Im vierten proportionalen Teil der Stunde bewegt sich das Mobile dann
wieder gleichförmig beschleunigt von der doppelten zur
vierfachen Geschwindigkeit und so fort.
Ich sage nun, dass der in der Gesamtzeit durchlaufene
Weg (die Fläche) sich zum im ersten Abschnitt durchlau-
fenen Weg (Fläche) verhält wie 7 : 2.

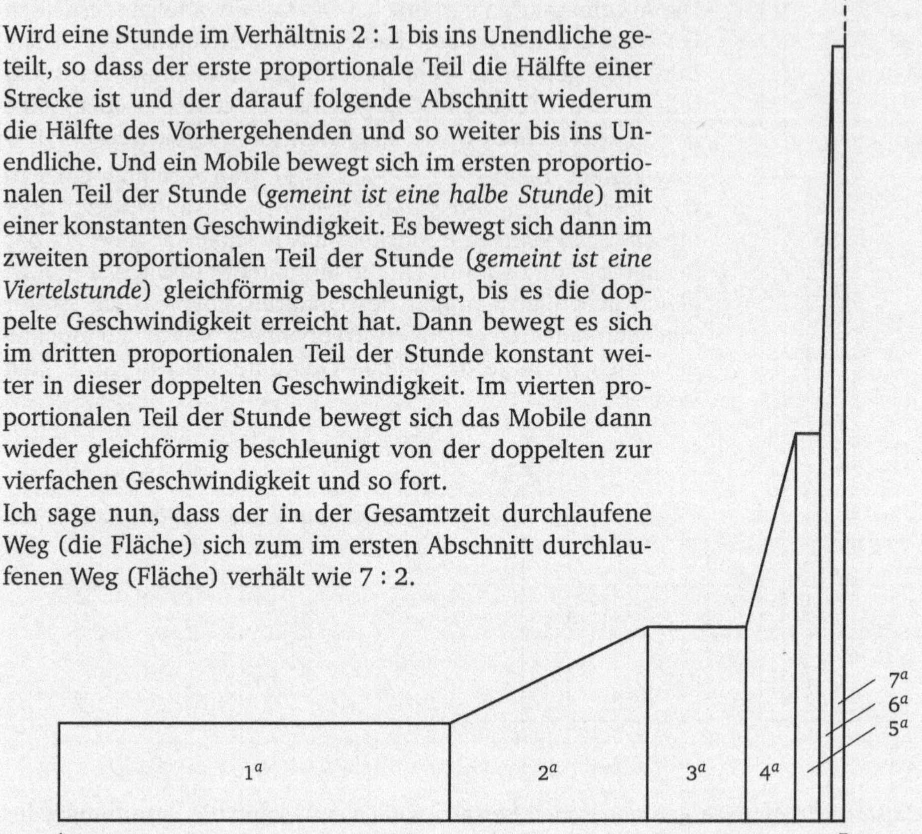

Die Behauptung wird wie folgt bewiesen: Wir betrachten zunächst die „ungeraden"
Abschnitte, also den ersten, den dritten, den fünften und so weiter. Wie man sieht, ist
der erste Abschnitt das Vierfache des dritten Abschnitts in der Breite. Gleiches gilt für
die anderen ungerade genannten Abschnitte: Der dritte Abschnitt ist das Vierfache
des Fünften in der Breite und so fort. Gleichzeitig sieht man, dass der dritte Abschnitt
die doppelte Höhe des ersten Abschnitts hat und der fünfte die doppelte Höhe im
Vergleich zum dritten Abschnitt und so weiter. Daher gilt, dass die Fläche des ersten
Abschnitts doppelt so groß ist wie die Fläche des dritten Abschnitts, die des dritten
doppelt so groß wie die des fünften und so weiter für alle „ungeraden" Abschnitte.
Das heißt, die gesamte Fläche aller als ungerade bezeichneten Abschnitte ist genau
doppelt so groß wie Fläche des ersten Abschnitts und diese ist die Einheit.

Wir betrachten nun die „geraden" Abschnitte: Die Geschwindigkeit im zweiten Abschnitt ist gleichförmig ansteigend, das heißt, sie ist genauso groß, als ob man die
Geschwindigkeit (= Höhe) im mittleren Punkt misst. Die Höhe des mittleren Punkts
im zweiten Abschnitt verhält sich zur Höhe des ersten Abschnitts wie 3 : 2. Da die

Breite des zweiten Abschnitts die Hälfte des ersten Abschnitts ist, gilt, dass die Fläche des zweiten Abschnitts gleich $\frac{3}{4}$ der Fläche des ersten Abschnitts beträgt. Oder anders gesagt, die Fläche des ersten Abschnitts ist $\frac{4}{3}$ der Fläche des zweiten Abschnitts, dann verhält sich die Fläche 1 des ersten Abschnitts zur Fläche des zweiten Abschnitts wie $1 : \frac{4}{3}$. Und wie sich der erste zum zweiten Abschnitt verhält, so verhält sich auch der dritte Abschnitt zum vierten und der fünfte zum sechsten. Daher ist die Gesamtheit aller „ungeraden" Abschnitte $\frac{4}{3}$ von der Gesamtheit aller „geraden" Abschnitte.

Wenn zum Beispiel die Fläche des ersten Abschnitts gleich 2 ist, dann folgt, dass die Gesamtheit der Flächen aller als ungerade bezeichneten Abschnitte gleich 4 ist. Das heißt wiederum, dass die Gesamtheit der Flächen aller als gerade bezeichneten Abschnitte $\frac{3}{4}$ der Fläche der als ungerade bezeichneten Abschnitte ist, also $\frac{3}{4} \cdot 4 = 3$ ist. Die Summe aller Flächen verhält sich also zum ersten Abschnitt wie $7 : 2$, was gefordert war.

Adaptiert aus Clagett 1968, S. 421-425

Aufgabe 13

(a) Lesen Sie den Text, fertigen Sie eine eigene Skizze an und erklären Sie die wichtigsten Argumente mit Ihren Worten.
Welches mathematische Argument muss ORESME kennen, wenn er behauptet, dass „die gesamte Fläche aller als ungerade bezeichneten Abschnitte genau doppelt so groß wie Fläche des ersten Abschnitts ist"?
Tipp: Nehmen Sie an, dass AB die Länge 1 hat und dass die Geschwindigkeit im ersten Teilstück konstant gleich 2 ist.

(b) Geben Sie zwei Reihen an, wobei die eine Reihe die „ungeraden" Flächenstücke beschreibt und die andere Reihe die „geraden" Flächenstücke. Konvergieren diese Reihen, und wenn ja, gegen welchen Wert?

(c) Nehmen Sie zu der von ORESME vorgeschlagenen Methode, den unendlichen Prozess geometrisch zu beschreiben, Stellung.

Die Interpretation eines solchen Quellentexts ist eine anspruchsvolle Aufgabe. Sein Inhalt erschließt sich nicht unmittelbar; die Rekonstruktion setzt einerseits eine solide Einsicht in die mathematische Thematik voraus, andererseits aber auch eine besondere eigene Anstrengung zur „Übersetzung" in die vertrautere (formale) Sprache.

Da im Kontext unendlicher Reihen oft nur „fertige" Reihenbeispiele untersucht werden, eröffnet diese Aufgabe die Chance, den Prozess der Konstruktion unendlicher Summen von Teilflächen selbst zu vollziehen. Zudem können wichtige Begriffe wiederholt werden, beispielsweise wenn man in ORESMES Behauptung „die gesamte Fläche aller als ungerade bezeichneten Abschnitte ist genau doppelt so groß wie Fläche des ersten Abschnitts" erkennt, dass ORESME damit die geometrischen Reihe mit ihrem Grenzwerts 2 beschreibt. Die geometrische Sichtweise ORESMES führt zu einer neuen Auseinandersetzung mit der Reihe, die die „ungeraden" Abschnitte beschreibt:

$$\sum_{n=1}^{\infty} 2^n \cdot \frac{1}{2^{2n-1}} = \sum_{n=1}^{\infty} \frac{1}{2^{n-1}}.$$

Mit modernen Mitteln ist die Konvergenz der Reihe leicht nachzuweisen und der Grenzwert zu berechnen; gleiches gilt für die Reihe, die die „geraden" Abschnitte beschreibt:

$$\sum_{n=1}^{\infty} \frac{2^n + 2^{n+1}}{2} \cdot \frac{1}{2^{2n}} = \sum_{n=1}^{\infty} \frac{3}{2} \cdot \frac{1}{2^n}.$$

In einer Reflexion kann ORESMES Umgang mit dem Unendlichen thematisiert und andererseits mit einem unüblichen Gegenstand das Spannungsfeld zwischen Anschauung und Abstraktion ausgelotet werden.

Diese Übungsaufgabe lässt sich auch ohne die Vorkenntnisse zu ORESMES Konvergenzüberlegungen bei „einfacher gleichförmiger Bewegung" stellen. Dennoch wird an dieser Stelle dafür plädiert, das Thema Grenzwerte im Mittelalter anhand der ORESMESchen Beispiele in Vorlesung und Übungen zu behandeln, da es besonders zu einer prozessorientierten Sichtweise auf die Mathematik beiträgt und einen anschaulichen Standpunkt zum Thema Konvergenz bereitstellt.

5.3   Die Genese des Begriffs der gleichmäßigen Konvergenz

Der Begriff der gleichmäßigen Konvergenz und dessen Abgrenzung von der punktweisen Konvergenz ist ein zentrales Kapitel höherer Analysis. Sicherlich geht die Thematik deutlich über den Schulstoff eines Gymnasiums hinaus; gleichwohl ist der Begriff für ein tieferes Verständnis des Phänomens der Konvergenz und für einen Übergang zu Fragestellungen etwa der Funktionalanalysis oder Integrationstheorie unverzichtbar.

Darüber hinaus ist die Genese des Begriffes wiederum ein höchst instruktives Kapitel der Mathematikgeschichte. Werden doch *gleichzeitig* die folgenden fundamentalen Begriffe der Analysis neu gebildet beziehungsweise präzisiert:

- gleichmäßige Konvergenz,

- ϵ-δ-Stetigkeit,

- Funktion.

Eine Präsentation dieser Genese kann sicherlich nicht nebenbei in einer kurzen Bemerkung erfolgen, sondern benötigt Zeit und Aufmerksamkeit sowie ein solides Vorwissen der mathematischen Zusammenhänge (gleichmäßige und punktweise Konvergenz, Gegenbeispiele und Sätze zur Übertragung von Regularitätseigenschaften auf die Grenzfunktion). Sie ist in diesem Falle auch eher nicht als didaktisches Hilfsmittel zu verwenden, sondern stellt einen Lehrinhalt eigenen Rechts dar. Sorgfältig vermittelt und gut verstanden eröffnet sie jedoch ein tiefes Verständnis sowohl für einen der analytischen Grundbegriffe als auch für mathematische Forschungsprozesse und mathematische Begriffsbildung überhaupt.

Wir präsentieren hier nur einen kurzen Abriss dieser Geschichte basierend auf dem höchst anregenden Werk des Mathematikhistorikers und Wissenschaftsphilosophen Imre LAKATOS (1922-1974).[37]

5.3.1 Augustin Louis Cauchy – Theorem und „Beweis"

In seinem bahnbrechenden Lehrbuch von 1821 *Cours d'Analyse* präzisiert Augustin Louis CAUCHY unter anderem den Begriff der Stetigkeit einer Funktion, indem er die bis heute verwendete Definition der ϵ-δ-Stetigkeit angibt. Eine für die Analysis zentrale Eigenschaft von Funktionen wird damit präzise formalisiert. Er „beweist" auf dieser Basis das folgende Theorem.

Theorem 5.7 (CAUCHY 1821). Der Grenzwert jeder konvergenten Reihe stetiger Funktionen ist stetig.

Schon lange vor CAUCHYS Buch war allerdings die Aussage dieses Satzes unter Mathematikern völlig unstrittig und wurde vielfach verwendet, gemäß dem besonders von LEIBNIZ betonten Kontinuitätsprinzip: „Was für die Folge gilt, gilt auch für ihren Grenzwert." Erst CAUCHYS Stetigkeitsdefinition *erzeugt* einen im präzisen Sinne beweisbaren und beweisbedürftigen Satz. In

seinem „Beweis" vertauscht CAUCHY allerdings an entscheidender Stelle zwei Grenzwerte, hätte also – nach heutigem Verständnis – eigentlich gleichmäßige Konvergenz voraussetzen müssen. Dieser Begriff stand ihm jedoch nicht zur Verfügung, genauer: CAUCHY waren die fundamental unterschiedlichen Phänomene von gleichmäßiger und nur punktweiser Konvergenz einer Funktionenfolge gar nicht präsent. Zunächst gab es auch weder an dem Theorem selbst noch an dessen Beweis Zweifel.

5.3.2 Jean Baptiste Joseph Fourier – Gegenbeispiele

Leider hatte jedoch bereits im Jahr 1807 Jean Baptiste Joseph FOURIER (1768-1830) eine ganze Klasse von Gegenbeispielen zu CAUCHYS Theorem angegeben. FOURIER

---

[37] Für eine ausführlichere Darstellung der historischen Genese und der mathematikphilosophische Konsequenzen vgl. LAKATOS 1979, S. 119-146.

selbst – wie viele seiner Zeitgenossen – hatte dies allerdings zunächst gar nicht registriert. In seinem Werk über Wärmeleitung, *Mémoire sur la Propagation de la Chaleur* (1807/08), betrachtet FOURIER die folgende Reihe

$$f(x) := \cos x - \frac{1}{3}\cos 3x + \frac{1}{5}\cos 5x - + \ldots, \qquad (5.2)$$

ein Beispiel für die später nach Fourier benannten Reihen. Diese Reihe konvergiert punktweise für alle $x \in \mathbb{R}$, allerdings ist die Grenzfunktion – nach heutiger Lesart – nicht überall stetig (nämlich gerade an den Stellen, an denen keine gleichmäßige Konvergenz vorliegt).

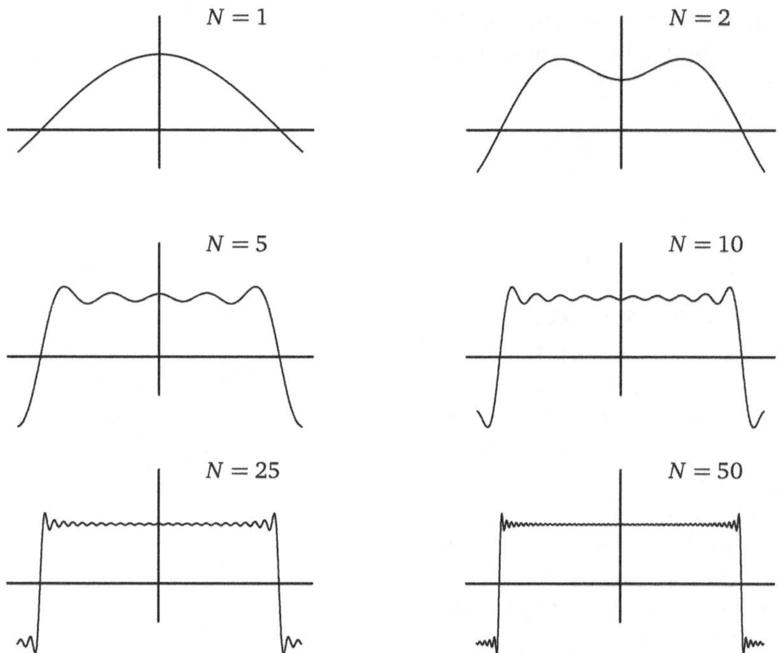

Partialsummen der Fourier-Reihe 5.2

FOURIER jedoch „zeigt" in seiner Arbeit:

(a) Die Reihe konvergiert überall.
(b) Die Grenzfunktion ist stetig.

Die Stetigkeit seiner „Grenzfunktion" hatte er quasi aus der Möglichkeit geschlossen, diese in einem Zug durchzeichnen zu können. Auch legte die intendierte Anwendung auf das Problem einer schwingenden Seite eine solche Interpretation nahe, denn eine Seite bleibt, auch wenn sie zu einer Rechteckkurve verformt wird, „stetig". Damit würde sein Beispiel also auf den ersten Blick CAUCHYS Theorem beziehungsweise den mathematischen *Common Sense* bestätigen: Eine überall konvergente Reihe von stetigen Funktionen ergibt eine stetige Grenzfunktion.

Erst die präzise Definition einer *Funktion* und der *Stetigkeit* unter anderen bei CAUCHY zeigt, dass einerseits die durchgezeichnete Rechteckkurve gar keine Funktion ist und dass andererseits die tatsächliche Grenzfunktion nicht stetig ist. CAUCHY selbst also sorgt dafür, dass die von FOURIER definierten Funktionen in den Rang eines Gegenbeispieles aufsteigen. Der *Cours d'Analyse*, das zu seiner Zeit wichtigste Lehrbuch der Analysis, erschien unter anderen wegen dieser Probleme, die CAUCHY nicht lösen konnte, nie in zweiter Auflage.

5.3.3 Niels Henrik Abel – Die „Monstersperre"

Gemeinhin wird dem jungen Genie Niels Henrik ABEL (1802-1829) die Entdeckung der gleichmäßigen Konvergenz zugeschrieben. Die genauere historische Analyse durch Imre LAKATOS zeigt jedoch, dass ABEL keineswegs mehr als den Begriff der punktweisen Konvergenz verwendet. Zwar erkennt er die Gültigkeit der FOURIERschen Gegenbeispiele explizit an. In seiner berühmten Arbeit[38] von 1826 schreibt er: „Es scheint mir [...], daß Cauchys Satz Ausnahmen leidet" (zit. nach Lakatos 1979, S. 125), und er gibt die Reihe

$$\sin x - \frac{1}{2}\sin 2x + \frac{1}{3}\sin 3x \pm ...$$

als Beispiel. Diese Klasse von Funktionen wird dann jedoch explizit ausgeschlossen, indem ABEL die weitere Diskussion nur auf Potenzreihen beschränkt.

Theorem 5.8 (Abel 1826). Konvergiert die Reihe $\sum_{n=0}^{\infty} a_n x^n$ für $x := \delta$, so auch für alle x mit $|x| < \delta$. Dort stellt die Potenzreihe eine stetige Funktion dar.

ABEL rechtfertigt die Einschränkung in einem Brief an seinen Lehrer HANSTEEN vom 29. März 1826:

> „Für mich besteht der Grund darin, daß man sich in der Analysis hauptsächlich mit Funktionen befaßt, die durch Potenzreihen dargestellt werden können. Sobald andere Funktionen auftauchen – und dies geschieht allerdings selten –, dann klappt die Induktion nicht mehr, und eine unendliche Zahl unrichtiger Sätze ergibt sich [...]." (Zit. nach Lakatos 1979, S. 126)

LAKATOS bezeichnet diese Strategie, unliebsame Gegenbeispiele eines zu rettenden Theorems einfach auszuschließen, als *Monstersperre*. Zwar sichert man so das Theorem ab, problematisch ist jedoch, dass man wichtige Einsichten verhindert, die nur möglich sind, wenn man die Gegenbeispiele ernst nimmt und anhand einer genauen Analyse des ursprünglichen Beweises den tieferen Grund für das Versagen des Theorems aufspürt.

---

[38] „Untersuchungen über die Reihe $1 + \frac{m}{1}x + \frac{m(m-1)}{2}x^2 + \frac{m(m-1)(m-2)}{2\cdot3}x^3 + ...$", erschienen in Crelle's Journal.

5.3.4   Philipp Ludwig von Seidel – Die Beweisanalyse

Erst dem ansonsten relativ unbekannten Mathematiker Philipp Ludwig VON SEIDEL (1821-1896) gelingt es 1847, den Grund für die Ausnahmen zu finden, indem er CAUCHYS Beweis einer genauen Analyse unterzieht. Damit entdeckt er zugleich den fundamentalen Begriff der gleichmäßigen Konvergenz.

Theorem 5.9 (SEIDEL 1847). Stellt eine Reihe stetiger Funktionen eine unstetige Funktion dar, so konvergiert sie *beliebig langsam.*

Note über eine Eigenschaft der Reihen, welche discontinuirliche Functionen darstellen.

Von

Ph. L. Seidel.

(Abhandl. der Math. Phys. Klasse der Kgl. Bayerischen Akademie der Wissenschaften V, 381—394 (München 1847).

---

[381] Man findet in *Cauchy*'s Cours d'Analyse algébrique Cap. 6, § 1 einen Lehrsatz, welcher ausspricht, dass die Summe einer convergirenden Reihe, deren einzelne Glieder Functionen einer Grösse x und zwar continuirlich in der Nähe eines bestimmten Werthes von x sind, immer gleichfalls in dieser Gegend eine stetige Function derselben Grösse sei. Hieraus würde folgen, dass Reihen der vorausgesetzten Art nicht ge-

In seiner Arbeit *Note über eine Eigenschaft der Reihen, welche discontinuierliche Functionen darstellen* gibt er darüber hinaus eine genaue Beschreibung seines heuristischen Prinzips, das von LAKATOS als *Prinzip der „Beweise und Widerlegungen"* bezeichnet wurde:

> „Wenn man, ausgehend von der so erlangten Gewißheit, daß der Satz nicht allgemein gelten kann, also seinem Beweis noch irgend eine versteckte Voraussetzung zu Grunde liegen muß, denselben einer genaue[r]n Analyse unterwirft, so ist es auch nicht schwer, die verborgne Hypothese zu entdecken; man kann dann rückwärts schließen, daß diese bei Reihen, welche dicontinuirliche Functionen darstellen, nicht erfüllt sein darf, indem nur so die Übereinstimmung der *übrigens* richtigen Schlußfolge mit dem, was andrerseits bewiesen ist, gerettet werden kann." (Lakatos 1979, S. 128)

Für LAKATOS zeigt diese Geschichte vor allem, dass eine übermäßige Orientierung an der „Euklidischen Methode", ein falsch verstandener Rigorismus, der nur „Beweise und Nicht-Beweise" kennt und ein „Gegenbeispiel als Schande" empfindet (vgl. Lakatos 1979, S. 130 f.), ein wesentliches Hemmnis für den Fortgang der mathematischen Wissenschaften darstellt. Dies hat schließlich auch eine fachdidaktische Pointe; entgegen einer engstirnigen, strikt binären Richtig-Falsch-Unterscheidung bei Rechnungen und Beweisen erweist sich die Wertschätzung auch „falscher" Beweise sogar aus fachwissenschaftlicher Sicht als fruchtbar:

> „Die Vorstellung – so klar von Seidel ausgesprochen –, daß ein Beweis auch dann Anerkennung verdienen kann, wenn er nicht fehlerlos ist, war im Jahre 1847 revolutionär, und unglücklicherweise klingt sie noch heute revolutionär." (Lakatos 1979, S. 131)

Die folgende Aufgabe gibt Anlass, die gesamte Thematik nochmals nachzuvollziehen.

Beweisanalyse und gleichmäßige Konvergenz

Aufgabe 14 Der Mathematiker **C.** zeigt den folgenden Satz.

Theorem: Konvergiert eine Folge stetiger Funktionen $f_n : D \to \mathbb{R}$ gegen eine Funktion $f : D \to \mathbb{R}$, so ist auch f stetig.

Beweis: Wir fixieren ein $x \in D$ und müssen zeigen: Für alle Folgen $(x_k) \subset D$ in D gilt: $x_k \to x \in D$ impliziert $f(x_k) \to f(x)$. Betrachten wir also eine solche Folge $x_k \to x$. Sicherlich gilt für jedes $n \in \mathbb{N}$: $f_n(x_k) \to f_n(x)$, da alle f_n stetig sind. Außerdem gelten $f_n(x) \to f(x)$ und $f_n(x_k) \to f(x_k)$, weil die f_n gegen f konvergieren. Somit folgt:

$$\lim_{k\to\infty} f(x_k) = \lim_{k\to\infty} \lim_{n\to\infty} f_n(x_k) = \lim_{n\to\infty} f_n(x) = f(x),$$

also ist f stetig. $\square$

Daraufhin gibt seine Kollegin **F.** die Funktionenfolge $f_n(x) := x^n$, definiert auf $[0,1]$, als *Gegenbeispiel* an. Um den Satz zu retten, schränkt **A.** diese Folge auf den Definitionsbereich $[0, 1/2]$ ein.

Führen *Sie* eine *Beweisanalyse* durch: Welche Konvergenz wird vorausgesetzt? Wo steckt der Fehler im Beweis? Wie lassen sich die Voraussetzungen modifizieren, so dass Satz und Beweis richtig werden?

5.4 Die Mengenlehre Georg Cantors

> „Das Unendliche hat wie keine andere Frage von jeher so tief das *Gemüt* der Menschen bewegt; das Unendliche hat wie kaum eine andere *Idee* auf den Verstand so anregend und fruchtbar gewirkt; das Unendliche ist aber auch wie kein anderer *Begriff* so der *Aufklärung* bedürftig. [...] die endgültige Aufklärung über das *Wesen des Unendlichen* [ist] weit über den Bereich spezieller fachwissenschaftlicher Interessen vielmehr zur *Ehre des menschlichen Verstandes* selbst notwendig geworden.“[39]
>
> David HILBERT

Georg CANTOR[40] kann mit Recht als Begründer der „modernen Mathematik“ bezeichnet werden; mit seiner transfiniten Mengenlehre beginnt ein dramatischer Themen- und Stilwechsel in der Mathematik, ebenso prägend wie die Erfindung der Infinitesimalrechnung durch NEWTON und LEIBNIZ. Bezeichnenderweise handelt es sich jeweils um eine „Mathematik des Unendlichen“, und – im Gefolge CANTORS – ist es kaum übertrieben, wenn Herrmann WEYL das Unendliche als „lebendigen Mittelpunkt der Mathematik“ bezeichnet. Zumindest einen Blick auf das „von Cantor geschaffene Pa-

---

[39] Hilbert 1926, S. 163.
[40] Zur Biografie CANTORS vgl. z.B. PURKERT und ILGAUDS (1987). In einem Exkurs zur Begründung der Mengenlehre könnte zugleich die Biografie einer faszinierenden Persönlichkeit präsentiert werden, deren Motivation und Interessen weit über das Mathematische im engeren Sinne hinausgingen.

radies" (Hilbert 1926, S. 170) sollten angehende Mathematikpädagogen werfen; ein Vergleich mit jener Karikatur der Mengenlehre, die in den 1970er Jahren in Grundschulklassen unterrichtet wurde, wäre gerade auch aus fachdidaktischer Sicht ausgesprochen instruktiv. Dabei sind Anfänge der transfiniten Mengenlehre, etwa die Cantorschen Diagonalargumente oder die narrative Einkleidung als „Hilberts Hotel", durchaus schultauglich und könnten bereits dort die Faszination des mathematischen Umgangs mit dem Unendlichen vermitteln. Daneben sollte die Genese eines von Beginn des mathematischen Fachstudiums an verwendeten Grundkonzepts auf jeden Fall diskutiert werden. Ein historisch genauerer Blick zeigt dabei, dass die noch häufig als „naiv" (ab)qualifizierte Konzeption Georg CANTORS gerade begrifflich alles andere als naiv ist. Gegenüber dem formalistischen Zugang eines „leeren", rein axiomatischen Mengenbegriffs liefert CANTORS (auch anschauliche) Begriffsbildung und deren metaphysische Verteidigung ein viel reichhaltigeres Feld der intellektuellen Auseinandersetzung und zeigt, dass Motivation und Rechtfertigung für mathematische Forschung durchaus philosophischer Art sein können.

Schließlich sollte im Rahmen eines kurzen Blickes auf die Antinomien der Mengentheorie die Frage nach dem Status der mathematischen Grundlagen thematisiert werden; auch hier verläuft die Geschichte vielschichtiger als üblicherweise dargestellt[41]; zumindest der Kontrast der Reaktionen Georg CANTORS und Gottlob FREGES (1848-1925) auf die Problematik ist dabei höchst lehrreich.

5.4.1 Basisbegriffe und -resultate der Mengenlehre

Die entscheidende Erfindung CANTORS war, dass sich jenseits der endlichen Mengen eine (unendliche) Hierarchie „verschieden großer" unendlicher Mengen definieren lässt und dass diese in einer schlüssigen mathematischen Theorie behandelt werden können. Die Konzepte der Größe und des Vergleichs von Größen können damit über den Bereich endlicher Größen hinaus sinnvoll verwendet werden. Übrigens war die Entwicklung der Mengentheorie zunächst durch einigermaßen handfeste Probleme der angewandten Mathematik[42] motiviert, und sie bleibt für diese bis heute unverzichtbar. Der Mengenbegriff – mehr oder weniger formal beziehungsweise axiomatisch eingeführt – bildet nach wie vor ein wesentliches Referenzkonzept für nahezu alle mathematischen Begriffe.

Der Begriff einer *Menge* ist Grundbegriff für CANTORS Theorie (vgl. Cantor 1962, S. 282); er wird – im Gegensatz zu späteren Konzepten – durch eine *inhaltliche* Definition expliziert. Typischerweise wird von einem mehr oder minder „naiven" Standpunkt aus seit Beginn einer Analysisvorlesung von Mengen und deren Elementen gesprochen und man geht davon aus, dass diese Begriffe hinreichend klar sind.

Definition 5.10 (CANTOR 1895). Unter einer „Menge" verstehen wir jede Zusammenfassung M von bestimmten wohlunterschiedenen Objekten m unserer Anschauung

---

[41] Für eine detaillierte Diskussion des so genannten Grundlagenstreits vgl. MEHRTENS (1990).

[42] Mathematischer Entdeckungskontext ist die Charakterisierung der Eindeutigkeit und Konvergenz von Fourier-Reihen (vgl. etwa Tapp 2005, S. 41 ff.).

oder unseres Denkens (welche die „Elemente" von M genannt werden) zu einem Ganzen.

Die Größe endlicher Mengen kann mittels Durchzählen bestimmt werden, bei unendlichen Mengen ist dies naturgemäß nicht möglich. Es gibt allerdings noch eine zweite Möglichkeit, Mengen zu vergleichen, die der 1 : 1-Zuordnung. CANTOR weitet dieses Konzept auch auf unendliche Mengen aus[43].

Definition 5.11 (Gleichmächtigkeit, CANTOR 1878). Wenn zwei wohldefinierte Mannigfaltigkeiten [d. h. Mengen] M und N sich eindeutig und vollständig, Element für Element, einander zuordnen lassen [...], so möge für das Folgende die Ausdrucksweise gestattet sein, daß diese Mannigfaltigkeiten *gleiche Mächtigkeit* haben, oder auch, daß sie *äquivalent* sind.

Bekanntlich kann diese Definition zur Folge haben, dass eine Menge und eine ihrer echten Teilmengen in diesem Sinne „gleich groß" sein können. Über dieses Paradoxon hatte sich allerdings bereits Galileo GALILEI gewundert:

> „Frage ich nun, wieviel Quadratzahlen es giebt, so kann man in Wahrheit antworten, eben soviel als es Wurzeln giebt, denn jedes Quadrat hat eine Wurzel, jede Wurzel hat ihr Quadrat, kein Quadrat hat mehr als eine Wurzel, keine Wurzel mehr als ein Quadrat. [...] Wenn ich nun aber frage, wieviel Wurzeln giebt es, so kann man nicht leugnen, dass sie ebenso zahlreich seien, wie die gesamte Zahlenreihe, denn es gibt keine Zahl, die nicht Wurzel eines Quadrates wäre." (Galilei 2004, S. 31 f.)

Wir haben es hier also mit zwei verschiedenen Größen-Begriffen zu tun: Eine unendliche Menge (etwa die Quadratzahlen) kann echter Teil einer Obermenge (der natürlichen Zahlen) und dennoch gleichmächtig mit dieser sein. Das verletzt nur scheinbar EUKLIDS Axiom, dass das Ganze stets größer sei als der Teil. Bereits 1873 gelingt es CANTOR zu zeigen, dass die Menge aller Brüche abzählbar ist[44].

Theorem 5.12 (Abzählbarkeit der rationalen Zahlen, CANTOR 1873). Die Mengen $\mathbb{N}$ und $\mathbb{Q}$ sind gleichmächtig.

Damit stellt sich die Frage, ob es überhaupt unendliche Mengen gibt, die nicht abzählbar sind. Ein möglicher Kandidat ist das „Kontinuum", also die Menge der reellen Zahlen. An seinen Freund Richard DEDEKIND richtet Georg CANTOR am 29.11.1873 genau diese Frage:

> „Gestatten Sie mir, Ihnen eine Frage vorzulegen, die für mich ein gewisses theoretisches Interesse hat, die ich aber nicht beantworten kann; vielleicht können Sie es und sind so gut, mir darüber zu schreiben, es handelt sich um folgendes. Man nehme den Inbegriff aller positiven ganzzahligen

---

[43] Vgl. etwa seine Definition in Crelle's Journal (Cantor 1962, S. 119).

[44] Zunächst formuliert er dies im November 1873 in einem Brief an Richard DEDEKIND (Cantor 1991, S. 31). Publiziert wird das Resultat dann 1874 in Crelle's Journal (Cantor 1962, S. 115); hier zeigt CANTOR sogar die Abzählbarkeit der algebraischen Zahlen. Vgl. hierzu auch aus der Sicht der Algebra 7.2.4.

Individuen n und bezeichne ihn mit (n); ferner denke man sich etwa den Inbegriff aller positiven reellen Zahlengrößen x und bezeichne ihn mit (x); so ist die Frage einfach die, ob sich (n) dem (x) so zuordnen lassen, dass zu jedem Individuum des einen Inbegriffes ein und nur eines des anderen gehört?" (Cantor 1991, S. 31)

Nachdem DEDEKIND antwortet, er wisse die Antwort nicht, schreibt CANTOR am 02.12.1873 – leicht untertreibend – zurück, so wichtig wäre ihm diese Frage gar nicht,

„[...] [e]s wäre nur schön, wenn sie beantwortet werden könnte; z. B. vorausgesetzt dass sie mit *nein* beantwortet würde, wäre damit ein neuer Beweis des Liouvilleschen Satzes geliefert, dass es transcendente Zahlen giebt." (Cantor 1991, S. 32)

Kurz darauf gelingt ihm der Beweis, dass die reellen Zahlen nicht abzählbar sind (vgl. Cantor an Dedekind vom 07.12.1873; Cantor 1991, S. 35). Erstmals werden zwei *verschieden große*, unendliche Mengen betrachtet.

Theorem 5.13 (Überabzählbarkeit der reellen Zahlen, CANTOR 1873). Die Mengen $\mathbb{N}$ und $\mathbb{R}$ sind nicht gleichmächtig, $|\mathbb{N}| < |\mathbb{R}|$. Es gibt eine Hierarchie unendlicher Mächtigkeiten.

An dieser Stelle könnte der gerade auch für CANTOR wichtige Existenzbeweis transzendenter Zahlen angeschlossen werden, aber auch eine inhaltliche Diskussion über den „Wert" abstrakter Existenzresultate. Im Anschluss daran lassen sich recht elementar noch immer *offene Fragen* zur Transzendenz bestimmter Zahlen formulieren.

Theorem 5.14. Ist $(M_n)_n$, $n = 1, 2, 3, \dots$ eine Familie von abzählbaren Mengen, so ist $\cup_{n=0}^{\infty} M_n$ eine abzählbare Menge (abzählbare Vereinigungen abzählbarer Mengen sind abzählbar).

Corollar 5.15. Die algebraischen Zahlen sind abzählbar.

Corollar 5.16. Es gibt transzendente Zahlen.

Transzendente Zahlen

Beispiele transzendenter Zahlen sind $\pi, e, e^2, \dots$; es ist allerdings noch immer eine offene Frage, ob etwa 2^e oder $e + \pi$ transzendent sind.

Außerdem könnte ein Ausblick auf die Kontinuumshypothese und damit auf „Gödelsche Phänomene" der Mengentheorie gegeben werden.

Kontinuumshypothese

Problem 5.17. Gibt es eine Teilmenge $M \subset \mathbb{R}$, so dass $|\mathbb{N}| < |M| < |\mathbb{R}|$ gilt, also eine überabzählbare Teilmenge, die nicht bereits gleichmächtig zu $\mathbb{R}$ wäre?

CANTOR vermutete: Nein! Kurt GÖDEL (1906-1978) gibt 1938 eine Teilantwort: Im Rahmen der mengentheoretischen Axiome ist die Vermutung CANTORS nicht zu widerlegen. Deutlich später (1963) zeigt Paul Joseph COHEN (1934-2007), dass sie jedoch auch nicht beweisbar ist. Die Kontinuumshypothese ist also von den anderen Axiomen der Mengenlehre unabhängig.

Die bis hierhin dargestellten mathematischen Inhalte – abgesehen von den etwas genaueren historischen Bezügen – gehören in aller Regel zum kanonischen Stoff einer Analysis-Vorlesung. Die folgenden Abschnitte gehen zum Teil deutlich darüber hinaus; sie zeigen exemplarisch eine Verflechtung von Mathematik- und Philosophiegeschichte auf systematischer wie auf biografisch-persönlicher Ebene. Zunächst skizzieren wir CANTORS Bemühungen, seiner Konzeption eines Aktual-Unendlichen (vor allem bei seinen Fachkollegen) Legitimität zu verschaffen. Hierbei kann einerseits beobachtet werden, wie innerhalb des „fachpolitische" Diskurses argumentiert wird, andererseits zeigt sich bereits ein Übergang zu metaphysischen Konzepten. Die anschließende Thematik der mengentheoretischen Antinomien und ihrer Bearbeitung ist wiederum ein – leider oft nur gestreiftes – Pflichtthema der mathematischen Allgemeinbildung. Gerade CANTORS unbekümmert-virtuoser Umgang mit dieser Problematik zeigt, wie wichtig eine metaphysische Verankerung an entscheidenden Weichstellungen der Forschungsgeschichte sein kann. Schließlich gibt der Epilog dieses Kapitels einen kurzen Ausblick auf ein tiefgehendes persönliches Anliegen und damit auf die vielschichtigen fachlichen wie existentiellen Motivationen des Wissenschaftlers Georg CANTOR.

5.4.2 Das Aktual-Unendliche in der Mathematik

Obwohl spätestens seit Erfindung der Infinitesimalrechnung das „Rechnen mit dem Unendlichen" zu einer bevorzugten Beschäftigung der Mathematik geworden war, gab es bis in das 19. Jahrhundert hinein starke Vorbehalte, mit (aktual) unendlichen Größen explizit umzugehen. Nur Größen, die beliebig groß werden dürfen, aber stets endlich bleiben (potentiell Unendliches), seien zugelassen. Die klassische Äußerung dazu stammt vom *princeps mathematicorum*, Carl Friedrich GAUSS, aus einem Schreiben an Heinrich Christian SCHUMACHER:

> „So protestire ich [...] gegen den Gebrauch einer unendlichen Grösse als einer *Vollendeten*, welcher in der Mathematik niemals erlaubt ist. Das Unendliche ist nur eine Façon de parler, indem man eigentlich von Grenzen spricht, denen gewisse Verhältnisse so nahe kommen als man will, während anderen ohne Einschränkung zu wachsen verstattet ist." (Gauß an Schumacher vom 12.7.1831; Gauß 1957, S. 269)

Nicht zuletzt gegen die hierin begründete Skepsis vieler Fachkollegen – allen voran Leopold KRONECKER – versuchte CANTOR zeit seines Lebens, in diversen Schriften und einer Vielzahl von Briefen die neuen Konzepte zu rechtfertigen. Dabei war es für ihn selbstverständlich, dass eine solche Rechtfertigung letztlich auf metaphysischem Terrain geführt werden muss. Entscheidend sei dazu eine *Differenzierung* im mathematischen wie auch im metaphysischen Unendlichkeitsbegriff:

1. Als „unterste Stufe" ist das *potentielle Unendliche* zu nennen: Es bezeichnet unbestimmte, aber stets endliche Größen, die jedoch beliebig groß (oder beliebig klein) sein dürfen. Dies ist das seit ARISTOTELES kanonisierte Konzept des Unendlichen, dem die mathematische Tradition bis zu GAUSS weitgehend folgt.

2. Darüber hinausgehend führt CANTOR ein *aktuales Unendliches* als mathematisches Konzept ein; es bezeichnet „fertige", bestimmte Größen, enthält also nichts Schwankendes, Unvollendetes. Die fertig vorliegende Menge aller natürlichen Zahlen $\mathbb{N}$ etwa sei wohlbestimmt und nicht veränderlich. Georg CANTOR argumentiert explizit für diese Auffassung: Eine jede Funktion (veränderliche Größe) brauche einen Definitions- und Wertebereich. Wenn nun die Werte der Funktion beliebig groß werden dürften, so müsse der Wertebereich selbst aktual unendlich sein:

> „Unterliegt es nämlich keinem Zweifel, daß wir die *veränderlichen* Größen im Sinne des potentialen Unendlichen nicht missen können, so läßt sich daraus auch die Notwendigkeit des Aktual-Unendlichen folgendermaßen beweisen: Damit eine solche veränderliche Größe in einer mathematischen Betrachtung verwertbar sei, muß strenggenommen das ‚Gebiet' ihrer Veränderlichkeit durch eine Definition vorher bekannt sein; dieses ‚Gebiet' kann aber nicht selbst wieder etwas Veränderliches sein, da sonst jede feste Unterlage der Betrachtung fehlen würde; also ist dieses ‚Gebiet' eine bestimmte aktualunendliche Wertmenge. So setzt jedes potentiale Unendliche, soll es streng mathematisch verwendbar sein, ein Aktual-Unendliches voraus." (Cantor 1962, S. 410 f.)

Ungewohnt sei natürlich, dass aus dem Endlichen vertraute Gesetze, dass etwa das Ganze mehr als der Teil sei, für unendliche Mengen nicht mehr gölten. Das wirke aber nur dann paradox, wenn man alle von endlichen Zahlen (Mengen) gewohnten Eigenschaften auch bei unendlichen Zahlen (Mengen) erwarte.

3. Schließlich weitet CANTOR das Konzept des aktual Unendlichen im metaphysischen Kontext noch weiter aus:

> „Es wurde das A-U. [Aktual-Unendliche] nach *drei* Beziehungen unterschieden: *erstens* sofern es in der höchsten Vollkommenheit, im völlig unabhängigen, außerweltlichen Sein, *in Deo* realisiert ist, wo ich es *Absolutunendliches* oder kurzweg *Absolutes* nenne; *zweitens* sofern es in der abhängigen, kreatürlichen Welt vertreten ist; *drittens* sofern es als mathematische Größe, Zahl oder Ordnungstypus vom Denken *in abstracto* aufgefaßt werden kann. In den *beiden* letzten Beziehungen, wo es offenbar als beschränktes, noch weiterer Vermehrung fähiges und *insofern dem Endlichen verwandtes* A.-U. sich darstellt, nenne ich es *Transfinitum* und setze es dem *Absoluten* strengstens entgegen." (Cantor 1962, S. 378)

Offenbar war es für die Zeitgenossen schwierig, zwischen einem „unbestimmten", potentiellen Unendlichen und einem bestimmten, aber dennoch *vermehrbaren* aktual Unendlichen zu unterscheiden. Ist „unendlich" im Gefolge klassischer Metaphysik *per definitionem* etwas, worüber hinaus Größeres nicht mehr gedacht werden kann, so sind Cantors Begriffsbildungen sicherlich nicht verständlich. Damit fehlt dann aber auch die von Cantor entdeckte Differenzierung *innerhalb* des aktual Unendlichen:

> „Bei allen Philosophen fehlt jedoch das *Prinzip des Unterschiedes* im Transfinitum, welches zu verschiedenen transfiniten Zahlen und zu verschiedenen Mächtigkeiten führt. Die meisten verwechseln sogar das Transfinitum mit dem seiner Natur nach *unterschiedslosen höchsten Einen*, mit dem Absoluten, dem absoluten Maximum, welches natürlich keiner Determination zugänglich und daher der Mathematik nicht unterworfen ist." (Cantor 1962, S. 391)

Wichtig ist Cantor also, ein vielgestaltiges *Aktual-Unendliches* mathematisch behandeln zu können und klar vom *Absoluten* der klassischen Metaphysik (rationalen Theologie), andererseits aber auch vom nur *potentiellen Unendlichen* abzugrenzen.

5.4.3 Die Antinomien der Mengenlehre

Versucht man nun aber, sich eine „Übersicht" über die Hierarchie transfiniter Mengen zu verschaffen, versucht man etwa die „Menge aller Mächtigkeiten" zu bilden, so stößt man auf Widersprüche. Dies war Cantor schon sehr früh bewusst – lange bevor ähnliche Antinomien im Rahmen der so genannten mathematischen Grundlagenkrise diskutiert wurden. An David Hilbert schreibt er am 26.09.1897:

> „Die Totalität aller Alefs ist nämlich eine solche, welche nicht als eine bestimmte, wohldefinirte *fertige* Menge aufgefaßt werden kann. Wäre dies der Fall, so würde auf diese Totalität ein *bestimmtes Alef* der Größe nach *folgen*, welches daher sowohl zu dieser Totalität (als Element) *gehören*, wie auch *nicht gehören* würde, was ein Widerspruch wäre. [...] *Totalitäten*, die nicht als ‚Mengen' von uns gefaßt werden können [...] habe ich schon vor vielen Jahren ‚absolut unendliche' Totalitäten genannt und sie von den *transfiniten Mengen* scharf unterschieden." (Cantor an Hilbert vom 26.09.1897; Cantor 1991, S. 388)

Diese Behauptung ist ohne eine Kenntnis der Cantorschen Theorie der Mächtigkeiten und Ordnungstypen nicht direkt einzusehen; die „technischen Details" dieser Argumentation können hier jedoch außer Acht bleiben (formal präziser und ziemlich unmittelbar zu verstehen ist dagegen das Russellsche *Beispiel*, vgl. S. 87). Wichtig scheint uns jedoch einerseits, dass Cantor diese Inkonsistenz auf der mathematischen Seite *produktiv* nutzt. Im Rahmen eines indirekten Beweises zeigt er nämlich, dass sich jede beliebige Mächtigkeit in seine Hierarchie der $\aleph$s einordnen lässt. Wäre dies für eine spezielle Mächtigkeit nicht der Fall, so würde sie die „Menge aller $\aleph$s" enthalten, wäre also selbst bereits inkonsistent. Insofern gibt es zunächst einen innermathematischen Grund, die Antinomie zu begrüßen[45].

Auf der begrifflichen Seite reagiert CANTOR andererseits auf diese „am Rande des Unendlichen" auftretende Inkonsistenz wiederum durch eine Differenzierung[46]:

> „Eine Vielheit kann nämlich so beschaffen sein, daß die Annahme eines ‚Zusammenseins' *aller* ihrer Elemente auf einen Widerspruch führt, so daß es unmöglich ist, die Vielheit als eine Einheit, als ein ‚fertiges Ding' aufzufassen. Solche Vielheiten nenne ich *absolut unendliche* oder *inkonsistente Vielheiten*." (Cantor an Dedekind vom 03.08.1899; Cantor 1991, S. 407)

Das Paradebeispiel für solche inkonsistenten Vielheiten wäre die „Menge" aller Mengen; die Mengenlehre als Ganze ist also *kein* fertiges, „feststehendes Gebiet", innerhalb dessen dann kleinere oder größere Mengen unterschieden werden könnten. Zwar können einzelne unendliche Mengen „von außen" als fertige Dinge betrachtet werden, nicht jedoch das Universum aller Mengen, dieses wird durch den Mathematiker allenfalls „von innen" erkundet.

Die Anfrage seines Freundes Richard DEDEKIND, ob nicht auch bereits CANTORS unendliche Mengen eine inkonsistente Begriffsbildung sein könnten, beantwortet CANTOR verblüffend offen:

> „Wäre es nicht denkbar, daß schon *diese* Vielheiten ‚inkonsistent' seien, und daß der Widerspruch [...] sich *nur noch nicht bemerkbar* gemacht hätte? Meine Antwort hierauf ist, daß dies Frage auf *endliche Vielheiten ebenfalls auszudehnen* ist und daß eine genaue Erwägung zu dem Resultate führt: sogar für endliche Vielheiten ist ein ‚Beweis' für ihre ‚Consistenz' nicht zu führen. [...] Die Thatsache der ‚Consistenz' endlicher Vielheiten ist eine einfache, unbeweisbare Wahrheit, es ist ‚*Das Axiom* der Arithmetik (im alten Sinne des Wortes)'. Und ebenso ist die ‚Consistenz' der Vielheiten, denen ich die Alephs als Cardinalzahlen zuspreche ‚das Axiom der erweiterten transfiniten Arithmetik'." (Cantor an Dedekind vom 28.08.1899; Cantor 1991, S. 412)

Erst deutlich später mit der von Bertrand RUSSELL (1872-1970) vermutlich 1901 entdeckten und 1903 publizierten Antinomie (vgl. Russell 1972) werden die beschriebenen Widersprüche tatsächlich „populär" und als ernsthaftes Problem wahrgenommen.

---

[45] Vgl. etwa sein Schreiben an David HILBERT aus dem Jahr 1897 (Cantor 1991, S. 388).

[46] Vgl. auch die Formulierung in seinem Brief vom 31.08.1899 an DEDEKIND (Cantor 1962, S. 448): „*Es gibt also* bestimmte Vielheiten, die *nicht zugleich Einheiten* sind, d. h. solche Vielheiten, bei denen ein reales ‚Zusammensein aller ihrer Elemente' *unmöglich* ist. Diese sind es, welche ich ‚inkonsistente Systeme', die anderen aber ‚Mengen' nenne."

Russelsche Antinomie 1903

Betrachte die Menge

$$\mathscr{M} := \{M : M \text{ ist eine Menge und } M \notin M\}.$$

Es folgt die widersprüchliche Äquivalenz: $\mathscr{M} \in \mathscr{M}$ genau dann, wenn $\mathscr{M} \notin \mathscr{M}$.

Besonders für seinen Kollegen Friedrich (Ludwig) Gottlob FREGE, der sich als ein führender Kopf mit der Grundlegung mathematischer Begriffe befasste, war dies ein echter Schock. Auf RUSSELLS Mitteilung antwortet er postwendend:

> „Ihre Entdeckung des Widerspruchs hat mich auf's Höchste überrascht und, fast möchte ich sagen, bestürzt, weil dadurch der Grund, auf dem ich die Arithmetik sich aufzubauen dachte, in's Wanken geräth." (Frege 1980, S. 61)

Dem zweiten Band seines logischen Hauptwerkes fügte er ein ebenso ehrliches wie deprimiertes Nachwort an:

> „Einem wissenschaftlichen Schriftsteller kann kaum etwas Unerwünschteres begegnen, als dass ihm nach Vollendung einer Arbeit eine der Grundlagen seines Baues erschüttert wird. [...] *Solatium miseris, socios habuisse malorum*." (Frege 1966, S. 253)

Im Gegensatz zu diesen Zeitgenossen war für CANTOR das Auftreten dieser Widersprüche ein durchaus erwartetes, geradezu ein willkommen geheißenes Phänomen. Seine Gründe nochmals kurz gefasst: Die Mengentheoretischen Antinomien sind innermathematisch nützlich und metaphysisch stimmig.

Anstatt an den Grundfesten der Mathematik zu zweifeln, hält er es für *notwendig*, dass die Mathematik „am Rande" auf einen widersprüchlichen Bereich verweist:

> „Das *Transfinite* mit seiner Fülle von Gestaltungen und Gestalten weist mit Notwendigkeit auf ein *Absolutes* hin, auf das ‚wahrhaft Unendliche', [...] welches daher quantitativ als *absolutes* Maximum anzusehen ist. Letzteres übersteigt gewissermaßen die menschliche Fassungskraft und entzieht sich namentlich mathematischer Determination." (Cantor 1962, S. 405)

5.4.4 Cantors theologische Versuche

An dieser Stelle vollzieht CANTOR nun endgültig den Übergang zur Metaphysik. Hier sucht er einerseits argumentative Schützenhilfe, wie bereits im vorausgegangenen

Abschnitt skizziert wurde. Andererseits beansprucht er auch seinerseits einer „christlichen Philosophie" Argumente gegen die philosophische Moderne liefern zu können, und das heißt für CANTOR gegen den Materialismus der zeitgenössischen Monisten, aber auch gegen die Transzendentalphilosophie seit Immanuel KANT. Er führte einen ausgedehnten Briefwechsel mit verschiedensten zeitgenössischen Theologen, von dem zumindest Teile erhalten und mittlerweile auch ediert sind; am intensivsten scheint sein Kontakt zur Neuscholastik gewesen zu sein[47]. Wir übergehen einige materiale, theologische Themen und stellen nur CANTORS Gottesbegriff vor, publiziert übrigens als Anmerkung einer Arbeit zur Mengenlehre in den Mathematischen Annalen:

> „Das Absolute kann nur anerkannt, aber nie erkannt, auch nicht annähernd erkannt werden. [...] Die absolut unendliche Zahlenfolge erscheint mir daher in gewissem Sinne als ein geeignetes Symbol des Absoluten; wogegen die Unendlichkeit der ersten Zahlenklasse [...], welche bisher dazu allein gedient hat, mir, eben weil ich sie für eine faßbare Idee (nicht Vorstellung) halte, wie ein ganz verschwindendes Nichts im Vergleich mit jener vorkommt." (Cantor 1962, S. 205)

Die Identifikation des sich im Rahmen der Mengenlehre durch Widersprüche zeigenden „Absoluten" mit dem Gott des Christentums erfolgt im Wesentlichen ohne weitere Begründung. Und so behauptet CANTOR schließlich:

> „Von mir wird der christlichen Philosophie zum ersten Mal die wahre Lehre vom Unendlichen in ihren Anfängen dargeboten. Ich weiß ganz sicher und bestimmt, dass sie diese Lehre annehmen wird, es fragt sich nur, ob schon jetzt oder erst nach meinem Tode." (Cantor an Thomas Esser vom 15.02.1896; Tapp 2005, S. 312)

Betrachten wir nochmals CANTORS „theologischen" Argumentationsgang: Sein Ausgangspunkt ist die Faszination, dass sich im Rahmen der Sicherheit mathematischer De-finitionen und Beweise auch trans-finite Mengen untersuchen lassen und sich eine im wörtlichen Sinne unübersehbare, aber dennoch mathematisch fruchtbare Fülle von Strukturen eröffnet. Zwangsläufig ergeben sich allerdings Widersprüche; das Konzept der (unendlichen) Menge funktioniert offenbar widerspruchsfrei nur „innerhalb" eines abgegrenzten Bereichs, „jenseits" dessen Antinomien auftauchen. Dieser umgebende „absolut unendliche" Bereich wird schließlich religiös gedeutet. Wie auch immer man diese Argumentation theologisch beurteilen mag; für die Mathematik ist der Gewinn kaum zu überschätzen. Die – wenn auch wenig reflektierte – metaphysische Einbettung erlaubt es CANTOR, von allzu starken Konsistenzzwängen abzusehen und seine Theorie unbekümmert zu entwickeln. Von der hier frei gewordenen Kreativität lebt die Mathematik in großen Teilen bis heute und es ist durchaus treffend (und vielsagend), wenn David HILBERT fordert:

---

[47] Neben einer für einen Mathematiker ungewöhnlichen Kenntnis der theologischen Tradition, vor allem sein Anschluss bei Thomas VON AQUIN, spricht dafür auch seine Opposition gegen jegliche philosophische Moderne, das heißt hier gegen KANT, HEGEL, NIETZSCHE, aber auch den Materialismus der Monisten (etwa Ernst HAECKEL).

„Aus dem Paradies, das Cantor uns geschaffen, soll uns niemand vertreiben können." (Hilbert 1926, S. 170)

Unendlichkeit in der Literatur

Aufgabe 15 Außerhalb der Mathematik stellt sich allerdings die Frage, ob die Gedanken CANTORS als paradiesisch empfunden werden *müssen*. Warum sollte die Erfahrung, die für Georg CANTOR so euphorisierend wirkte, nicht den genau gegenteiligen,
einen deprimierenden Effekt haben? Etwa so, wie dies Robert MUSIL bei seinem Protagonisten, dem Zögling Törleß, beschreibt. Nehmen Sie dazu – auch vor dem Hintergrund Ihrer eigenen Erfahrung mit der mathematischen Behandlung des Unendlichen
– Stellung!

„,Das Unendliche!' Törleß kannte das Wort aus dem Mathematikunterrichte. Er hatte sich nie etwas Besonderes darunter vorgestellt. [. . .] Und
nun durchzuckte es ihn wie mit einem Schlage, daß an diesem Worte etwas furchtbar Beunruhigendes hafte. Es kam ihm vor wie ein gezähmter
Begriff, mit dem er täglich seine kleinen Kunststückchen gemacht hatte,
und der nun plötzlich entfesselt worden war. Etwas über den Verstand
Gehendes, Wildes, Vernichtendes schien durch die Arbeit irgendwelcher
Erfinder hineingeschläfert worden zu sein und war nun plötzlich aufgewacht und wieder furchtbar geworden. Da, in diesem Himmel, stand es
nun lebendig über ihm und drohte und höhnte."

Musil 1978, S. 63

6 Ideen und Materialien zur *Analytischen Geometrie und Linearen Algebra*

Obwohl sich die Lineare Algebra historisch erst vergleichsweise spät als eigenständiges mathematisches Gebiet ausgebildet hat, ist sie seit vielen Jahrzehnten neben der Analysis als unverzichtbarer Baustein der universitären mathematischen Grundbildung etabliert. Die in der Linearen Algebra präsentierten Strukturen wie zum Beispiel Vektorräume, Gleichungssysteme, Matrizen und lineare Abbildungen spielen in praktisch allen Gebieten der Mathematik eine grundlegende Rolle und werden daher – im Sinne eines systematischen Aufbaus der Mathematik – zu Recht an erster Stelle behandelt. In den letzten Jahrzehnten wurde aus der ehemaligen „Analytischen Geometrie" (vgl. z. B. Pickert 1976 oder Grotemeyer 1969) eine stark strukturorientierte „Lineare Algebra" (vgl. z. B. Bourbaki 1989). Heute scheint das Pendel wieder zurückzuschwingen (vgl. z. B. Artmann 1986); jedenfalls wird üblicherweise die Einführung der Vektorräume geometrisch motiviert.

Historisch hat sich die Lineare Algebra aus zwei unterschiedlichen Teilgebieten heraus entwickelt: der (analytischen) Geometrie und der Betrachtung linearer Gleichungssysteme. Diese Entwicklungslinien aufgreifend begann auch die Veranstaltung *Analytische Geometrie und Lineare Algebra* nicht direkt mit der übergreifenden Vektorraumtheorie, sondern mit je einem Kapitel zum 3-dimensionalen Raum und zu linearen Gleichungssystemen. Damit wurde bewusst auf das Primat der Anschauung gesetzt. Außerdem ermöglicht dieses Vorgehen eine intensive Vernetzung mit dem Vorwissen der Studierenden; diese erfolgt nicht nur punktuell zur Anfangsmotivation, sondern wird über einen langen Zeitraum hinweg immer wieder thematisiert.

Die Theorieentwicklung im bekannten 3-dimensionalen Raum ermöglichte es, bereits grundlegende Strukturen der Linearen Algebra zu erkennen, ohne jedoch mit den Schwierigkeiten der vollen Allgemeinheit zu überfordern. Für die Lineare Algebra ist der $\mathbb{R}^3$ somit die „niedrigste notwendige Stufe der Allgemeinheit" (vgl. Zitat S. 13), da in der Ebene manches nicht gesehen werden kann und anderes trivial erscheint. Mit der Sicherheit des Bekannten konnte so die Grundlage für die weitere Verallgemeinerung ins n-Dimensionale gelegt werden. Im Rückblick wurden auch die Grenzen der Anschauung und die Notwendigkeit zur Überwindung derselben durch allgemeine Theoriebildung deutlich. Dieser Übergang ergab sich nicht automatisch, sondern wurde im Lernprozess thematisiert und durch Rückbezüge immer wieder deutlich gemacht.

In einem dritten Kapitel wurde in die Theorie der Vektorräume eingeführt und so eine Sprache bereitgestellt, mit der die beiden Anfangsthemen integriert und struktur-mathematisch erfasst werden. So wurde der Arbeit mit mathematischen Strukturen, dem kanonischen Lernziel der Linearen Algebra, Rechnung getragen. Durch die Verankerung der Veranstaltung in Anschauung *und* Abstraktion konnte das inhaltliche Verständnis in besonderem Maße vertieft werden.

6.1 Klassische Themen anders präsentieren

6.1.1 Geometrischer Beginn

Die Veranstaltung *Analytische Geometrie und Lineare Algebra* beginnt bewusst nicht mit einem systematischen Aufbau (nach dem Motto: Gruppen, Ringe, Körper, Vektorräume). Vielmehr sind zwei Kapitel vorgeschaltet, die auch historisch der Linearen Algebra vorausgingen, nämlich die Geometrie und die linearen Gleichungssysteme. Im ersten Kapitel der Veranstaltung wird der 3-dimensionale Raum behandelt, und zwar zunächst in einem axiomatischen Aufbau, worin Punkte, Geraden, Ebenen und Parallelität thematisiert werden.

Die ebene Geometrie wird in der Schule ausführlich thematisiert und ist den Studierenden vertraut. Um sich von festgefahrenen Vorstellungen zu lösen, wurde daher der 3-dimensionale Anschauungsraum untersucht. Dieser bietet überraschende Schwierigkeiten, die nur mit Hilfe von mathematischen Beschreibungen gelöst werden. Der Anschauungsraum wurde durch Axiome eingeführt, wobei insbesondere Wert auf Verbindungsaxiome gelegt wurde und auf Axiome, die die Parallelität beschreiben. An dieser Stelle wurden weder Anordnungsphänomene noch metrische Eigenschaften thematisiert.

Zunächst wird selbstverständlich das Axiom 1 eingeführt, das die Grundlage geometrischer Überlegungen bildet.

Axiom 1 (Verbindungsaxiom). Je zwei Punkte bestimmen genau eine Gerade.

Daran anschließend beweist man ohne große Schwierigkeit, dass sich je zwei verschiedene Geraden in höchstens einem Punkt treffen. Aber schon das entsprechende Verbindungsaxiom für Ebenen hält eine erste Herausforderung bereit. Man zeichnet gewisse Teilmengen der Punktmenge aus, die man Ebenen nennt. Diese sollen dem Axiom 3 genügen:

Axiom 3 (Verbindungsaxiom für Ebenen). Sei g eine Gerade und P ein Punkt, der nicht auf g liegt, dann gibt es genau eine Ebene, die g und P enthält.

So weit, so gut. Wenn man nun aber das Schnittverhalten von Ebenen untersuchen möchte, dann muss man die Ebenen genauer definieren (Axiom 2):

Axiom 2 (Ebenenaxiom). Jede Ebene E ist ein „Unterraum", das heißt, mit je zwei Punkten ist auch die gesamte Verbindungsgerade dieser beiden Punkte in E enthalten.

Dieses Axiom sichert unter anderem, dass auch der Durchschnitt zweier Ebenen ein Unterraum ist. Daher kommen als Durchschnitt nur sehr wenige Konfigurationen in Frage.

Schnittverhalten von Ebenen

Aufgabe 1 Bestimmen Sie diejenigen Konfigurationen, in denen sich zwei verschiedene Ebenen schneiden können.

Eine auch für die Anwendungen in der Linearen Algebra wichtige Eigenschaft des Raums ist sein Parallelismus. Während dieser in der Ebene einfach zu definieren ist (zwei Geraden sind parallel, wenn sie gleich sind oder keinen Punkt gemeinsam haben), ist dies im Raum komplexer. Man kann sagen, dass man erst durch die Betrachtung im Raum die Natur der Parallelität erfassen kann. Ein entscheidender Begriff zur Untersuchung von Parallelität ist der Begriff der Äquivalenzrelation. Dieser, für Anfänger erfahrungsgemäß schwierige Begriff wird daher schon früh eingeführt. Dies stellt seine Bedeutung heraus und macht es möglich, den Begriff gut zu „verdauen".

Definition 6.1 (Äquivalenzrelation). Eine Relation $\sim$ auf der Menge X heißt *Äquivalenzrelation* auf X, wenn sie reflexiv, symmetrisch und transitiv ist.

Die Bedeutung von Äquivalenzrelationen liegt darin, dass man mit ihrer Hilfe „ähnliche" Objekte in systematischer Weise identifizieren kann. So wird es möglich, Eigenschaften ganzer Klassen von äquivalenten Objekten zu untersuchen.

Äquivalenzrelationen I

Aufgabe 2 Entscheiden Sie, ob die folgenden Relationen Äquivalenzrelationen sind. Die Grundmenge X ist jeweils die aktuelle Menge der Studierenden Ihrer Universität:

- $x \sim y \Leftrightarrow x$ und y studieren ein gleiches Fach.
- $x \sim y \Leftrightarrow x$ und y studieren verschiedene Fächer.
- $x \sim y \Leftrightarrow x$ und y haben den gleichen Erstwohnsitz.
- $x \sim y \Leftrightarrow x$ und y haben die gleiche Semesterzahl.
- $x \sim y \Leftrightarrow x$ und y hören eine Vorlesung beim gleichen Professor.

Während in der vorigen Aufgabe die Äquivalenz von Objekten durch Gleichheit einer ihrer Eigenschaften definiert wurde, wird in der folgenden Aufgabe die Äquivalenz von Zahlen durch eine Eigenschaft einer anderen Zahl bestimmt.

Äquivalenzrelationen II

Aufgabe 3 Entscheiden Sie, ob die folgenden Relationen Äquivalenzrelationen sind. Geben Sie jeweils einen Beweis oder ein Gegenbeispiel an. Die Grundmenge ist jeweils die Menge $\mathbb{Z}$ der ganzen Zahlen:

- $x \sim y \Leftrightarrow y - x$ ist eine gerade Zahl.
- $x \sim y \Leftrightarrow y - x$ ist eine ungerade Zahl.
- $x \sim y \Leftrightarrow x + y$ ist eine gerade Zahl.

- $x \sim y \Leftrightarrow y - x$ ist ein Vielfaches von 1001.
- $x \sim y \Leftrightarrow x + y$ ist ein Vielfaches von 1001.
- $x \sim y \Leftrightarrow y - x$ ist ein Vielfaches von 1000 plus 1 (also von der Form $1000k+1$).

Die Parallelität von Geraden im Raum kann nicht dadurch eingeführt werden, dass man definiert, dass zwei Geraden „parallel" sind, wenn sie gleich sind oder keinen Schnittpunkt haben.

Geraden im 3-dimensionalen Raum

Aufgabe 4 Für Geraden g, h des 3-dimensionalen Anschauungsraums definieren wir: $g \sim h \Leftrightarrow g = h$ oder $g \cap h = \emptyset$. Welche der folgenden Eigenschaften gelten für diese Relation?

- ☐ $\sim$ ist reflexiv.
- ☐ $\sim$ ist symmetrisch.
- ☐ $\sim$ ist transitiv.
- ☐ Zu jeder Geraden g und jedem Punkt außerhalb g gibt es genau eine Gerade h mit $h \sim g$.
- ☐ Je zwei Geraden g und h mit $g \sim h$ liegen in einer gemeinsamen Ebene.

Die Einführung des Parallelismus im 3-dimensionalen Raum geschieht wie folgt:

Definition 6.2 (Parallele Geraden). Zwei Geraden g und h im Raum heißen *parallel*, wenn sie gleich sind oder keinen Punkt gemeinsam haben und in einer gemeinsamen Ebene liegen.

Axiom 4 (Geradenparallelismus). Der in Definition 6.2 definierte Parallelismus ist eine Äquivalenzrelation und hat die Eigenschaft, dass durch jeden Punkt außerhalb einer Geraden g genau eine Parallele zu g geht.

Bemerkung: Man kann auch zeigen, dass man auf die Forderung, dass der Parallelismus eine Äquivalenzrelation ist, verzichten kann; dies ist beweisbar, falls es eine Gerade mit mindestens vier Punkten gibt (vgl. Buekenhout 1969).

Danach wird der Parallelismus von Ebenen diskutiert. Für Ebenen ist die Parallelität folgendermaßen bestimmt:

Axiom 5 (Parallelenaxiom für Ebenen). Sei E eine Ebene und P ein Punkt außerhalb E. Dann ist die Vereinigung E' der Geraden durch P, die parallel zu einer Geraden in E sind, eine Ebene. Man nennt diese beiden Ebenen *parallel*.

Entscheidend ist dann zu zeigen, dass diese Definition unabhängig von der Auswahl des Punktes P ist. Das heißt: Wenn man einen Punkt P' in E' wählt, dann ist die Vereinigung E'' der Geraden durch P', die parallel zu einer Geraden in E sind, gleich E'. Zum Schluss des Abschnitts über „synthetische Geometrie" werden Eigenschaften diskutiert, die die Dimension 3 charakterisieren:

Dimension > 2

Aufgabe 5 Zeigen Sie, dass die folgenden Aussagen äquivalent sind:

(a) Es gibt zwei verschiedene Ebenen.
(b) Es gibt vier Punkte, die nicht in einer gemeinsamen Ebene liegen.
(c) Es gibt zwei windschiefe Geraden, das heißt Geraden, die sich nicht schneiden und nicht parallel sind.

Die vorige Aufgabe stellt Eigenschaften vor, die in jedem Raum gelten, der mindestens die Dimension 3 hat. Demgegenüber werden in der folgenden Aufgabe Eigenschaften behandelt, die in Räumen der Dimension > 3 nicht gelten.

Dimension $\leqslant 3$

Aufgabe 6 Zeigen Sie, dass die folgenden Aussagen äquivalent sind:

(a) Jede Ebene wird von jeder zu ihr nicht-parallelen Geraden geschnitten.
(b) Je zwei nicht-parallele Ebenen schneiden sich in einer Geraden.

Im zweiten Abschnitt der Vorlesung wird der 3-dimensionale Raum mit Hilfe der analytischen Geometrie beschrieben. Der Grundbegriff ist der anschaulich klare Begriff der Verschiebung (Translation).

Die grundlegende Eigenschaft der Translationen ist, dass es zu je zwei Punkten P und Q genau eine Translation gibt, die P auf Q abbildet. Diese kann man mit $\overrightarrow{PQ}$ bezeichnen und durch einen Pfeil von P nach Q darstellen.
Es ist sinnvoll, an dieser Stelle von der Schulmathematik auszugehen, und diese dann auf höherer Ebene zu verstehen. Man betrachtet Pfeile $\overrightarrow{PQ}$, die von einem Punkt P zu einem Punkt Q zeigen, das heißt geordnete Paare (P,Q) von Punkten.

Äquivalenz von Pfeilen

Aufgabe 7 Man nennt zwei Pfeile $\overrightarrow{AA'}$ und $\overrightarrow{BB'}$ *äquivalent*, wenn das Viereck $AA'B'B$ ein Parallelogramm ist. Außerdem vereinbaren wir: Wenn die Punkte A, A', B, B' auf einer Geraden liegen, dann sind die Pfeile $\overrightarrow{AA'}$, $\overrightarrow{BB'}$ äquivalent, wenn es Punkte C, C' außerhalb der Geraden AA' gibt, so dass $\overrightarrow{AA'}$ und $\overrightarrow{BB'}$ jeweils zu $\overrightarrow{CC'}$ äquivalent sind. Zeigen Sie, dass auf diese Weise eine Äquivalenzrelation definiert wird.

Definition 6.3 (Vektor). Man nennt eine Äquivalenzklasse von Pfeilen einen *Vektor*. Anschaulich gesprochen ist ein Vektor also die Menge aller Pfeile mit gleicher Richtung und gleicher Länge. Jeder Pfeil einer Äquivalenzklasse ist ein *Repräsentant* des Vektors.

Mit Vektoren kann man rechnen. Die Summe zweier Vektoren entspricht der Hintereinanderausführung der entsprechenden Translationen. Anschaulich kann man sich das so vorstellen, dass man an einen Pfeil einen anderen „anhängt"; die Summe wird durch den Pfeil repräsentiert, der vom Anfangspunkt des ersten zum Endpunkt des zweiten führt (vgl. folgende Abbildung).

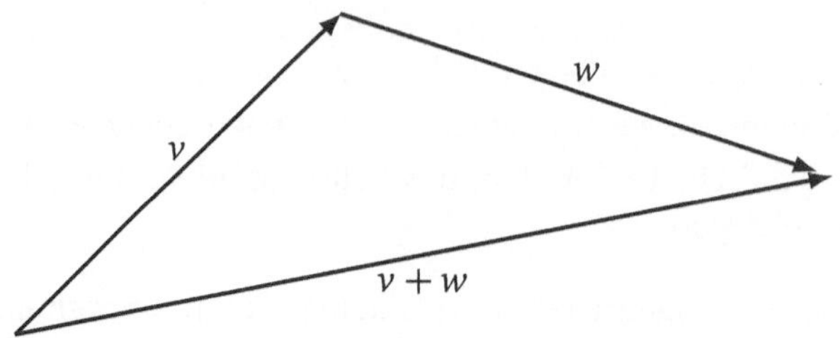

Addition von Vektoren

Aufgabe 8 Zeigen Sie:

(a) Die Addition von Vektoren ist „wohldefiniert", das heißt, die Summe ist unabhängig von der Auswahl der repräsentierenden Pfeile.
Bei Ihren Überlegungen können Sie nebenstehende Abbildung berücksichtigen.

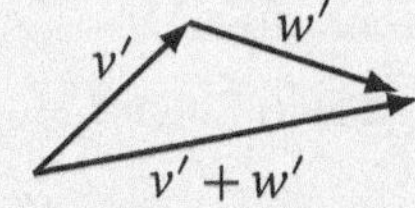

(b) Die Addition von Vektoren ist kommutativ.

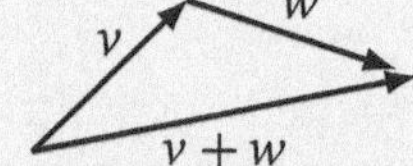

(c) Die Addition von Vektoren ist assoziativ.

(d) Es gibt ein neutrales Element der Addition von Vektoren (den Nullvektor). Zu jedem Vektor gibt es einen „negativen"; das bedeutet, dass ihre Summe der Nullvektor ist.

Im Laufe der Vorlesung wird mehrfach die Frage angesprochen, ob und wie die entsprechenden Begriffe auf einen 4- oder 5-dimensionalen Raum verallgemeinert werden können.

Durch diesen Zugang wird die aus der Schule bekannte Definition von Vektoren als Pfeile aufgegriffen und in einen größeren Zusammenhang eingebettet. Die angehenden Lehrerinnen und Lehrer erhalten so das nötige Hintergrundwissen, um den vereinfachten Vektorbegriff in der Schule reflektiert verwenden zu können.

6.1.2 Gleichungssysteme

Im zweiten Kapitel der Vorlesung *Analytische Geometrie und Lineare Algebra* werden lineare Gleichungssysteme behandelt. Dies kann – mit einer einzigen Ausnahme, nämlich der Dimension des Lösungsraums – problemlos auf einer elementaren Ebene abgehandelt werden. Es zeigt sich nämlich, dass sich fundamentale Begriffe der Linearen Algebra ganz natürlich ergeben: Die wesentlichen Objekte sind die Spalten der Koeffizientenmatrix und der Lösungsvektor. Bei den Spalten erfolgt ein fast unmerklicher Übergang von „Spalten" einer Matrix über „Spaltenvektoren", die auch unabhängig von einer Matrix existieren können, bis zu „Vektoren". In der konkreten Situation von Gleichungssystemen werden Begriffe wie „Linearkombination", „linear unabhängig", „Rang" und „Erzeugnis" so behandelt, dass sich die entsprechenden Eigenschaften in der sich anschließenden allgemeinen Form im Rahmen der Theorie der Vektorräume (dem dritten Kapitel der Vorlesung *Analytische Geometrie und Lineare Algebra*) fast automatisch ergeben. Auch die Begriffe „Unterraum" und „Nebenklasse" treten ganz natürlich als Lösungsmenge eines homogenen beziehungsweise inhomogenen Gleichungssystems auf. Schließlich deuten sich in der Matrizenmultiplikation auch schon lineare Abbildungen an. Ein wichtiges Thema ist der Rang einer Matrix. Dieser spielt bei linearen Gleichungssystemen eine zentrale Rolle, da man mit Hilfe des Rangs entscheiden kann, ob ein Gleichungssystem lösbar ist und wie groß im Falle der Lösbarkeit sein Lösungsraum ist.

Definition 6.4 (Spaltenrang). Der *Spaltenrang* (kurz: *Rang*) einer Matrix M ist die maximale Anzahl linear unabhängiger Spalten von M; man bezeichnet den Rang von M mit $Rang(M)$.

Mit dieser Definition kann man das Lösbarkeitskriterium beweisen: Ein lineares Gleichungssystem $Ax = b$ hat genau dann eine Lösung, wenn der Rang der Koeffizientenmatrix gleich dem Rang der erweiterten Matrix ist; kurz, wenn $Rang(A) = Rang(A|b)$ gilt. Erst danach braucht man zu beweisen, dass Spaltenrang = Zeilenrang ist. Die folgende „geöffnete" Aufgabe geht über die üblichen Standardaufgaben („Zeigen Sie, dass $Rang(M) = r$ ist.") hinaus. Sie bringt die Studierenden dazu, sich sehr intensiv mit der Definition des Rangs auseinanderzusetzen.

Rang einer Matrix

Aufgabe 9

(a) Besetzen Sie, wenn möglich, die freien Stellen der folgenden Matrizen so, dass eine Matrix vom Rang 0, 1, 2 beziehungsweise 3 entsteht:

$$\begin{pmatrix} & 2 & \\ 0 & & \\ & 1 & 0 \end{pmatrix} \, , \quad \begin{pmatrix} 0 & 2 & \\ 0 & & 3 \\ & 1 & 0 \end{pmatrix} .$$

(b) Im folgenden Spiel fügen zwei Personen abwechselnd eine Zahl in die Matrix ein. Wessen Zahl als erste eine Matrix vom Rang 3 erzwingt, hat verloren.

$$\begin{pmatrix} 1 & & \\ & & 1 \\ & 0 & \end{pmatrix}$$

(c) Wie viele Stellen einer 3×3-Matrix muss man besetzen, damit die Matrix – unabhängig davon, wie die restlichen Stellen besetzt werden – den Rang 3 hat?

(d) Wie lautet die entsprechende Antwort bei 4×4-Matrizen?

6.1.3 Besondere Vektorräume

Die Studierenden sollen sich einerseits in dem Vektorraum $\mathbb{R}^n$ besonders gut auskennen: Jeder Begriff, jeder Satz, jedes Verfahren sollte zunächst in diesem Vektorraum wieder erkannt und getestet werden. Andererseits ist es wichtig, auch andere Vektorräume kennenzulernen. Zum einen, damit sich nicht der Eindruck festsetzt, der $\mathbb{R}^n$ sei „der einzige" Vektorraum, zum anderen, weil die Übertragung der Begriffe in die „besonderen Vektorräume" oft einen verfremdenden – und damit erhellenden – Effekt hat.

Besondere Vektorräume: Magische Quadrate

Aufgabe 10 Ein magisches Quadrat ist eine reelle 3×3-Matrix, bei der die Summe der Zahlen in jeder Zeile, jeder Spalte und jeder Diagonalen stets den gleichen Wert hat. Bei einem üblichen magischen Quadrat fordert man zusätzlich, dass alle Zahlen verschieden sind oder sogar, dass es sich um die Zahlen von 1 bis 9 handeln muss. Darauf verzichten wir hier.

Es ist leicht, magische Quadrate anzugeben. Zum Beispiel ist jede 3×3-Matrix, bei der alle Einträge gleich sind, ein magisches Quadrat.

(a) Bilden die magischen Quadrate mit den üblichen Operationen auf Matrizen einen Vektorraum?

(b) Welche Dimension hat dieser Vektorraum?

(c) Geben Sie eine Basis an.

(d) Bilden diejenigen magischen Quadrate, bei denen die Zeilensumme gleich 15 ist, ebenfalls einen Vektorraum?

Polynome spielen in der gesamten Mathematik eine wesentliche Rolle. Für den Mathematikunterricht sind Polynomfunktionen besonders wichtig, da man diese Funktionen mit vergleichsweise einfachen Mitteln gut beherrscht. Auch daher ist es wichtig, die Struktur der Polynome genau zu kennen.

Obwohl in der Vorlesung *Analytische Geometrie und Lineare Algebra* nur endlichdimensionale Vektorräume behandelt wurden, wurde doch immer wieder auf unendlichdimensionale Vektorräume hingewiesen. Der Vektorraum der Polynome bietet sich hier besonders an, da seine Elemente (die Polynome) den Studierenden sehr vertraut sind.

Besondere Vektorräume: Polynome

Aufgabe 11 Wir betrachten Polynome mit reellen Koeffizienten. Welche der folgenden Mengen bildet einen Vektorraum?

☐ Die Menge aller Polynome

☐ Die Menge aller Polynome vom Grad kleiner gleich 5

☐ Die Menge aller Polynome vom Grad größer als 5

☐ Die Menge aller Polynome mit Absolutglied 0

☐ Die Menge aller Polynome geraden Grades

Geben Sie gegebenenfalls eine Basis an.

Die Experimente des Mathematikums in Gießen wurden an passender Stelle immer wieder in die Vorlesung beziehungsweise die Übungen einbezogen (vgl. zur methodischen Dimension 8.4.4). Dies bot sich im zweiten Teil der Veranstaltung besonders an, da im Mathematikum eine ganze Reihe von Exponaten zu den Themen „Kegelschnitte" und „Quadriken", insbesondere zum Hyperboloid zu sehen sind.

Als besonders schönes Beispiel zum Teil I der *Analytischen Geometrie und Linearen Algebra* hat sich das Exponat „Lights on!" erwiesen, vor allem wohl deswegen, weil dabei auf den ersten Blick nichts von Linearer Algebra zu erkennen ist. Das Experiment besteht aus sieben im Kreis angeordneten Leuchten und sieben den Leuchten zugeordneten Schaltern. Wenn man einen Schalter drückt, ändert sich der Zustand der zugehörigen Leuchte und der beiden benachbarten Leuchten.

Experiment „Lights on!" im Mathematikum in Gießen

Gegeben ist ein beliebiger Ausgangszustand und die Aufgabenstellung, durch Betätigung der Schalter alle Lampen zum Leuchten zu bringen. Die Besucher gehen sehr unterschiedlich an dieses Experiment heran. Manche probieren „blind" in der Hoffnung, irgendwann zufällig die Lösung zu erhalten. Viel effizienter ist folgendes Vorgehen: Man versucht, die Schalter so zu drücken, dass nur noch eine Lampe brennt. Dies ist erstaunlich leicht möglich. Dann muss man nur noch zwei Schalter drücken, um alle Lampen anzuschalten.

Für die Studierenden kam es auch darauf an, den Zusammenhang zur Linearen Algebra zu erarbeiten. Da jede Lampe entweder an oder aus sein kann, was wir mit 1 und 0 kodieren, kann jeder Zustand der Lampen als binäres 7-Tupel beschrieben werden. Mit anderen Worten: Die Zustände sind Elemente des 7-dimensionalen Vektorraums V über dem Körper $\mathbb{Z}_2 = \{0, 1\}$.

Besondere Vektorräume: Lights on!

Aufgabe 12 Das Drücken eines Schalters kann als die Addition eines Vektors aufgefasst werden. Welcher Vektor wird hierbei addiert?

(a) Bilden diese Vektoren eine Basis des Vektorraums V?

(b) Kann man von jedem Ausgangszustand aus alle Lampen zum Leuchten bringen?

(c) Wie viele Schalter muss man maximal drücken, um alle Lampen anzuschalten?

(d) Gelten diese Aussagen auch für ein Experiment mit 8 oder 9 Leuchten?

Dieses Beispiel ist besonders eindrücklich, da nicht nur in ganz offensichtlicher Weise ein Vektorraum über dem Körper mit zwei Elementen auftritt, sondern auch ein so zentraler Begriff der Linearen Algebra wie „Basis" den entscheidenden Beitrag zur Lösung liefert.

6.2 Inhalte reflektieren und vernetzen

6.2.1 *Die lineale Ausdehnungslehre* von Hermann Grassmann

Die Lineare Algebra im Sinne einer Theorie allgemeiner Vektorräume hat sich erst vergleichsweise spät etabliert. Natürlich wurden Vektorräume längst, bevor dieser Begriff geprägt wurde, in der Geometrie und bei linearen Gleichungssystemen implizit verwendet. Der Stettiner Mathematiklehrer Hermann GRASSMANN (1809-1877) hat, völlig auf sich allein gestellt, im Jahre 1844 eine sehr weit entwickelte „Lineare Algebra" veröffentlicht. Bereits in der ersten Fassung seines Buches *Die lineale Ausdehnungslehre, ein neuer Zweig der Mathematik* stellt er das dar, was wir heute die Theorie der Vektorräume nennen. Die *Ausdehnungslehre* wurde von den Zeitgenossen nicht wahrgenommen und hatte damit auch keinen direkten Einfluss auf die weitere Entwicklung der Linearen Algebra. Später wurden allerdings die Entwürfe GRASSMANNS aufgenommen, zum Beispiel in Form der Grassmannschen Mannigfaltigkeiten.

GRASSMANNS **Ausdehnungslehre**

Aufgabe 13 Lesen Sie folgenden Ausschnitt aus *Die Ausdehnungslehre* (1862) von Hermann GRASSMANN:

> „Es geht darum, die sinnlichen Anschauungen der Geometrie zu allgemeinen, logischen Begriffen zu erweitern und zu vergeistigen. [...] Ich sage, eine Grösse a sei aus den Grössen $b, c, \ldots$ durch die Zahlen $\beta, \gamma, \ldots$ *abgeleitet*, wenn $a = \beta b + \gamma c + \ldots$ ist, wo $\beta, \gamma, \ldots$ reelle Zahlen sind, [...].
> Ferner sage ich, dass zwei oder mehrere Grössen $a, b, c, \ldots$ in einer *Zahlbeziehung* zu einander stehen, [...], wenn irgend eine derselben sich aus den übrigen numerisch ableiten lässt. [...] *Einheit* nenne ich jede Grösse, welche dazu dienen soll, um aus ihr eine Reihe von Grössen numerisch abzuleiten, [...]. Ein *System von Einheiten* nenne ich jeden Verein von Grössen, welche in keiner Zahlbeziehung zueinander stehen, und welche dazu dienen sollen, um aus ihnen durch beliebige Zahlen andere Grössen abzuleiten. [Die algebraischen Größen heißen auch extensive Größen.]
> Für extensive Grössen a, b, c gelten die Fundamentalformeln:

$$a + b = b + a,$$
$$a + (b + c) = a + b + c,$$
$$a + b - b = a,$$
$$a - b + b = a.$$

> [...] Für die Multiplikation und Division extensiver Grössen (a, b) durch Zahlen (β, γ) gelten die Fundamentalformeln:
>
> $$a\beta = \beta a,$$
> $$a\beta\gamma = a(\beta\gamma),$$
> $$(a + b)\gamma = a\gamma + b\gamma,$$
> $$a(\beta + \gamma) = a\beta + a\gamma,$$
> $$a \cdot 1 = a,$$
> $$a\beta = 0 \text{ dann und nur dann, wenn}$$
> $$\text{entweder } a = 0, \text{ oder } \beta = 0,$$
> $$a : \beta = a\frac{1}{\beta}, \text{ wenn } \beta \neq 0 \text{ ist.}$$
>
> [...] Die Gesammtheit der Grössen, welche aus einer Reihe von Grössen $a_1, a_2, \ldots a_n$ numerisch ableitbar sind, nenne ich das aus jenen Grössen ableitbare *Gebiet* [...] *n-ter Stufe*, wenn jene Grössen von erster Stufe [...] sind, *und sich das Gebiet nicht aus weniger als n solchen Grössen ableiten lässt.* [...] Jedes Gebiet *n*-ter Stufe kann aus *n* (ihm angehörenden) Grössen erster Stufe, die in keiner Zahlbeziehung zu einander stehen, abgeleitet werden, und zwar aus beliebigen *n* solcher Grössen des Gebietes."
>
> Grassmann 1896, S. 4; 11-16; 21
>
> (a) Wie bezeichnet GRASSMANN die Begriffe „Linearkombination", „linear unabhängig", „Vektor", „Dimension", „Vektorraum"?
>
> (b) Vergleichen Sie GRASSMANNs Axiome, mit den Vektorraumaxiomen, die Sie in der Vorlesung kennengelernt haben.

Diese Aufgabe zeigt, dass es auch in der Analytischen Geometrie und Linearen Algebra möglich ist, historische Kontexte aufzunehmen und unter genetischer Perspektive zu erkunden.[48] Ähnliche Aufgaben empfehlen sich beispielsweise zu René DESCARTES und William Rowan HAMILTON (1805-1865).

6.2.2 Geometrie oder Algebra?

Die Tatsache, dass sich die Lineare Algebra lange Zeit innerhalb der Geometrie entwickelt hat und mehr als geometrische Methode denn als eigenständige Wissenschaft in Erscheinung trat, zeigt sich auch darin, dass sich geometrische Sachverhalte in der Linearen Algebra wiederfinden beziehungsweise – je nach Standpunkt – dass sich Methoden der Linearen Algebra zur Behandlung geometrischer Sachverhalte eignen. Wir machen das an den Beispielen der Determinante und des Skalarprodukts deutlich.

---

[48] Zu einer ersten Orientierung sei auf MÄDER 1992, S. 105-129 sowie SCHOLZ 1990, S. 338-363 verwiesen.

Determinante

Aufgabe 14

(a) Zeigen Sie: Der Flächeninhalt des Parallelogramms, bei dem der Nullpunkt eine Ecke ist und das durch die Vektoren $P = (a, c)$ und $Q = (b, d)$ aufgespannt wird, ist gleich der Determinante der Matrix $\begin{pmatrix} a & b \\ c & d \end{pmatrix}$.

Tipp: Sie können dazu die in der folgenden Zeichnung angedeutete Flächenzerlegung verwenden.

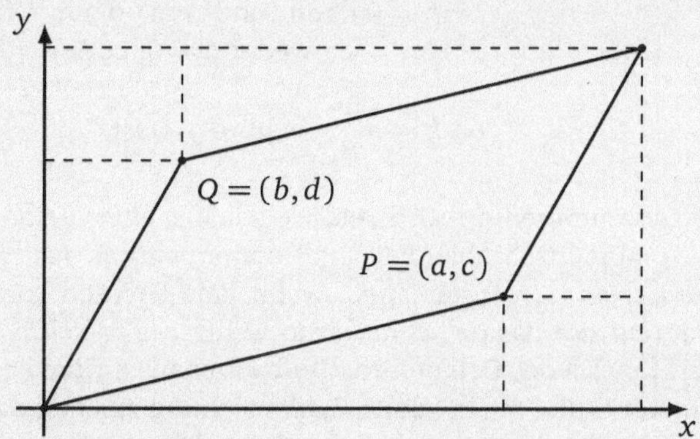

Achtung: Eine Vertauschung der Punkte P und Q bewirkt eine Vertauschung der Spalten der Matrix, also einen Vorzeichenwechsel der Determinante! Wir betrachten bei diesem Vorgehen also einen „orientierten Flächeninhalt".

(b) Verallgemeinern Sie den Sachverhalt aus Aufgabe (a) auf den $\mathbb{R}^3$.

(c) Man kann eine reelle 2×2-Matrix A auch als lineare Abbildung von $\mathbb{R}^2$ in sich auffassen. Zeigen Sie: $\det(A)$ ist der Faktor, um den sich die Fläche des Einheitsquadrats bei Anwendung von A ändert. Interpretieren Sie in diesem Zusammenhang den Multiplikationssatz von Matrizen.

Im 3-dimensionalen Raum kann man entsprechende Überlegungen anstellen. Die Determinante einer 3×3-Matrix beschreibt das Volumen eines „Spats", das durch den Nullpunkt und die drei Punkte, die durch die Spalten der Matrix gegeben sind, aufgespannt wird.

Schließlich bietet es sich an dieser Stelle an, über die Wahl der Bezeichnungen zu reflektieren, denn hier werden der geometrisch motivierte Vektorbegriff vom Beginn der Vorlesung und die Begrifflichkeiten der Vektorraum-Axiomatik zusammen geführt.

Einen wichtigen Abschnitt der (multi-)linearen Algebra bilden die Skalarprodukte. Man kann diese sehr konkret, das heißt geometrisch einführen.

Seien $v_1 = (x_1, y_1)$ und $v_2 = (x_2, y_2)$ Vektoren in der reellen Ebene. Dann kann man das Skalarprodukt $< v_1, v_2 >$ der Vektoren v_1 und v_2 auf zwei Weisen beschreiben.

Manchmal wird das Skalarprodukt definiert als

$$< v_1, v_2 >= x_1 x_2 + y_1 y_2;$$

an anderen Stellen liest man

$$< v_1, v_2 >= \|v_1\| \cdot \|v_2\| \cdot \cos(\varphi),$$

wobei φ der von v_1 und v_2 eingeschlossene Winkel ist.

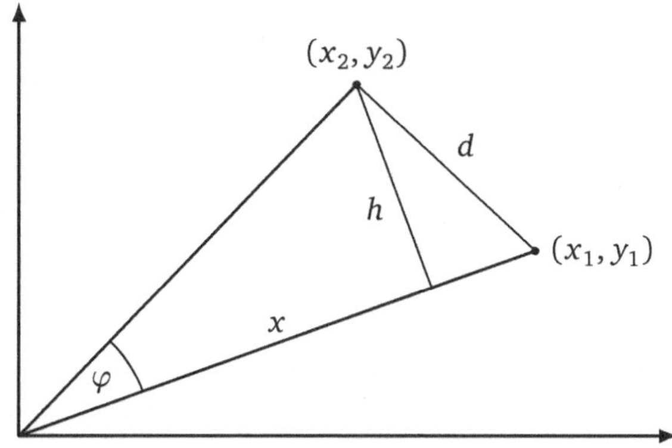

Das skalare Produkt

Beide Beschreibungen haben Vorteile: Die erste Beschreibung besticht dadurch, dass man mit ihr das Skalarprodukt außerordentlich leicht ausrechnen kann. Außerdem kann man Variationen des Skalarprodukts wie etwa $< v_1, v_2 >= x_1 x_2 + 2 y_1 y_2$ betrachten, und zu der Vermutung kommen, dass es viele Skalarprodukte gibt. Die „zweite Definition" zeigt, dass das Skalarprodukt Längen von Vektoren und Winkel zwischen Vektoren zu beschreiben vermag. Sie hat den zusätzlichen Vorteil, dass sie basisunabhängig ist, während die erste von der Auswahl der Basis (hier der Einheitsvektoren) abhängt. Schließlich suggeriert die geometrische Beschreibung, dass es im Wesentlichen nur ein Skalarprodukt gibt. (Diese Frage wird im weiteren Verlauf der Vorlesung geklärt werden.)

Skalarprodukt

Aufgabe 15 Beweisen Sie, dass – mit den Bezeichnungen aus der letzten Abbildung – der folgende Zusammenhang gilt: $\cos(\varphi) = x = x_1 x_2 + y_1 y_2$.
Nehmen Sie dafür an, dass die beiden Vektoren die Länge 1 haben.

Also wird geometrisch und algebraisch der gleiche Sachverhalt beschrieben. Damit ist auch ein Nachteil der ersten Beschreibung behoben; denn diese hängt von der Wahl einer Basis (hier der Basis aus Einheitsvektoren) ab. (Vgl. Beutelspacher 2010, S. 245 f.) In der Vorlesung *Analytische Geometrie und Lineare Algebra* wurde durchgängig versucht, algebraische und geometrische Beschreibungen parallel zu besprechen und ihre jeweiligen Vorteile beziehungsweise Nachteile herauszuarbeiten.

Folgende, auf den ersten Blick sehr überraschende Aufgabe zeigt eine interessante Beziehung zwischen Geometrie und Algebra:

Fußball mit Drehungen

Aufgabe 16 Ein Fußballspiel möge mit einem einzigen Ball gespielt werden. Zu Beginn der ersten und zu Beginn der zweiten Halbzeit liegt der Ball jeweils auf dem Anstoßpunkt. Zeigen Sie, dass sich zu beiden Zeitpunkten auch ein Punkt der Oberfläche des Fußballs an exakt derselben Stelle befindet.

(a) Machen Sie sich klar, dass die Hintereinanderausführung der vielen Bewegungen des Fußballs zwischen Beginn der ersten und Beginn der zweiten Halbzeit insgesamt eine Drehung ist.

(b) Welche Matrizen beschreiben Drehungen im 3-dimensionalen Raum?

(c) Wie sieht das zugehörige Minimalpolynom aus?

(d) Hat dieses stets eine reelle Nullstelle?

(e) Machen Sie sich klar, was es geometrisch bedeutet, dass eine Abbildung Eigenwert 1 hat.

(f) Was bedeutet dies für den Fußball?

Diese Aufgabe macht deutlich, dass auch relativ weit fortgeschrittene mathematische Themen, hier Eigenwerte von orthogonalen Abbildungen, auf aus dem Alltag bekannte Situationen angewendet werden können.

6.3 Software-Praktikum zur *Analytischen Geometrie und Linearen Algebra*

Zur Veranstaltung *Analytische Geometrie und Lineare Algebra* gehörte verpflichtend ein „Software-Praktikum", in dem ein Computeralgebrasystem eingesetzt wurde. Das Praktikum umfasste 2 Wochenstunden; die Studierenden konnten durch Bearbeiten von Aufgaben 5 % der Scheinpunkte erhalten. Obwohl dies nur ein geringer Prozentsatz ist, fand das Praktikum großen Anklang und war bis zum Ende des Semesters sehr gut besucht. Als Software wurde Derive benutzt; der Grund dafür war die flächendeckende Verbreitung dieser Software in den Schulen. Das Praktikum war so organisiert, dass zu jeder Sitzung ein ausführliches Arbeitsblatt zur Verfügung gestellt wurde, mit Hilfe dessen die Studierenden in 2er- und 3er-Gruppen den Stoff selbstständig erarbeiten konnten. Die Aufgabe der Tutoren war es, die Studierenden bei ihrer Arbeit zu unterstützen und für Fragen zur Verfügung zu stehen. Gegen Ende jeder Sitzung wurden einige Lösungen im Sinne einer Zusammenfassung vorgestellt und kommentiert.

Die Ziele, die mit dieser Zusatzveranstaltung verfolgt werden können, sind vielfältig. Zunächst geht es darum, den Studierenden zu ermöglichen, sich die Objekte und Phänomene, die in der Vorlesung vorgestellt und in den Übungen behandelt worden sind, durch eigenes Tun zu vergegenwärtigen. Dazu gehört auch die dynamische Exploration durch Veränderung der Objekte mit Hilfe des „Schiebereglers". Weitere Gründe für die Beschäftigung mit Computeralgebrasystem (CAS) liegen in der Visualisierung mathematischer Objekte und, in Zusammenhang damit, der Schulung des räumlichen Vorstellungsvermögens, sowie der Schulung der Problemlösekompetenz. Schließlich geht es auch um die Erarbeitung eines sinnvollen Umgangs mit neuen Medien, insbesondere um die Erkenntnis, dass Computeralgebrasysteme Entlastung von Routinerechenarbeit bedeutet und damit auch die Bearbeitung von komplexeren und realitätsbezogenen, anwendungsorientierten Aufgaben ermöglicht. Insofern leistete dieses Praktikum auch einen Beitrag zur Professionalisierung der Lehramtsstudierenden[49].

Zu Beginn des Praktikums sollen die Studierenden zunächst den Umgang mit dem Programm Derive lernen. Daher sind die Übungsaufgaben, was den mathematischen Anspruch angeht, zunächst relativ einfach.

Folgendes Beispiel zeigt, wie die Lösung eines linearen 3×3-Gleichungssystems als Schnittpunkt dreier Ebenen gesehen werden kann. Die genaue Lage des Schnittpunkts kann mit Hilfe der Computeralgebra berechnet werden (entweder direkt oder schrittweise mit elementaren Umformungen).

Computereinsatz: Lösen von Gleichungssystemen

Das folgende Gleichungssystem soll gelöst werden, d. h. wir suchen alle Zahlentripel [x,y,z], die alle drei Gleichungen zu einer wahren Aussage machen.

```
#3:     x + z = 0
#4:     x + y - 2·z = 6
#5:     x - z = 7
```

Für den Fall von Gleichungen mit drei Variablen können wir uns das sehr schön veranschaulichen: Jede Gleichung ist die Gleichung einer Ebene.

	Die zweite Gleichung:	Die dritte Gleichung:
`#6:   x + z = 0`	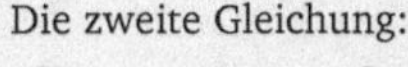`#7:   x + y - 2·z = 6`	`#8:   x - z = 7`
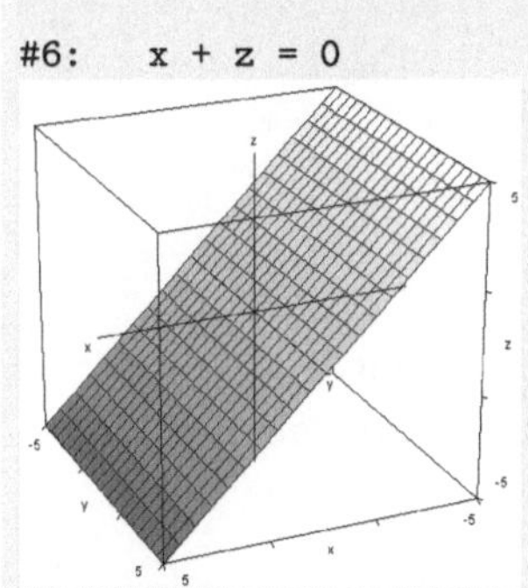	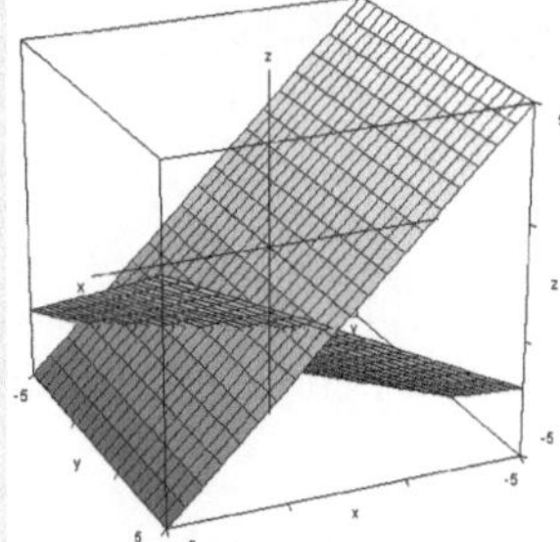	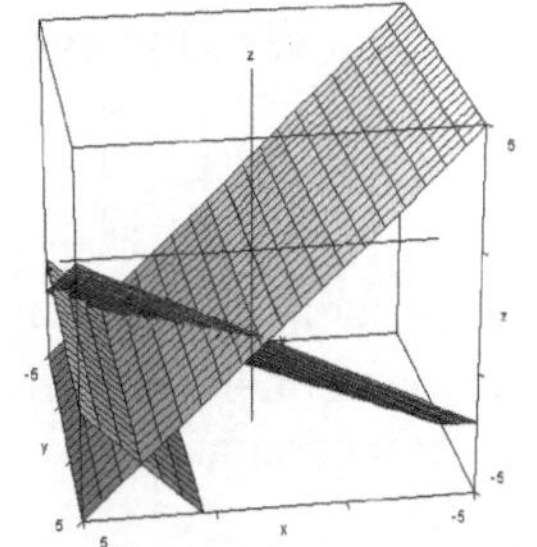
Alle Punkte auf der Ebene veranschaulichen „Lösungen" der Gleichung.	Alle Punkte auf der Schnittgeraden veranschaulichen gemeinsame Lösungen der beiden Gleichungen.	Eine Lösung des LGS wird veranschaulicht durch einen Punkt, der auf allen drei Ebenen liegt.

Hier wird unmittelbar klar, dass dieses lineare Gleichungssystem genau eine Lösung hat, weil sich die drei Ebenen in genau einem Punkt schneiden.

---

[49] Vgl. hierzu WEIGAND und WETH (2002), wo auch zahlreiche weiterführende Aufgaben zu finden sind.

Aufgabe 17 Wie liegen die Ebenen, wenn das zugehörige Gleichungssystem unendlich viele Lösungen hat beziehungsweise, wenn es keine Lösung hat?

Ein offensichtlicher Vorteil, den Computeralgebrasysteme bieten, besteht darin, dass man auch Aufgaben bearbeiten kann, die komplexe Rechnungen erfordern. Die folgende Aufgabe fordert zunächst auf, Pyramiden darzustellen. Dann wird das Phänomen der Parallelprojektion eingeführt, deren Richtung durch einen Vektor dargestellt wird. Schließlich geht es um den Schatten, den eine Pyramide wirft; und zwar nicht um den Schatten, den sie auf eine horizontale Ebene wirft, sondern auf die zweite Pyramide.

Computereinsatz: Schatten von Pyramiden

Aufgabe 18 In der Nähe von Kairo steht die Cheops- neben der Chephrenpyramide. Die eine wirft einen Schatten auf die andere.

Wir nehmen an, dass die erste Pyramide die folgenden Eckpunkte hat:

```
A = [ -3    3    0 ]
B = [  3    3    0 ]
C = [  3   -3    0 ]
D = [ -3   -3    0 ]
E = [  0    0    5 ]
```

Die Richtung der Sonnenstrahlen sei

```
v = [ -12   -16   -7 ].
```

(a) Stellen Sie diese Pyramide im 3D-Grafikfenster dar.

(b) Stellen Sie den Schatten dieser Pyramide dar.

(c) Die zweite Pyramide hat die folgenden Eckpunkte:
```
P = [ -5   -10    0 ]    Q = [ -5    -6    0 ]
R = [ -9    -6    0 ]    S = [ -9   -10    0 ]
T = [ -7    -8    3 ]
```

Stellen Sie auch diese Pyramide im selben 3D-Grafikfenster dar.

(d) Berechnen und zeichnen Sie den Schatten, den die erste Pyramide auf der zweiten erzeugt.

Diese Aufgabe hat Routineaspekte, nämlich die Darstellung der Pyramiden. Sie unterstützt in besonderer Weise die Vorstellung; mit Hilfe des CAS kann man nämlich den Schatten auf der zweiten Pyramide sehen. Schließlich kann man auch die Fläche des Schattens berechnen, was von Hand außerordentlich mühsam wäre.

Die Verallgemeinerung des Vektorkonzepts auf Funktionen zeigt die folgende Aufgabe. Die Studierenden können hier experimentell die Bedeutung der Parameter-Beschreibung einer Strecke in einem Vektorraum von Funktionen untersuchen, indem sie mit Hilfe eines Schiebereglers einen Parameter verändern. Abgesehen von der Faszination des „Morphing" wird deutlich wie das geometrisch scheinbar vertraute Konstrukt einer „Strecke" in einem anderen Kontext zu dramatischen Effekten führt.

In einem reellen Vektorraum können wir eine „Geradengleichung" nutzen, um einen Vektor v_1 kontinuierlich in einen Vektor v_2 zu „verwandeln". Die Parameterdarstellung der Geraden durch die Punkte P und Q, deren Ortsvektoren v_1 und v_2 sind, lautet $v_1 + t(v_2 - v_1)$, wobei $t \in \mathbb{R}$ gilt. Wenn t nur das reelle Intervall $[0, 1]$ durchläuft, erhält man die Parameterdarstellung der Strecke zwischen P und Q. In jedem Fall gilt: Für $t = 0$ erhält man v_1, für $t = 1$ erhält man v_2.

Wir betrachten nun den Vektorraum V aller Funktionen von $\mathbb{R}$ nach $\mathbb{R}$. Die Vektoren dieses Vektorraums sind also Funktionen. Durch eine entsprechende Prozedur kann man nun eine Funktion (also einen Vektor aus V) in eine andere Funktion (das heißt einen anderen Vektor aus V) verwandeln. Wir definieren dazu die Prozedur `Morph(v1, v2, t)` durch

```
#3:    Morph(v1, v2, t) := v1 + t(v2 - v1).
```

Computereinsatz: Morphing

Aufgabe 19 Wir arbeiten zunächst mit Schiebereglern für t1, t2, t3 (jeweils Min = 0, Max = 1, 100 Intervalle und *Graph laufend aktualisieren* einstellen).

(a) Mit Zeile #4 wird aus der Geraden eine Parabel.

(b) Mit Zeile #5 wird aus der Sinusfunktion eine Parabel.

(c) Zeichnen Sie zunächst die Zeilen #6 und #7, dann Zeile #8 mit Schieberegler.

(d) Zeichnen Sie die Zeilen #10 bis #12.

```
#4:    Morph(x, x², t1)
#5:    Morph(SIN(x), x², t2)
```

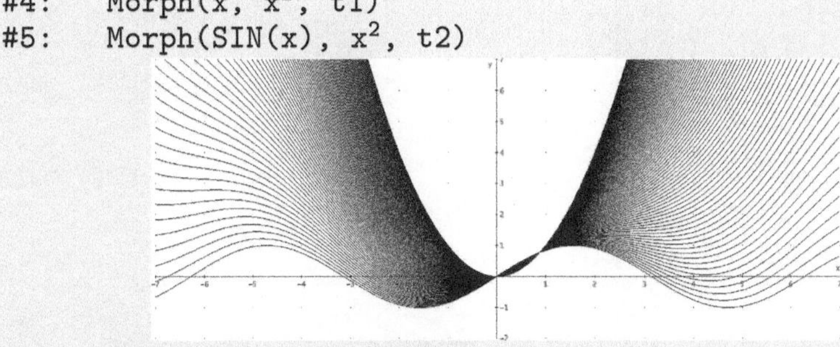

```
#6:    Kreis := [COS(s), SIN(s)]
#7:    Acht := [SIN(s)·COS(s), SIN(s)]
#8:    Morph(Kreis, Acht, t3)
#10:   VECTOR(Morph(SIN(x), x², t4), t4, 0, 1, 0.1)
#11:   VECTOR(Morph(SIN(x), x², t4), t4, 0, 1, 0.01)
#12:   VECTOR(Morph(SIN(x), x², t4), t4, 0, 1, 0.001)
```

Aufgabe 20 „Erfinden" Sie zwei Figuren aus jeweils mindestens zehn Punkten, die per Morphing ineinander verwandelt werden können. Ihrer Kreativität sind hier keine Grenzen gesetzt.

Zusatzfrage: In welchem Vektorraum spielt sich jetzt die „Streckenbildung" ab?

Diese Aufgabe hat sich als sehr anregend erwiesen und die Kreativität der Studierenden außerordentlich stimuliert. Die schönsten Bilder wurden im Netz veröffentlicht.

Ein wichtiges Thema der *Analytischen Geometrie und Linearen Algebra* ist die Darstellung von linearen Abbildungen durch Matrizen. Mit einem Computeralgebrasystem ist es möglich, lineare Abbildungen dynamisch zu visualisieren und den Zusammenhang mit Matrizen experimentell zu entdecken. Mit der folgenden Aufgabensequenz können die wichtigsten Abbildungsmatrizen selbstständig erarbeitet werden. Hier wird das CAS also zur dynamischen Visualisierung eingesetzt und damit die verschiedenen Abbildungen in Erinnerung gerufen. Zudem wird das CAS benutzt um Vermutungen aufzustellen, und schließlich werden die Vermutungen durch Betrachtung der Bilder der Einheitsvektoren einsichtig gemacht.

Computereinsatz: Matrizen beschreiben Abbildungen

Aufgabe 21 In einem ersten Schritt benutzen wir Matrizen der Form:

$$\begin{bmatrix} a & b \\ -b & a \end{bmatrix}$$

Welche elementargeometrischen Abbildungen werden durch diese Matrizen beschrieben?

(a) Zeichnen Sie das abgebildete Haus. Beginnen Sie dazu mit dem Punkt [2, 0] und nehmen Sie nach dem Punkt [8, 0] als letzten Punkt den Ursprung [0, 0].

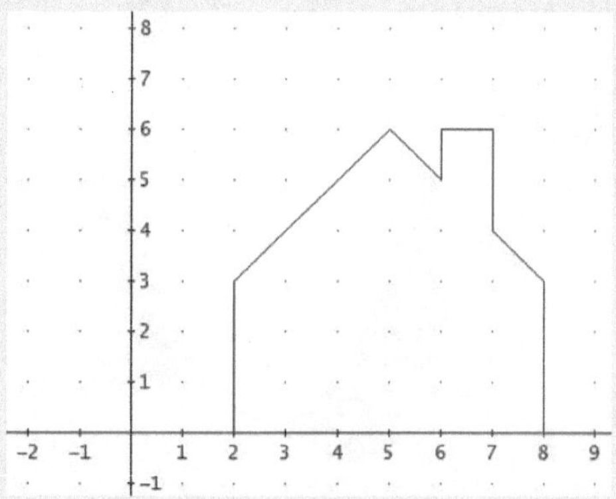

(b) Multiplizieren Sie das *Haus* mit der Matrix und wählen Sie für a und b verschiedene Werte (Schieberegler verwenden).

(c) Für welche Werte von a und b ergeben sich bekannte Abbildungen wie Spiegelungen, Streckungen, Drehungen, ... ? Fassen Sie Ihre Ergebnisse in einer Tabelle zusammen.

(d) Wählen Sie eine beliebige Abbildung beziehungsweise die zugehörige Matrix und überlegen Sie:

- Wohin wird der Nullpunkt abgebildet?
- Was haben die Bilder der Einheitsvektoren mit der Matrix zu tun?
- Was beschreiben die Zeilen der Matrix?

(e) Ordnen Sie in einer Tabelle den bekannten Abbildungen (Streckung, Spiegelung an einer Achse, Drehung, Punktspiegelung, ...) die entsprechenden Matrizen zu und überprüfen Sie die Zuordnung an dem oben abgebildeten Haus.

Das Software-Praktikum hat sich als außerordentlich nützliche Begleitveranstaltung zum Vorlesungs- und Übungsbetrieb der *Analytischen Geometrie und Linearen Algebra* erwiesen. Die Studierenden konnten weitgehend selbstständig wichtige Themen der Vorlesung aufgreifen und sich diese in neuer Form zugänglich machen. Dies führte zu einer starken Identifizierung mit den bearbeiteten Themen. Man konnte dies sehr gut an den gemeinsamen Wochenenden (vgl. 8.4.3) erkennen, an denen die Gießener Studierenden ihren Siegener Kollegen ihre Programme vorführten.

7 Elementare Geometrie und Algebra

> „Ich strebe mit meinen Elementarvorlesungen vor allem dahin, meinen Zuhörern Interesse und Verständnis für die Fragestellungen und den Sinn und Zweck der mathematischen Behandlung beizubringen."[50]
>
> Felix KLEIN

Elementarmathematik im Sinne von technisch voraussetzungsarmer Mathematik (vgl. dazu S. 13) bietet Lehramtsstudierenden die Möglichkeit, „echte" Mathematik in Breite und Tiefe zu erfahren. Unter Breite wird hier nicht nur eine Themenvielfalt verstanden, sondern auch Beziehungsreichtum der mathematischen Gebiete und nicht zuletzt ihre Einbettung in ihren historischen Kontext. Die Erfahrung von Tiefe besteht in der Begegnung mit substanziellen mathematischen Begriffen, Ideen und Resultaten. Diese Begegnung kann durch elementarmathematische Theorien erfolgen, aber auch in charakteristischen Beispielen.

Die Themengebiete elementare Geometrie und Algebra haben nicht nur ein besonderes elementarmathematisches Potenzial, sondern sie sind als Lehr- und Lerngebiete für angehende Gymnasiallehrerinnen und -lehrer von zentraler Bedeutung.

Die Anlage dieses Kapitels unterscheidet sich insofern von den vorigen, als dass der Schwerpunkt nicht auf Auszügen aus einer kompletten Veranstaltung liegt, sondern im Gegenteil der Gesamtaufbau der Geometrie- und Algebra-Vorlesungen dargestellt und durch Beispiele konkretisiert wird.

7.1 Elementare Geometrie

Seit vielen Jahren wird beklagt, dass sich die Geometrie in der Lehrerausbildung und im Schulunterricht auf dem Rückzug befindet. Dies hat mannigfache Gründe, aber eines ist sicher: Lehrerinnen und Lehrer, die keine Kenntnisse in Geometrie haben, werden sich kaum für eine Renaissance der Geometrie in der Schule einsetzen. Geometrie ist wichtig! Denn in der Geometrie zeigen sich in geradezu beispielhafter Weise die WINTERschen Grunderfahrungen (vgl. Winter 1995) für einen allgemeinbildenden Mathematikunterricht:

- Die erste Aufgabe der Geometrie ist die Beschreibung der Welt, genauer des uns umgebenden Raumes. Durch geometrische Begriffe wird der Raum strukturiert und damit für uns Menschen erkennbar und beherrschbar.

---

[50] Klein 1899, S. 132.

- Spätestens seit EUKLID ist Geometrie auch das Musterbeispiel einer axiomatisch-deduktiven Wissenschaft und hat damit Vorbildcharakter weit über die Mathematik hinaus. Neben der Beschreibung der physischen Außenwelt schafft die Geometrie auch eine eigene Innenwelt mit ihren spezifischen Fragestellungen, Methoden und Ergebnissen. Beispielhaft dafür ist das über 2000 Jahre währende Ringen um das Parallelenpostulat.

- Schließlich ist Geometrie wie geschaffen dafür, Problemlösefähigkeiten zu entwickeln. Was oft als Manko der Geometrie angesehen wird, nämlich dass es kaum Routineaufgaben gibt, wird so zum Qualitätsausweis: (Fast) jede Geometrieaufgabe ist eine Problemaufgabe.

Die Veranstaltung *Geometrie für Lehramtskandidaten*, die seit vielen Jahren regelmäßig in Gießen gelesen wird, ist eine schulrelevante Geometrie. Das bedeutet zweierlei: Zum einen werden wesentliche Teile des Geometrieunterrichts (insbesondere der Sekundarstufe I) von einem höheren Standpunkt aus erläutert. Das bedeutet, dass Begriffe klar definiert und Sätze bewiesen werden. Zum anderen wird der allgemeinbildende Aspekt betont. Das bedeutet insbesondere, dass die historische Verankerung deutlich wird und der genetische Aspekt auch beim Lernen von Geometrie eine wesentliche Rolle spielt. Die Geometrieveranstaltung wird durch ein freiwilliges zusätzliches 2-stündiges Praktikum ergänzt, in dem eine dynamische Geometrie-Software eingesetzt wird. Neben der einfachen Visualisierung geometrischer Objekte geht es besonders um deren Exploration mit Hilfe des Zugmodus beziehungsweise von Ortslinien. Der Einsatz dynamische Geometrie-Software ermöglicht experimentelles Arbeiten und damit das Entdecken von Sätzen und Begriffen. Insgesamt fördert nach unserer Erfahrung der Umgang mit dynamischer Geometrie-Software die Motivation der Studierenden und kann so perspektivisch zu einer Wiederbelebung der Geometrie in der Schule führen. Neben der Arbeit an konkreten Problemen wird regelmäßig über die Verwendung von Geometrie-Software gesprochen und Kriterien für einen sinnvollen Einsatz im Schulunterricht erarbeitet (vgl. dazu Weigand und Weth 2002 und Kadunz und Sträßer 2009, S. 239 ff.). Im Software-Praktikum zur Geometrie wurde im Wesentlichen das Programm *GeoGebra* eingesetzt (vgl. www.geogebra.org), das die Vorteile dynamischer Geometrie-Software mit algebraischen Fähigkeiten verbindet: Es erlaubt einerseits, geometrische Konstruktionen zu erstellen und danach dynamisch zu verändern, andererseits ist im Algebrafenster die direkte Eingabe von Gleichungen und Koordinaten möglich. Jedem Objekt im Geometriefenster entspricht ein Ausdruck im Algebrafenster. Diese doppelte Sichtweise geometrischer Objekte ist insbesondere in der Analytischen Geometrie sehr hilfreich.
Die Vorlesung mit Übungen und Praktikum hat folgenden Aufbau.

7.1.1 Euklidische und nichteuklidische Geometrie

Als Axiomensystem wurden die Axiome gewählt, die George E. MARTIN (1996) in seinem Buch *The Foundations of Geometry and the Non-Euclidean Plane* vorschlägt.

Diese haben den Vorteil, dass sie vergleichsweise schnell zu substanzieller Geometrie führen, aber auch eine präzise Behandlung der nichteuklidischen Geometrie möglich machen. Im Einzelnen lauten die Axiome wie folgt:

Axiom 1 (Inzidenzaxiom). Jede Gerade ist eine Teilmenge der Punktmenge. Durch je zwei verschiedene Punkte geht genau eine Gerade. Es gibt mindestens drei Punkte, die nicht auf einer gemeinsamen Geraden liegen.

Dieses Axiom greift das euklidische Postulat „dass man von jedem Punkt nach jedem Punkt die Strecke ziehen kann" auf – allerdings auf die reine Inzidenz reduziert. Schon mit diesem unscheinbaren Axiom kann man den wichtigen Begriff der Parallelität einführen: Das Inzidenzaxiom impliziert, dass je zwei verschiedene Geraden höchstens einen gemeinsamen Punkt haben. Daher können sich zwei Geraden entweder in genau einem Punkt schneiden oder keinen Punkt gemeinsam haben oder identisch sein. In den beiden letzteren Fällen nennt man die Geraden *parallel*.

Axiom 2 (Linealaxiom). Je zwei Punkten P und Q wird ihr *Abstand* $|PQ|$ zugeordnet. Der Abstand zweier Punkte ist eine nichtnegative reelle Zahl, die nur für $P = Q$ gleich null ist. Ferner gilt die Symmetrie $|PQ| = |QP|$ für je zwei Punkte P und Q. Schließlich soll die Dreiecksungleichung gelten: $|PQ| \leq |PZ| + |ZQ|$ für je drei Punkte P, Q, Z; im Falle der Gleichheit liegen P, Q und Z auf einer gemeinsamen Geraden.

Der Name des Axioms soll nicht zu Missverständnissen führen. Der Ausdruck „Lineal" bezieht sich nicht auf das euklidische Lineal, das ja nur dazu dient, zwei Punkte zu verbinden. Im Sinne des Axioms 2 ist das moderne Lineal mit Skaleneinteilung gemeint, mit dem man Abstände messen und abtragen kann. Dieses Axiom bringt den Aufbau der Geometrie einen großen Schritt weiter. Der entscheidende Punkt ist, dass man die Zwischenbeziehung definieren kann:

Definition 7.1 (Zwischenbeziehung von Punkten). Ein Punkt Z liegt *zwischen* den Punkten P und Q, falls $|PQ| = |PZ| + |ZQ|$ gilt.

Aus dieser Definition folgt, dass von je drei kollinearen Punkten P, Q, R genau einer zwischen den anderen beiden liegt. Damit ist es dann einfach die Strecke $\overline{PQ}$ zu definieren:

Definition 7.2 (Strecke). Die *Strecke* $\overline{PQ}$ mit den Endpunkten P und Q besteht aus P und Q sowie allen Punkten, die zwischen P und Q liegen.

Damit kann man auch den Strahl (Halbgerade) $\overrightarrow{SA}$ von S aus in Richtung A definieren:

Definition 7.3 (Strahl). Der *Strahl* (*Halbgerade*) $\overrightarrow{SA}$ von S aus in Richtung A besteht aus S und A und allen Punkten zwischen S und A sowie allen Punkten P mit der Eigenschaft, dass A zwischen S und P liegt.

Axiom 3 (Axiom von Pasch). Sei $\triangle ABC$ ein Dreieck und sei g eine Gerade, die keine Ecke dieses Dreiecks enthält. Dann gilt: Wenn g eine Seite des Dreiecks $\triangle ABC$ schneidet, dann schneidet sie auch eine zweite Seite des Dreiecks.

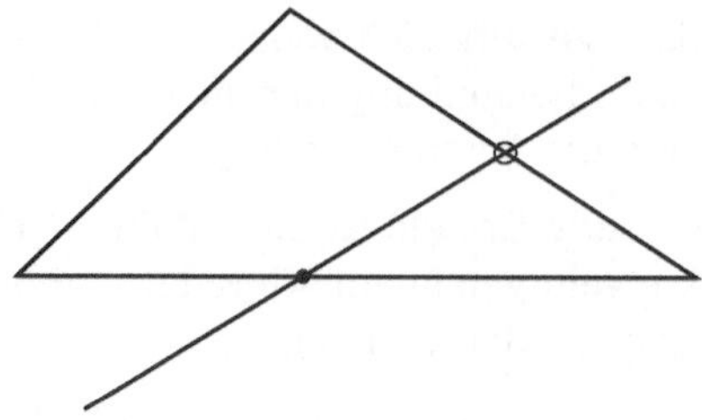

Die Notwendigkeit für ein solches Axiom hat als Erster Moritz PASCH 1882 in seinen *Vorlesungen über moderne Geometrie* festgestellt. Damit wird eine Anordnung möglich, insbesondere die Einführung von Halbebenen oder „Seiten" einer Geraden g. Das geschieht dann auf folgende Weise: Wir wählen einen Punkt P, der nicht auf g liegt, und definieren

$$H := \{X \mid \overline{PX} \cap g = \emptyset\} \qquad \text{(Halbebene, die } P \text{ enthält),}$$
$$H' := \{X \mid \overline{PX} \cap g \neq \emptyset\} \qquad \text{(Halbebene, die } P \text{ nicht enthält).}$$

Das Axiom von Pasch dient nun dazu zu zeigen, dass die Einteilung in H und H' unabhängig von der Wahl des Punktes P ist; somit bestimmt jede Gerade genau zwei Halbebenen. Die gesamte Punktmenge ist die disjunkte Vereinigung der Mengen g, H und H'.

Anschließend wendet sich die Vorlesung dem Geodreiecksaxiom zu. Dieses Axiom beschreibt das Anlegen eines Geodreiecks zum gleichzeitigen Abtragen eines Winkels und einer Strecke. Während die Idee einfach ist, ist die Formulierung komplexer: Ein Winkel wird durch drei nicht kollineare Punkte definiert.

Definition 7.4 (Winkel). Seien A, S, B drei nichtkollineare Punkte, dann ist der *Winkel* $\sphericalangle ASB$ die Vereinigung der Strahlen $\overrightarrow{SA}$ und $\overrightarrow{SB}$.

Bemerkung: Diese Definition ist außerordentlich praktisch, sie hat allerdings den Nachteil, dass es sich nicht um orientierte Winkel handelt, oder, mit anderen Worten, dass man nur Winkel „bis 180°" betrachtet. Für die meisten praktischen Zwecke ist das aber unerheblich.

Das *Innere* eines Winkels $\sphericalangle ASB$ ist definiert als Schnitt der Halbebene H_A von $\overrightarrow{SB}$, die A enthält, und der Halbebene H_B von $\overrightarrow{SA}$, die B enthält. Alternativ kann man das Innere des Winkels $\sphericalangle ASB$ definieren als Vereinigung der Strecken $\overline{XY}$, wobei X auf dem Strahl $\overrightarrow{SA}$ und Y auf dem Strahl $\overrightarrow{SB}$ liegt.

Axiom 4 (Geodreiecksaxiom). Dieses Axiom besteht aus drei Forderungen:

1. Jedem Winkel $\sphericalangle ASB$ wird ein *Winkelmaß* $m(\sphericalangle ASB)$ zugeordnet; das ist eine reelle Zahl aus dem offenen Intervall $(0, 180)$.

2. Das Winkelmaß ist in folgendem Sinne additiv: Sei T ein Punkt aus dem Innern des Winkels $\sphericalangle ASB$. Dann ist

$$m(\sphericalangle ASB) = m(\sphericalangle AST) + m(\sphericalangle TSB).$$

Schließlich kommt die eigentliche „Geodreieckseigenschaft":

3. Gegeben sei eine Gerade g, zwei verschiedene Punkte A, S auf g, eine Halbebene H von g, eine positive reelle Zahl d und eine reelle Zahl $\alpha \in (0, 180)$. Dann gibt es genau einen Punkt B in der Halbebene H mit $m(\sphericalangle ASB) = \alpha$ und $|BS| = d$.

Man muss ein Axiom voraussetzen, das zu den Kongruenzsätzen führt. Das kann man natürlich ein bisschen verstecken, aber man kann auch ehrlich sein und direkt einen Kongruenzsatz voraussetzen.

Definition 7.5 (Kongruenz von Dreiecken). Man nennt zwei Dreiecke $\triangle ABC$ und $\triangle A'B'C'$ kongruent, wenn folgende sechs Gleichungen gelten:

$$|AB| = |A'B'| \qquad\qquad m(\sphericalangle A) = m(\sphericalangle A')$$
$$|BC| = |B'C'| \qquad\qquad m(\sphericalangle B) = m(\sphericalangle B')$$
$$|AC| = |A'C'| \qquad\qquad m(\sphericalangle C) = m(\sphericalangle C')$$

Bei einem Kongruenzsatz setzt man nur drei dieser Gleichungen voraus und versucht, die Kongruenz der Dreiecke nachzuweisen.

Das Kongruenzaxiom ist der Kongruenz-„Satz" SWS:

Axiom 5 (Kongruenzaxiom). Wenn

$$|AB| = |A'B'| \quad , \quad m(\sphericalangle B) = m(\sphericalangle B') \quad \text{und} \quad |BC| = |B'C'|$$

gilt, dann sind die Dreiecke $\triangle ABC$ und $\triangle A'B'C'$ kongruent.

Die anderen Kongruenzsätze (WSW, SWW, SSS, SSW) sind dann tatsächlich mit Hilfe des Kongruenzaxioms SWS beweisbar.

Der Kongruenzsatz WSW

Aufgabe 1 Vervollständigen Sie den folgenden Beweis des Kongruenzsatzes WSW: Seien $\triangle ABC$ und $\triangle A'B'C'$ Dreiecke mit $m(\sphericalangle A) = m(\sphericalangle A')$, $|AB| = |A'B'|$, $m(\sphericalangle B) = m(\sphericalangle B')$. Wenn zusätzlich $|BC| = |B'C'|$, dann sind die Dreiecke kongruent wegen ... Sei also $|BC| \neq |B'C'|$, o. B. d. A. $|BC| > |B'C'|$. Dann gibt es auf der Strecke $\overline{BC}$ einen Punkt C^* mit $|BC^*| = |B'C'|$ ...

Das Parallelenaxiom spielt nicht nur historisch eine herausragende Rolle. Man kann verschiedene Formulierungen des Parallelenpostulats diskutieren. Begrifflich am einfachsten ist das „Playfairsche Parallelenaxiom". Es geht auf den schottischen Philosophen John PLAYFAIR (1748-1819) zurück:

Axiom 6 (Playfairsches Parallelenaxiom). Zu jedem Punkt P und jeder Geraden g, die nicht durch P geht, gibt es genau eine Gerade h durch P, die g nicht schneidet.

Dieses Axiom ist deswegen so einfach, weil es ausschließlich mit Inzidenzbegriffen auskommt; deshalb wird es hier verwendet. Demgegenüber setzt das Euklidische Parallelenpostulat Halbebenen und Winkelmaße voraus: „Und daß, wenn eine gerade

Linie beim Schnitt mit zwei geraden Linien bewirkt, daß innen auf derselben Seite entstehende Winkel zusammen kleiner als zwei Rechte werden, dann die zwei geraden Linien bei Verlängerung ins unendliche sich treffen auf der Seite, auf der die Winkel liegen, die zusammen kleiner als zwei Rechte sind." (Euklid 2005, S. 3)

Merkwürdige Geometrien

Aufgabe 2 Bestimmen Sie für jedes der folgenden Modelle diejenigen Axiome, die für das jeweilige Modell gelten. Überprüfen Sie insbesondere die Axiome 1, 2 und 6.

(a) *Die rationale Ebene*: Also die Menge der Punkte von $\mathbb{R}^2$ mit rationalen Koordinaten und diejenigen Geraden, die zwei solcher Punkte verbinden.

(b) *Die reelle Ebene ohne einen Streifen*: Man entfernt aus der reellen Ebene die Punkte, deren x-Koordinaten in $(0,1]$ liegen; die Geraden dieser Geometrie sind die Geraden, die mindestens zwei Punkte der Menge enthalten.

(c) *Die Ebene des 1. Quadranten*: Punkte sind die Punkte $(x,y) \in \mathbb{R}^2$ mit $x,y > 0$. Die Geraden sind diejenigen Geraden des $\mathbb{R}^2$, die einen nichtleeren Schnitt mit dem 1. Quadranten haben.

(d) *Die sphärische Geometrie*: Punkte sind die Paare gegenüberliegender Punkte der Einheitskugel; das sind diejenigen Punktepaare, deren Verbindungsgerade durch den Kugelmittelpunkt geht. Geraden sind die „Großkreise", das sind die Kreise auf der Einheitskugel, deren Mittelpunkt der Kugelmittelpunkt ist.

Die Axiome 1 bis 5 und deren Folgerungen bilden die *absolute Geometrie*, also diejenigen Sätze, die unabhängig vom Parallelenpostulat gelten. Nimmt man Axiom 6 hinzu, kommt man zur euklidischen Geometrie, während die Negation von Axiom 6 zur nichteuklidischen Geometrie führt.

Der axiomatische Aufbau der Geometrie kann sowohl theoretisch dargestellt wie auch praktisch durchgeführt werden. Aus zeitlichen Gründen wird man es sich nicht leisten können, einen lückenlosen Aufbau darzustellen, aber beispielhaft ist das durchaus sinnvoll. Insbesondere kann die Bedeutung des Parallelenpostulats herausgearbeitet werden.

Dazu wird zunächst ein erster Aufbau der axiomatischen Geometrie vollzogen. Zum Beispiel können alle Kongruenzsätze ohne Verwendung des Parallelenpostulats bewiesen werden. Welche Auswirkungen der Einsatz des Parallelenpostulats hat, wird schlaglichtartig deutlich an den Sätzen 28 und 29 in Euklids erstem Buch. Dabei geht es um Existenz und Eindeutigkeit von Parallelen. Für seine Sätze 1 bis 28 verwendet Euklid das Parallelenpostulat nicht, er muss es aber zwangsläufig für I, § 29 verwenden. Satz 28 bei Euklid behandelt die Konstruktion von Parallelen:

Satz 7.6 (Nach Euklid Buch I, § 28). Wenn eine Gerade von zwei anderen Geraden so geschnitten wird, dass die Innenwinkel auf einer Seite zusammen gleich zwei Rechten sind, dann sind die beiden Geraden parallel.

Daraus ergibt sich die klassische Konstruktion einer Parallelen zur Geraden g durch einen Punkt P: Zunächst wird das Lot l von P auf g gefällt, dann in P das Lot h auf l errichtet. Mit I, § 28 folgt, dass g und h parallel sind.

Satz 29 bei EUKLID bezieht sich auf die Eindeutigkeit der Parallelen; er sagt im Wesentlichen, dass Parallelen nur so wie in Satz 7.6 beschrieben liegen können:

Satz 7.7 (Nach EUKLID Buch I, § 29). Wenn zwei parallele Geraden von einer dritten geschnitten werden, dann ist die Summe der Innenwinkel auf einer Seite gleich zwei Rechten.

Die euklidische Geometrie zeichnet sich gegenüber der nichteuklidischen (jedenfalls der so genannten „hyperbolischen" Geometrie) also dadurch aus, dass in ihr so wenige Parallelen wie möglich existieren, nämlich durch jeden Punkt außerhalb einer Geraden nur eine, während in der hyperbolischen Geometrie durch jeden Punkt außerhalb einer Geraden g unendlich viele Parallelen zu g existieren.

Absolute Geometrie

Aufgabe 3

(a) Finden Sie mindestens einen Satz dieser Geometrievorlesung, dessen Beweis vollständig innerhalb der absoluten Geometrie erfolgt, für den also das Parallelenaxiom nicht benötigt wird.

(b) Finden Sie mindestens einen Satz, in dessen Beweis das Parallelenaxiom vorkommt; identifizieren Sie die Stelle, an der es eingesetzt wird.

Zum Abschluss der Behandlung der absoluten Geometrie wurde

- das Axiomensystem von MARTIN mit dem von EUKLID und dem Axiomensystem aus HILBERTS *Grundlagen der Geometrie* (1899) verglichen,

- einige zum Parallelenpostulat äquivalente Aussagen wurden angegeben (das euklidische Parallelenpostulat, „Winkelsumme im Dreieck ist 180°", „durch je drei nichtkollineare Punkte geht ein Kreis", „es gibt zwei ähnliche, aber nicht kongruente Dreiecke" und so weiter),

- auf die Rolle der arabischen Mathematik hingewiesen, die das antike Erbe weiterentwickelt und nach Europa gebracht hat; für die Geometrie sollte besonders der persische Mathematiker Omar KHAYYAM (1048-1123) erwähnt werden,

- die Geschichte der Entdeckung der nichteuklidischen Geometrie erzählt (GAUSS, BOLYAI (1802-1860), LOBATSCHEWSKI (1792-1856) (vgl. z. B. Wussing 2008, S. 146-158)),

- als „einfachstes" Modell einer nichteuklidischen Geometrie die „Cayley-Klein-Ebene" angegeben. Diese Geometrie hat als Punkte die Punkte im Innern des Einheitskreises und als Geraden die Schnitte derjenigen Geraden mit dem Innern des Einheitskreises, bei denen dieser Schnitt nicht leer ist.

Für die Cayley-Klein-Ebene ist das Axiom 1 leicht nachweisbar, und ebenso leicht ist zu sehen, dass durch einen Punkt außerhalb einer Cayley-Klein-Geraden unendlich viele parallele Geraden gehen.

Die anderen Axiome, insbesondere Axiom 2 und Axiom 3, sind schwieriger nachzuweisen, da man eine geeignete Metrik und ein geeignetes Winkelmaß definieren muss. Das Längenmaß ist allerdings so beschaffen, dass Strecken der Cayley-Klein-Ebene auch euklidische Strecken sind, so dass sich das Axiom von Pasch zwanglos aus dem entsprechenden Axiom der euklidischen Ebene ergibt.

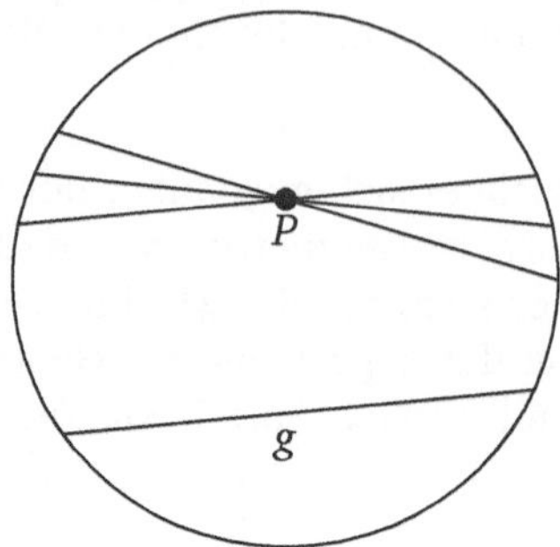

Neben der euklidischen und der hyperbolischen Geometrie gibt es auch eine „elliptische Geometrie". Für diese gilt, dass sich je zwei Geraden schneiden. Zum Beispiel ist die sphärische Geometrie elliptisch.

7.1.2 Euklidische Geometrie

In diesem Abschnitt der Vorlesung wurden alle Axiome der euklidischen Geometrie vorausgesetzt und nicht mehr versucht, genau zu unterscheiden, welche Aspekte noch in der absoluten Geometrie gelten. Der Inhalt ist der einer klassischen Schulgeometrie. Insofern ist den Studierenden das meiste vertraut. Darin liegt eine Chance, weil wir die Studierenden nicht nur dort abholen, wo sie stehen, sondern weil sie auch durchaus kenntnisreich dem Weg eine gewisse Strecke lang folgen können. Andererseits verführt eine unreflektierte Vertrautheit dazu, sich die logischen Abhängigkeiten nicht im Detail klar zu machen. Daher kommt es bei diesem Thema in besonderer Weise auf mathematische Stringenz an. Insbesondere können die Studierenden sich an vielen Beispielen klar machen, welche Eigenschaften als Definition eines Begriffes dienen und welche beweisbare Sätze sind. Die Beweise basieren letztlich alle auf den Kongruenzsätzen.

In der Dreiecksgeometrie geht es speziell um die besonderen Geraden (Mittelsenkrechte, Höhen, Winkelhalbierende und Seitenhalbierende) und die besonderen Punkte im Dreieck. Besonderer Wert wird auf die Mittelparallele eines Dreiecks und deren Eigenschaften gelegt.

Dynamische Geometrie-Software erlaubt es, eine Folge von Konstruktionsschritten zu einem *Makro* zusammenzufassen. Durch dieses modulare Arbeiten kann man Strukturen schaffen und so auch bei komplizierten Konstruktionen den Überblick behalten. Makros schulen außerdem das funktionale Denken und unterstützen die Begriffsbildung. Folgende Aufgaben verwenden Makros, um die Euler-Gerade und den Lamoen-Kreis zu entdecken.

Computereinsatz: Euler-Gerade und Lamoen-Kreis

Aufgabe 4

(a) Konstruieren Sie in einem Dreieck den Umkreismittelpunkt.

(b) Erstellen Sie ein Makro „Umkreismittelpunkt", das zu drei Punkten den Umkreismittelpunkt des zugehörigen Dreiecks liefert, und speichern Sie das Makro.

(c) Konstruieren Sie außerdem den Höhenschnittpunkt und den Schwerpunkt des Dreiecks. Untersuchen Sie die gegenseitige Lage dieser drei Punkte; messen Sie auch die Abstände dieser Punkte.

(d) Die Seitenhalbierenden teilen ein Dreieck in sechs Teildreiecke. Welche besondere Lage haben die sechs Umkreismittelpunkte dieser Teildreiecke?

Die Aussage von Teil (d) dieser Aufgabe wurde erst im Jahr 2000 von dem Niederländer Floor VAN LAMOEN entdeckt.

In diesem Zusammenhang bietet sich die Behandlung des Kreises an. Dabei geht es insbesondere um die Eigenschaften von Tangenten. Im Anschluss daran kann der Satz des Thales und der Peripheriewinkelsatz eingeführt werden.

Der Zugmodus beim Computereinsatz ermöglicht die Trennung des Zufälligen vom Allgemeingültigen. Dadurch können Vermutungen entstehen und *Sätze entdeckt* werden. Da dynamische Geometriesysteme praktisch keinen Zweifel an der Richtigkeit eines solchen Satzes lassen, sollte für einen Beweis der Begründungsaspekt in den Vordergrund treten. Beispiele sind folgende Aufgaben zum Satz des Thales, zum Satz von Blackwell und zu einer Flächenformel.

Computereinsatz: Satz des Thales

Aufgabe 5

(a) Erkunden Sie mit Hilfe der Spur-Funktion, von welchen Orten aus ein Zuschauer eine Bühne unter einem Winkel von 90° sehen kann. Welchen Satz kann man auf diese Weise entdecken?

(b) Überlegen Sie sich für den Umfangswinkelsatz ein geeignetes Anwendungsszenario, veranschaulichen Sie ihn mit *GeoGebra* und verdeutlichen Sie, wie sich der Satz des Thales als Spezialfall ergibt.

Diese Aufgabe ist fast eine Routineaufgabe für die Anwendung von Dynamischer Geometrie Software (DGS). Man kann sich die Aussage des Satzes sehr schön erschließen, vor allem auch deswegen, weil die Spur eine geometrisch einfach zu erkennende Form hat.

Bei der folgenden Aufgabe benutzt man die Eigenschaft von DGS, dass es Größen, das heißt Längen und Winkel anzeigen und mit diesen rechnen kann.

Computereinsatz: Satz von Blackwell

Aufgabe 6 Konstruieren Sie über den Seiten eines rechtwinkligen Dreiecks Halbkreise. Legen Sie ein zu den Katheten paralleles Rechteck um die Gesamtfigur, so dass die Halbkreise das Rechteck berühren.

(a) Welche Kantenlängen hat das Rechteck?

(b) Vergleichen Sie die Seitenlängen des Rechtecks mit dem Umfang des Dreiecks.

(c) Beweisen Sie Ihre Vermutungen.

Die folgende Aufgabe ist anspruchsvoll, insbesondere wenn man die Verallgemeinerung bedenkt. Aber hier sieht man ebenfalls den Wert eines DGS: Auch „normale" Schülerinnen und Schüler können durch Experimentieren auf sinnvolle Vermutungen kommen.

Computereinsatz: Flächenformel

Aufgabe 7 Welcher Zusammenhang besteht zwischen dem Flächeninhalt, dem Umfang und dem Inkreisradius eines Dreiecks?

(a) Experimentieren Sie mit *GeoGebra*.

(b) Beweisen Sie Ihre Vermutung.

(c) Auf welche besonderen Vierecke kann man das Ergebnis übertragen?

In der Vierecksgeometrie geht es einerseits um Sehnen- und Tangentenvierecke, deren Eigenschaften untersucht werden. Andererseits werden die Vierecke klassifiziert. Das kann über Regularitätseigenschaften wie gleich lange Seiten, parallele Seiten, senkrechte Diagonalen, gleich große Winkel und so weiter erfolgen oder über Symmetrieeigenschaften. In jedem Fall gelangt man zum so genannten „Haus der Vierecke" (vgl. z. B. Volkert 1999), in dem die Vierecke bezüglich Unter- beziehungsweise Oberbegriff geordnet sind.

Eine wichtige Rolle in der Schulgeometrie spielt die Satzgruppe des Pythagoras (Satz des Pythagoras, Katheten- und Höhensatz). Die Behandlung dieser Sätze bietet auch die Gelegenheit, über Flächenmessung grundsätzlich zu sprechen. Insbesondere sollte der Begriff der Zerlegungsgleichheit thematisiert werden, zumal er in einigen der Beweise innerhalb dieses Themenkreises angewandt wird. In diesem Zusammenhang kann man auch das Thema „Quadratur" ansprechen:

Quadratur

Aufgabe 8

(a) Welche der folgenden Figuren kann man in ein Quadrat gleichen Flächeninhalts umwandeln? Geben Sie jeweils eine Konstruktion an.

- ein Rechteck,
- zwei Quadrate,

> * 1000 Quadrate,
>
> * ein Parallelogramm,
>
> * ein Dreieck.
>
> (b) Diskutieren Sie die entsprechende Frage für einen Kreis.

Am Ende dieses Themas erfolgt die Erweiterung von der Kongruenzgeometrie zur Ähnlichkeitsgeometrie. Ähnliche Dreiecke zeichnen sich durch gleiche entsprechende Winkel beziehungsweise gleiche Verhältnisse entsprechender Seiten aus. Das Instrument, mit dem man Ähnlichkeiten untersucht oder ausnutzt, sind die Strahlensätze.

Der Beweis des ersten Strahlensatzes bietet ein Problem, das über die Geometrie hinausweist und einen zentralen Aspekt der Analysis berührt. Man beweist die Verhältnisgleichheit der Abschnitte auf den Strahlen zunächst für Verhältnisse des Typs $1 : n$, wobei n eine natürliche Zahl ist. Dazu verwendet man genuin geometrische Methoden, insbesondere Kongruenzsätze. Daraus kann man auf rein algebraische Weise den Satz für Verhältnisse des Typs $m : n$ ableiten ($m, n \in \mathbb{N}$), indem man die Verhältnisse $1 : n$ und $1 : m$ betrachtet. Um den ersten Strahlensatz nicht nur für rationale, sondern auch für reelle Verhältnisse zu beweisen, muss man eine reelle Zahl durch rationale Zahlen approximieren. Das kann etwa über Cauchyfolgen, Intervallschachtelungen, Dedekindsche Schnitte erfolgen (vgl. auch 4.3 und die Beispielaufgaben auf S. 56). Diese Methoden stehen in der Schule bei der Einführung der Strahlensätze nicht zur Verfügung; die Studierenden sollten sich – auch aus diesem Grund – den analytischen Hintergrund bewusst machen. Die Konstruktionsaufgaben dienen auch der Schulung der Problemlösefähigkeit. Hier führt folgende Problemlösestrategie zum Ziel: Man lässt zunächst eine Bedingung weg und betrachtet damit ein verallgemeinertes und damit leichteres Problem. Dies hat in der Regel viele Lösungen. Indem man diese zeichnet, erkennt man eine geeignete Ortslinie. Diese führt dann zu einer Lösungsidee.

Computereinsatz: Dreieck und Quadrat

Aufgabe 9

(a) Sei ein Dreieck gegeben. Gibt es ein Quadrat, dessen Ecken auf den Dreiecksseiten liegen?

(b) Gegeben seien drei parallele Geraden. Gibt es ein gleichseitiges Dreieck, so dass auf jeder Geraden eine Ecke liegt?

7.1.3 Analytische Geometrie

Obwohl analytische Geometrie zum Teil schon in der Veranstaltung *Analytische Geometrie und Lineare Algebra* angesprochen wurde (vgl. Kapitel 6), wird sie sinnvollerweise in einer Geometrievorlesung wieder aufgegriffen. Zum einen kann man die analytische Methode mit der euklidischen kontrastieren und so die besonderen Vor-

und Nachteile der Analytischen Geometrie herausarbeiten und zweitens spielt sie bei der Behandlung der Kegelschnitte eine besondere Rolle.

Die Einführung von Koordinaten in die Geometrie wird üblicherweise René Descartes zugesprochen. In *La Géométrie*, einem Anhang seiner *Discours de la méthode* kommt das aber eher beiläufig vor. Dennoch kann die Bedeutung der Analytischen Geometrie kaum hoch genug eingeschätzt werden. In der klassischen euklidischen Geometrie wurde auch gerechnet, aber dort wurden Sätze der Geometrie benutzt, um gewisse Gleichungen zu lösen. So löst zum Beispiel die Konstruktion der Diagonalen im Einheitsquadrat die Gleichung $x^2 = 2$. Generell können viele Anwendungen des Satzes des Pythagoras als geometrische Methode zur Lösung von Gleichungen interpretiert werden.

In der Analytischen Geometrie wird der Spieß umgedreht: Zahlen und Gleichungen werden benutzt, um geometrische Aussagen zu verifizieren.

Punkte werden durch Koordinaten beschrieben: In der Ebene durch Paare reeller Zahlen, im 3-dimensionalen Raum durch Tripel reeller Zahlen, und n-Tupel reeller Zahlen stellen den n-dimensionalen Raum dar. Geometrische Objekte wie Geraden, Ebenen oder Kreise, Ellipsen und so weiter werden als Punktmengen aufgefasst und diese durch Gleichungen beschrieben. Mit diesen Vereinbarungen können prinzipiell alle Aussagen durch Rechnen bewiesen werden.

Diese Herangehensweise ist außerordentlich erfolgreich. Insbesondere wären die modernen Anwendungen von Geometrie bis hin zum CAD ohne analytische Geometrie undenkbar. Allerdings sollte man auch die Voraussetzungen, unter denen die analytische Geometrie arbeitet, nicht vergessen, die insbesondere den Lehrerinnen und Lehrern bewusst sein sollten:

- Aus euklidischer Sicht werden Punkte durch Koordinaten nur bezeichnet und Geraden durch Gleichungen nur dargestellt. Ein Punkt ist grundsätzlich etwas anderes als ein Paar reeller Zahlen. Wenn man dauerhaft und unreflektiert analytische Geometrie treibt, verwischen sich diese Unterschiede: Ein Punkt ist ein Zahlenpaar, eine Gleichung vom Typ $y = mx + b$ ist eine Gerade. Neben der Nivellierung prinzipieller Unterschiede verstellt einem die Identifizierung von Punkten und Geraden mit Koordinaten und Gleichungen den Blick dafür, dass man geometrische Objekte auch mit anderen Methoden beschreiben und geometrische Sätze mit anderen Instrumenten beweisen kann.

- Prinzipiell kann man in der Analytischen Geometrie nur diejenigen Objekte behandeln, die sich durch Gleichungen beschreiben lassen. Dazu gehören glücklicherweise viele wichtige Objekte der Geometrie, dennoch ist das prinzipiell eine starke Einschränkung. Denn es ist durchaus vorstellbar, dass gewisse Objekte gar nicht „in den Blick kommen", weil sie durch Gleichungen nicht oder nur sehr umständlich erfassbar sind.

- Schließlich: In der Analytischen Geometrie rechnet man Eigenschaften „blind" aus. Das ist der Grund, weshalb diese Methode für den Computer wie gemacht ist. Wenn wir Menschen Mathematik machen, wollen wir aber „verstehen", wir wollen wissen, *warum* etwas richtig ist, und nicht nur konstatieren, *dass* es richtig ist. Ein solches Verständnis wird in der Regel durch Argumentation mit Mitteln der euklidischen Geometrie erreicht. Das ist zwar oft mühsam, manchmal schwierig, ermöglicht aber im Fall des Gelingens die Befriedigung, den Grund für die untersuchten Sachverhalte zu verstehen.

Historisch gesehen steht die Analytische Geometrie im Gegensatz zur so genannten „Geometrischen Algebra" bei EUKLID. Dabei werden geometrische Konstrukte benutzt, um Rechnungen durchführen zu können. Zum Beispiel werden Längen miteinander multipliziert, und man erhält eine Fläche. Dabei wird – im Gegensatz zur Analytischen Geometrie – die Geometrie auf die Algebra angewandt.

Ein Schwerpunkt dieses Themenfelds ist die Behandlung der Kegelschnitte. Diese werden auf drei Arten dargestellt:

1. als Schnitt einer Ebene mit einem Doppelkegel,
2. durch eine quadratische Gleichung in der kartesischen Ebene,
3. als Ortslinie mit gewissen Eigenschaften. Zum Beispiel kann die Parabel charakterisiert werden als diejenige Menge P von Punkten, zu der es einen Punkt („Brennpunkt") und eine Gerade („Leitgerade") gibt, so dass jeder Punkt aus P den gleichen Abstand vom Brennpunkt wie von der Leitgeraden hat.

Grundsätzlich sollte jeweils die Äquivalenz der Darstellungen nachgewiesen werden. Die Äquivalenz zwischen 2 und 3 ist einfach und reduziert sich im Wesentlichen auf das Rechnen innerhalb der Analytischen Geometrie, während die Äquivalenz von 1 und 3 (oder 2) hohe Anforderungen an die geometrische Vorstellungskraft stellt (Stichwort: Dandelinsche Kugeln) (vgl. z. B. Schupp 2000).

Brennpunkt und Leitgerade

Aufgabe 10 Betrachten Sie die Parabel mit der Gleichung $y = ax^2$. Der Brennpunkt liegt auf der y-Achse und die Leitgerade ist parallel zur x-Achse. Bestimmen Sie Brennpunkt und Leitgerade.

In der Analytischen Geometrie kann man in *GeoGebra* das Zusammenspiel von Geometrie- und Algebrafenster nutzen, um Zusammenhänge zwischen geometrischen Objekten und den sie beschreibenden Gleichungen zu entdecken. Dies zeigt folgende Aufgabe zu Kegelschnitten.

Computereinsatz: Hyperbel als Kegelschnitt

Aufgabe 11

(a) Zeichnen Sie mit *GeoGebra* eine Hyperbel als Ortslinie. (Tipp: Zeichnen Sie einen Kreis um einen Brennpunkt P, auf dem sich ein Punkt R bewegen kann, und einen weiteren Brennpunkt Q außerhalb des Kreises. Der Schnittpunkt der Mittelsenkrechten von PR mit der Geraden RQ beschreibt eine Hyperbel.)
(b) Warum erhält man auf diese Weise eine Hyperbel? (Begründung!)
(c) Wählen Sie $(-5 \mid 0)$ und $(5 \mid 0)$ als Brennpunkte. Wie lautet die Gleichung dieser Hyperbel? Welcher Zusammenhang besteht im Allgemeinen zwischen den Brennpunkten $(-e \mid 0)$ und $(e \mid 0)$ und der Hyperbelgleichung $\left(\frac{x}{a}\right)^2 - \left(\frac{y}{b}\right)^2 = 1$?

7.1.4 Kongruenzabbildungen

Erst an dieser Stelle, und damit vergleichsweise spät, werden geometrische Abbildungen behandelt. Damit folgen wir dem traditionellen Aufbau der Geometrie, der mit Punkten und Geraden beginnt, dann zu komplexeren Objekten (wie Kegelschnitten) voranschreitet und erst dann Abbildungen einführt. Natürlich sind geometrische Abbildungen wichtig und nützlich, und man könnte die gesamte Geometrie auch auf Abbildungen aufbauen. Aber weil Abbildungen auf Punkten und Geraden operieren, sind sie Objekte einer höheren Kategorie und deswegen schwieriger zu verstehen.

Eine weitere Eigenschaft geometrischer Abbildungen, die Vorteil und Problem gleichermaßen ist, spricht dafür, Abbildungen nicht schon zu Beginn zu thematisieren: Einerseits wirkt jede Abbildung der Ebene auf alle Punkte der Ebene. Andererseits sind wir Menschen gewohnt, lokal zu denken. Das heißt, man verfolgt die Abbildung nur auf wenigen Elementen (Punkten, Geraden usw.). Es bedarf erheblicher Kenntnisse und einer gründlichen Erfahrung im Umgang mit Abbildungen, damit man jeweils weiß, welches die entscheidenden Elemente sind, die zu betrachten sind.

Kongruenzabbildungen werden definiert als Abbildungen der Menge der Punkte der Ebene in sich, die Abstände erhalten. Genauer gesagt:

Definition 7.8 (Kongruenzabbildung). Eine *Kongruenzabbildung* ist eine Abbildung α der Punktmenge der Ebene in sich, für die $|\alpha(P)\alpha(Q)| = |PQ|$ für je zwei Punkte P und Q gilt.

Mit relativ einfachen Überlegungen kann man beweisen, dass eine Kongruenzabbildung alles erhält: Strecken, Geraden, Winkel und Winkelmaße.

Als konkrete Abbildungen werden Spiegelungen, Verschiebungen und Drehungen eingeführt. Die Definition erfolgt jeweils im Rahmen der euklidischen Geometrie.

Definition 7.9 (Spiegelung). Sei g eine Gerade. Die *Spiegelung* σ an der Geraden g ist die folgendermaßen definierte Abbildung:
$\sigma(P) = P$, falls P auf der Geraden g liegt.
Für einen Punkt P, der nicht auf g liegt, ist $\sigma(P)$ derjenige Punkt, der auf der Senkrechten von P auf g liegt, den gleichen Abstand zu g hat wie P und auf der P entgegengesetzten Halbebene von g liegt. Man nennt g die *Achse* der Spiegelung σ.

Spiegelungen

Aufgabe 12 Beschreiben Sie die Spiegelung innerhalb der Analytischen Geometrie, wenn g

- die y-Achse,
- die x-Achse,
- die erste Winkelhalbierende

ist.

Da Spiegelungen über eine konkrete Konstruktion definiert wurden, muss man zeigen, dass eine Spiegelung auch eine Kongruenzabbildung ist, also Abstände erhält.

Spiegelungen sind Kongruenzabbildungen

Aufgabe 13 Sei σ eine Spiegelung. Seien P, Q zwei verschiedene Punkte und seien P', Q' ihre Bildpunkte.

Zeigen Sie, dass der Abstand von P und Q gleich dem Abstand von P' und Q' ist. Unterscheiden Sie dabei verschiedene Fälle, die sich darauf beziehen, wie P und Q zur Geraden g liegen:

- P, Q liegt auf g,
- P liegt auf g, Q nicht auf g,
- PQ steht senkrecht auf g,
- und so weiter.

Man kann Spiegelungen auch im 3-dimensionalen Raum betrachten. Dies ist sogar die natürlichere Vorstellung einer Spiegelung.

Spiegelungen im 3-dimensionalen Raum

Aufgabe 14 Verallgemeinern Sie die Definition einer Spiegelung auf den 3-dimensionalen Raum: Die Spiegelung an der Ebene E ist ...

Ein senkrecht stehender Spiegel

Aufgabe 15 Wie groß muss ein senkrecht stehender Spiegel sein, in dem Sie sich vollständig sehen können? Hängt die Größe des Spiegels von Ihrer Entfernung vom Spiegel ab?

Neben der Beschreibung einzelner Typen von Kongruenzabbildungen kann man diese auch klassifizieren. Die Grundlage dafür ist der Satz, dass jede Kongruenzabbildung durch Hintereinanderausführung von höchstens drei Spiegelungen dargestellt werden kann. Das ist ein sehr befriedigender Klassifikationssssatz, denn er hat einen nichttrivialen Inhalt, ist aber mit elementaren Mitteln beweisbar. Der Schlüsselbegriff für den Nachweis dieses Satzes ist der Begriff „Fixpunkt"; das ist ein Punkt, der bei einer gegebenen Kongruenzabbildung festgelassen wird. Die entscheidende Aussage ist folgendes Lemma:

Lemma 7.10 (Fixpunkt). Wenn eine Kongruenzabbildung zwei Fixpunkte P und Q hat, dann ist jeder Punkt der Geraden PQ ein Fixpunkt.

Damit kann man die Kongruenzabbildungen dann klassifizieren, je nachdem, ob sie drei nichtkollineare Fixpunkte haben (die Identität), eine Gerade mit Fixpunkten (Spiegelung), nur einen Fixpunkt (Produkt von zwei Spiegelungen) oder keinen Fixpunkt (Produkt von zwei oder drei Spiegelungen).

Eine besondere Rolle spielen die Kongruenzabbildungen aus zwei Spiegelungen: Wenn die Spiegelachsen der Spiegelungen parallel sind, handelt es sich um eine Verschiebung; wenn sich die Spiegelachsen in einem Punkt Z schneiden, handelt es sich um eine Drehung um das Zentrum Z.

Die bisherigen Betrachtungen studieren jeweils eine Kongruenzabbildung. Ein höherer Standpunkt besteht darin, die Menge aller Kongruenzabbildungen beziehungsweise geeignete Untergruppen davon in den Blick zu nehmen.

Abbildungen dienen grundsätzlich dazu, Objekte zu vergleichen. Mit einer Abbildung kann man ein festes Objekt mit einem anderen vergleichen und feststellen, ob es „äquivalent" zu dem ursprünglichen ist. Durch die Betrachtung von Gruppen von Abbildungen wird diese Überlegung auf eine höhere Ebene gehoben. Jetzt interessiert man sich für alle „äquivalenten" Objekte und studiert die Eigenschaften dieser Mengen. Ein wichtiger Begriff ist der der Transitivität: Eine Gruppe operiert transitiv, wenn je zwei Objekte „äquivalent" sind. Genauer gesagt ist es das Ziel, das Transitivitätsverhalten von Gruppen aus Kongruenzabbildungen zu untersuchen.

Definition 7.11 (Transitivität). Eine Gruppe G operiert *transitiv* auf einer Menge M, wenn es zu je zwei Elementen m_1, m_2 von M ein Element g aus G gibt mit $g(m_1) = m_2$. Man sagt, dass G *scharf* transitiv operiert, wenn es zu beliebigen $m_1, m_2 \in M$ genau ein g aus G gibt mit $g(m_1) = m_2$.

Zum Beispiel ist die Gruppe aller Translationen scharf transitiv auf der Punktmenge. Die Gruppe K aller Kongruenzabbildungen operiert transitiv auf jeder Menge von kongruenten Dreiecken. Dies ermöglicht eine Verallgemeinerung des Kongruenzbegriffs auf Vielecke, Kreise, Ellipsen und so weiter, ja auf beliebige Mengen:

Definition 7.12 (Kongruente Figuren). Zwei Mengen M und M' von Punkten werden *kongruent* genannt, wenn es eine Kongruenzabbildung α gibt mit $\alpha(M) = M'$.

Die Gruppe G aller geraden Abbildungen (das heißt Verschiebungen und Drehungen) operiert scharf transitiv auf Punktepaaren mit gleichem Abstand.

Die Transitivitätseigenschaft dieser Gruppen wird besonders wichtig bei der Untersuchung der Symmetrie von Vielecken.

Definition 7.13 (Fahne). Eine *Fahne* ist ein Tripel (P, g, H), wobei P ein Punkt der Geraden g und H eine Halbebene von g ist.

Die Gruppe aller Kongruenzabbildungen operiert scharf transitiv auf der Menge aller Fahnen.

Reguläre n-Ecke

Aufgabe 16 Sei V ein konvexes n-Eck. Ein solches Vieleck bestimmt $2n$ Fahnen. Denn jede Ecke inzidiert mit genau zwei Kanten, und zu jeder Kante gehört eine Halbebene, nämlich diejenige, die die restlichen Ecken von V enthält. Zeigen Sie:

(a) Jede Symmetrie von V (das heißt eine Kongruenzabbildung, die V in sich überführt) führt ein Fahne von V wieder in eine Fahne von V über.

(b) Die Gruppe der Symmetrien von V hat höchstens $2n$ Elemente.

(c) Angenommen, die Gruppe der Symmetrien von V hat tatsächlich $2n$ Elemente. Dann sind alle Kanten von V gleich lang und alle Winkel von V gleich groß. (Also ist V regulär.)

(d) An welcher Stelle wurde benutzt, dass V konvex ist?

Die Symmetriegruppe eines regulären n-Ecks besteht aus n Drehungen (inklusive der Identität) und n Spiegelungen. Man nennt diese Gruppe eine Diedergruppe (vgl. Martin 1982).

Zum Abschluss dieses Abschnitts der Veranstaltung bietet es sich an, den Satz zu behandeln, der auf Leonardo DA VINCI (1452-1519) zurückgeführt wird:

Satz 7.14 (Charakterisierung endlicher Gruppen von Kongruenzabbildungen). Eine endliche Gruppe aus Kongruenzabbildungen ist entweder eine Diedergruppe oder eine zyklische Gruppe.

7.1.5 Diskrete Geometrie

In diesem Teil der Vorlesung werden exemplarisch einige klassische Themen der diskreten Geometrie behandelt. Auch hierbei wird eine Vertrautheit mit der ebenen beziehungsweise räumlichen euklidischen Geometrie vorausgesetzt.

Parkette sind zwar erst durch Johannes KEPLER (1571-1630) zu einem Thema der Mathematik geworden. Aber disjunkte Aufteilungen von Flächen in kleinere spielten bei Flächenberechnungen schon immer eine Rolle.

Definition 7.15 (Parkett). Ein *Parkett* ist eine Überdeckung der Ebene durch Parkettsteine, die sich höchstens in Randpunkten berühren.

Wir betrachten Parkette, deren Parkettsteine Vielecke sind und bei denen sich zwei verschiedene Parkettsteine entweder in keinem Punkt oder in einer Ecke schneiden oder eine vollständige Kante gemeinsam haben.

Definition 7.16 (Reguläres Parkett). Ein Parkett heißt *regulär*, wenn alle Parkettsteine reguläre n-Ecke sind.

Schon KEPLER hat gezeigt, dass reguläre Parkette aus regulären Dreiecken, Quadraten oder Sechsecken bestehen müssen.

Man kann die Beweismethode für diesen Satz verallgemeinern und gleichzeitig besser verstehen, wenn man die semiregulären Parkette betrachtet. Deren Parkettsteine sind reguläre Vielecke (mit unterschiedlicher Eckenanzahl); diese sind so angeordnet, dass jede Ecke „gleich aussieht". Zur Klassifikation *semiregulärer* Parkette bestimmt man zunächst alle Eckenfiguren, also alle möglichen Anordnungen von regulären Vielecken an einer Ecke. Im zweiten Schritt muss man dann klären, welche dieser lokalen Eckenfiguren sich zu einem globalen Parkett fortsetzen lassen.

Eckenfiguren

Aufgabe 17 Unter einer Eckenfigur versteht man eine Menge von regulären Vielecken, die lückenlos und überlappungsfrei an einen Punkt angrenzen, der eine gemeinsame Ecke all dieser Vielecke ist. Zum Beispiel bilden vier Quadrate, die sich in einer gemeinsamen Ecke treffen, eine Eckenfigur.

Im Folgenden sollen alle Eckenfiguren klassifiziert werden.

(a) Jede Eckenfigur besteht aus höchstens 6 Vielecken. (Wie groß ist der kleinste Innenwinkel, der in einem regulären Vieleck auftreten kann?)

(b) Welches sind die Eckenfiguren aus genau 6 regulären Vielecken?

(c) Welches sind die Eckenfiguren aus genau 5 regulären Vielecken? (Beachten Sie, dass sich die Winkel der Vielecke insgesamt zu genau 360° ergänzen müssen.)

(d) Versuchen Sie, nach ähnlichem Schema alle Eckenfiguren aus 4 und 3 regulären Vielecken zu bestimmen.

Ein Thema, das eine enge Verwandtschaft mit den regulären Parketten aufweist, sind Kreispackungen. Darunter versteht man eine Menge von gleichgroßen Kreisscheiben, die sich paarweise in höchstens einem Randpunkt treffen. Man kann die Dichte der regulären hexagonalen Packung bestimmen. Davon ausgehend kann man die Sätze von Joseph Louis LAGRANGE (1773) und László FEJES TÓTH (1940) behandeln, die für den Fall einer gitterförmigen Packung beziehungsweise einer allgemeinen Packung zeigen, dass die Dichte der hexagonalen Packung die beste ist. Außerdem kann man die weit schwierigere Frage der Kugelpackungen im Raum ansprechen.

Abschließend bietet sich ein kurzer Ausflug in die Welt der Polyeder an. Was ein konvexes Polyeder ist, ist anschaulich „klar"; präzise kann man definieren:

Definition 7.17 (Konvexes Polyeder). Ein *konvexes* Polyeder ist ein beschränkter Schnitt endlich vieler Halbräume.

Man kann sich ein Polyeder so vorstellen, dass es ein beschränkter Körper ist, der durch ebene Flächen begrenzt wird. Wir bezeichnen die Anzahl der Ecken mit e, die der Kanten mit k und die der Flächen eines Polyeders mit f. Eine der wichtigsten Erkenntnisse über konvexe Polyeder ist die Eulersche Polyederformel.

Satz 7.18 (Eulersche Polyederformel). Für jedes konvexe Polyeder gilt $e - k + f = 2$.

Interessanterweise ist es EULER nicht gelungen, einen allgemeingültigen Beweis für diese Tatsache zu finden. Heutige Beweise beruhen auf zwei Grundideen: Zunächst projiziert man das Polyeder so auf eine Ebene, dass in der Projektion die Kanten überschneidungsfrei sind. So erhält man einen ebenen „Graphen". Die zweite Idee besteht darin, die Eulersche Polyederformel nicht nur für diese Projektionen, sondern für alle ebenen Graphen zu zeigen. Dies ist deswegen von Vorteil, weil man auf diese Weise durch Induktion (zum Beispiel nach der Anzahl der Kanten) vorgehen kann.

Definition 7.19 (Platonische Körper). Ein konvexes Polyeder heißt *platonischer Körper*, wenn jede Seitenfläche ein reguläres n-Eck ist und an jeder Ecke die gleiche Zahl von Seitenflächen zusammenkommen.

Platonische Körper

Aufgabe 18 Schon in der Antike war bekannt (Satz von Theaitetos), dass es genau fünf Platonische Körper gibt, Tetraeder, Würfel, Oktaeder, Ikosaeder und Dodekaeder.

(a) Sei K ein konvexer Körper, dessen Seitenflächen reguläre n-Ecke sind. Wie sehen die möglichen Eckenfiguren aus?

(b) Beweisen Sie, dass es nur fünf Platonische Körper gibt.

(c) Gibt es einen Körper, der sechs Seitenflächen hat, die gleichseitige Dreiecke sind? Ist dies ein platonischer Körper?

7.2 Elementare Algebra

Algebra im Mathematikunterricht der Schule findet vor allem in der Sekundarstufe I statt und behandelt die Themenkomplexe Arithmetik, Gleichungen und Funktionen. Das Thema der Arithmetik sind Zahlen, insbesondere die Zahlbereiche der natürlichen Zahlen, der (positiven) Bruchzahlen, der rationalen und der reellen Zahlen und die in diesen Zahlbereichen möglichen Rechenoperationen. Dabei spielen bei den natürlichen Zahlen und bei den Dezimalbrüchen auch Stellenwertsysteme eine Rolle. Beim Thema Gleichungen und Funktionen werden Beziehungen zwischen Zahlen erforscht. Lösungen von Gleichungen spielen in der Mathematik eine zentrale Rolle, sie stellen eine durchgängige Verbindung zwischen Geometrie und Algebra her.

In einer klassischen *Algebra*-Vorlesung kommt die Arithmetik im Sinne von Zahlentheorie nur am Rande vor, während Gleichungen ein zentrales Thema sind, allerdings unter dem Aspekt der Auflösung von Polynomen (mit einer Variablen) und auf einem sehr hohen und abstrakten Niveau. Üblicherweise werden die Themen Gruppen, Ringe, Körper systematisch behandelt; die Vorlesung kulminiert in der Galois-Theorie, um schließlich die Frage der Auflösbarkeit von Gleichungen zu beantworten. Dabei handelt es sich um ein zentrales Gebiet der Mathematik, das in besonderer Weise das Potenzial mathematischer Strukturen verdeutlicht. Man denke, neben der Auflösbarkeit von Gleichungen, nur an die klassischen Probleme der Antike (Verdoppelung des Würfels, Dreiteilung des Winkels, Quadratur des Kreises), deren Unlösbarkeit erst 2000 Jahre nach ihrer Formulierung bewiesen werden konnte.

So lohnenswert dieses Ziel ist, ist es doch bedauerlich, dass die Studierenden andere schulrelevante algebraischen Inhalte und Methoden nicht kennenlernen. Unter dem Gesichtspunkt der Professionsorientierung ist es zwingend erforderlich, dass die Studierenden den fachmathematischen Hintergrund der Schulalgebra explizit erfahren.

Daher schlagen wir eine Neuorientierung der *Algebra*-Veranstaltung für Lehramtsstudierende vor, die sich einerseits elementarer algebraischer Inhalte annimmt, andererseits aber dezidiert für Studierende gedacht ist, die auch in der Sekundarstufe II unterrichten („Gymnasiallehrerinnen und -lehrer") und denen substanzielle und beziehungsreiche Mathematik geboten werden soll.

Die *Elementare Algebra* entspricht in mindestens dreierlei Hinsicht den Zielen von
Mathematik Neu Denken:

- Sie behandelt die Schulalgebra von einem höheren Standpunkt, der den Studierenden Einsicht vermittelt. Sie stellt auch eine inhaltliche Neuorientierung
  dar.
- Durch die Elementarität des Vorgehens haben Studierenden auch die Möglichkeit, sich den Stoff und die Methoden anzueignen und – auf entsprechendem
  Niveau – selbst forschend zu arbeiten und so den Prozess des Mathematikma-
  chens authentisch zu erfahren (siehe S. 14).
- An zahlreichen Stellen bietet die Veranstaltung Ausblicke in Anwendungen und
  gewährt den Studierenden Eindrücke von der Tiefe der Mathematik.

Die Veranstaltung wurde bislang einmal an der Universität Gießen gehalten. Der Aufbau war dabei wie folgt.

7.2.1 Die natürlichen Zahlen

In einem Einleitungskapitel der Veranstaltung wird der Begriff der natürlichen Zahlen entfaltet. Die ersten Zeiterfahrungen der Menschen wurden angeregt durch die
andauernde Wiederholung periodischer Vorgänge: Von dem gleichmäßigen Wechsel
von Tag und Nacht, der Wiederholung des Jahresrhythmus bis hin zu der Erfahrung
der gleichmäßigen Schritte beim Gehen oder des Herzschlags – in jedem Fall ist der
Übergang von der bewussten Wahrnehmung dieser Vorgänge bis zum ersten Zählen
gleitend.

Seit etwa 30 000 Jahren werden Zahlen auch schriftlich festgehalten, und zwar zunächst durch einzelne Striche oder Kerben, deren Anzahl der Zahl entspricht. In gewisser Weise ist das die graphische Umsetzung des Zählens. Besonderes Interesse hat
der Ishango-Knochen hervorgerufen, der 1950 in der heutigen Republik Kongo gefunden wurde. An einer Stelle dieses Knochens sind die Zahlen 11, 13, 17, 19 zu sehen,
was in der Forschung oft als „die Primzahlen zwischen 10 und 20" interpretiert wird.
In der Zeichnung erkennt man oben in Form von entsprechend vielen Einritzungen
die Zahlen 19, 17, 13, 11.

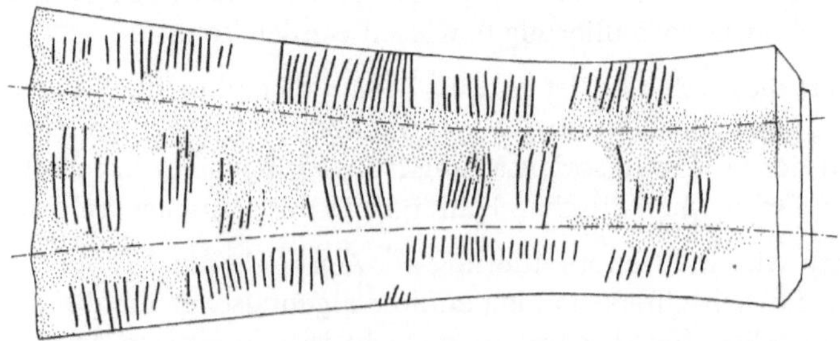

Ishango-Knochen[51]

---

[51] Abdruck mit freundlicher Genehmigung des Muséum des Sciences naturelles (Brüssel).

Es ist interessant, dass die „Peano-Axiome" (DEDEKIND 1888, PEANO 1889) im Grunde das gewohnte Zählen aufgreifen und im Prinzip „nur" den intuitiven Zählprozess formalisieren. Die Grundidee ist, eine geeignete Nachfolgerfunktion zu fordern, die jeder natürlichen Zahl n eine natürliche Zahl n' als Nachfolger zuordnet. Man fordert (in heutiger Sprache), dass diese Zuordnung injektiv ist und dass es eine Zahl gibt (die 1 oder die 0), die nicht Nachfolger einer natürlichen Zahl ist. Das entscheidende Axiom ist das

Axiom 7 (Induktionsaxiom). Wenn eine Teilmenge T der natürlichen Zahlen $\mathbb{N}$ sowohl die Zahl 0 als auch mit jeder natürlichen Zahl n ihren Nachfolger n' enthält, dann ist $T = \mathbb{N}$.

Im Anschluss daran bietet es sich an, das Beweisprinzip der vollständigen Induktion darzustellen und den Bezug zum Induktionsaxiom herzustellen (vgl. dazu auch 5.1.2). Man kann das Prinzip der vollständigen Induktion an zahlreichen Beispielen üben. Wenn man die Algebra auch historisch verankern will, bietet sich ein Exkurs zum Themenkreis „figurierte Zahlen" an.

In der Schule des PYTHAGORAS wurden, soweit wir wissen, zum ersten Mal Eigenschaften von Zahlen betrachtet, die sich nicht allein auf die Größe einer Zahl beziehen. So haben die Pythagoreer zum Beispiel zwischen geraden und ungeraden Zahlen unterschieden. Ihr besonderes Interesse galt den so genannten „figurierten Zahlen". Sie legten Zählmarken, zum Beispiel Steinchen, so aus, dass diese ein Dreieck, ein Quadrat oder eine komplizierte geometrische Form bildeten. Sie nannten die zugehörigen Anzahlen dann Dreieckszahlen, Quadratzahlen und so weiter.

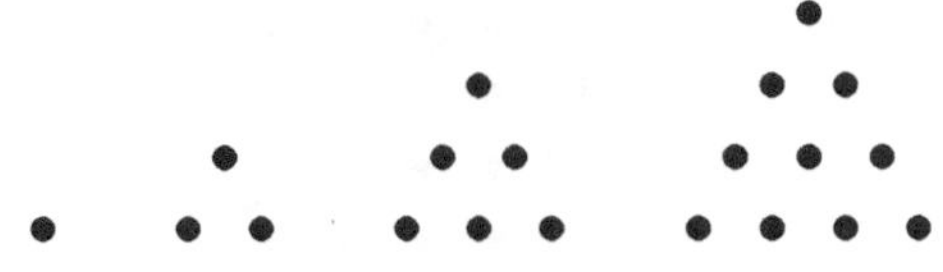

Die ersten vier Dreieckszahlen

Aus diesen Darstellungen kann man leicht rekursive Definitionen der Dreieckszahlen und der Quadratzahlen ableiten. Wenn man mit d_n die n-te Dreieckszahl bezeichnet, dann ist $d_n = d_{n-1} + n$. Denn die n-te Dreieckszahl entsteht aus der vorigen, indem man eine weitere Zeile von Punkten unten anfügt.

Explizit lassen sich die Dreieckszahlen durch folgende Formel beschreiben:

$$d_n = \frac{n(n+1)}{2}$$

Dies kann man – natürlich – mit Induktion beweisen. Man sollte an dieser Stelle aber auch auf den Trick hinweisen, der oft dem kleinen Carl Friedrich GAUSS zugeschrieben wird. Diese Aufgabe und ihre Lösung sind aber schon viel älter.

ALKUIN VON YORKS Leiter mit 100 Sprossen

In den *Propositiones ad acuendos iuvenes* des Alkuin VON YORK (ca. 735-804) lesen wir die Aufgabe einer Leiter mit 100 Sprossen:

> „Eine Leiter hat 100 Sprossen. Auf der ersten Sprosse saß eine Taube, auf der zweiten Sprosse 2, auf der dritten 3, auf der vierten 4, auf der fünften 5, und so auf jeder Sprosse bis zur hundertsten. Sage, wer es kann, wie viele Tauben es im Ganzen waren."

Auch die Lösung ist durchaus auf den Spuren, die wir bei GAUSS vermuten:

> „Rechne so: Von der ersten Sprosse, auf der eine Taube sitzt, nimm diese weg und setze sie zu den 99 Tauben, die auf der 99. Sprosse sitzen, dort sind es dann 100. Ebenso [setze die Tauben] von der zweiten Sprosse zu [denen von] der 98. Sprosse, und du findest wieder 100. So verbinde immer eine von den oberen Sprossen mit einer von den unteren, und du wirst auf beiden Sprossen immer 100 Tauben finden. Die 50. Sprosse aber bleibt allein und hat keine entsprechende. Ebenso bleibt auch die 100. allein. Fasse alle zusammen, und du findest 5050 Tauben."
>
> Folkerts und Gericke 1993, S. 348 f.

Eine andere Möglichkeit eines Beweises ist das folgende Bild, das einen „Beweis ohne Worte" für die Formel $2 \cdot (1 + 2 + \ldots + n) = n \cdot (n + 1)$ darstellt.

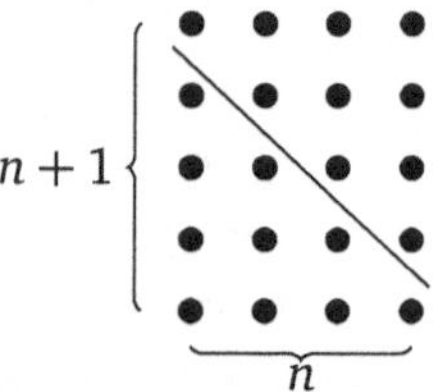

Viel bekannter als Dreieckszahlen sind die Quadratzahlen. Diese sind den Studierenden bekannt durch die explizite Formel $q_n = n^2$.

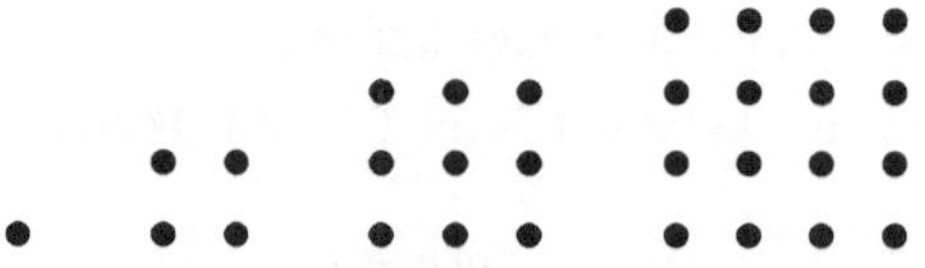

Die ersten vier Quadratzahlen

Die Quadratzahlen können aber auch durch eine rekursive Beziehung charakterisiert werden: Die $(n+1)$-te Quadratzahl entsteht aus der vorigen, indem man die $(n+1)$-te ungerade Zahl addiert: $q_{n+1} = q_n + (2n+1)$. Der folgende „Beweis ohne Worte" macht dies auch klar.

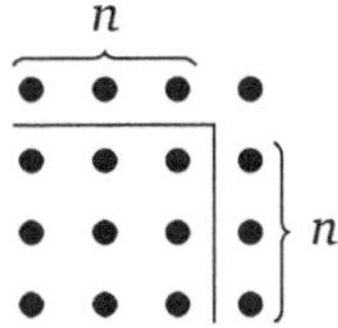

Natürlich kann man die rekursive Formel für die Quadratzahlen auch durch eine einfache Anwendung der binomischen Formel beweisen.

Beweise ohne Worte

Aufgabe 19 Übersetzen Sie die beiden „Beweise ohne Worte" in formale Sprache und diskutieren Sie diese, indem Sie die folgenden Fragen berücksichtigen:

(a) Sind diese Beweise jeweils nur ein Beispiel oder stellen sie den „allgemeinen Fall" dar?

(b) Was ist der Vorteil der formalen Schreibweise, welcher der der bildlichen Darstellung?

Die Beweise ohne Worte haben im Kontext von *Mathematik Neu Denken* eine besondere Bedeutung. Sie stellen zwar in einer präformal-inhaltlichen Weise, aber mathematisch korrekt einen vollgültigen Beweis dar. Die Studierende erfahren dabei nicht nur Beweise, in der Regel sogar besonders schöne Beweise, sondern sie erfahren auch die „Erkenntnismomente", in denen einem auf einen Schlag „alles klar" wird. Diese Beweise haben den Vorteil, dass sie auf fast jeder Alters- und mathematischen Entwicklungsstufe genutzt werden können. Eine gute Übung für Lehramtsstudierende besteht darin, einen Beweis ohne Worte in formaler Sprache wiederzugeben und so die Erfahrung zu machen, wie einerseits ein konkretes Arrangement in formaler Sprache aufgehoben ist und andererseits zu sehen, dass auch im Formalen noch das Konkrete sichtbar ist.

Eine der berühmtesten und wichtigsten Zahlenfolgen bilden die so genannten Fibonacci-Zahlen. Diese wurden allerdings nicht in der Antike betrachtet, sondern erst 1202 durch Fibonacci (= Leonardo von Pisa, ca. 1175-1241 n. Chr.) über die berühmte Kaninchenaufgabe in seinem Buch *Liber abaci* eingeführt (vgl. Sigler 2002, S. 404 f.). Man kann die Fibonacci-Zahlen am einfachsten mittels ihrer Rekursionseigenschaft definieren.

Definition 7.20 (Die Fibonacci-Zahlen). Die *Fibonacci-Zahlen* sind rekursiv definiert durch $f_{n+1} := f_n + f_{n-1}$. Das heißt: Jede Fibonacci-Zahl ist die Summe ihrer beiden Vorgänger. Außerdem sieht man: $f_0 := 1, f_1 := 1$.

Zahlreiche Eigenschaften der Fibonacci-Zahlen kann man mit Induktion beweisen. Die wichtigste ist vermutlich die explizite Formel, auch Binet-Formel genannt[52]:

$$f_n = \frac{1}{\sqrt{5}} \left[\left(\frac{1+\sqrt{5}}{2} \right)^n - \left(\frac{1-\sqrt{5}}{2} \right)^n \right]$$

---

[52] Die Fibonacci-Zahlen und ihre vielfältigen Verbindungen können beispielsweise auch als Fragestellung für eine selbstständige Erschließung des Themenfelds in einer Hausarbeit dienen, vgl. dazu 5.1.5.

Fibonacci-Zahlen

Aufgabe 20

(a) Zeigen Sie die Binet-Formel.

(b) Zeigen Sie: $f_n^2 = f_{n-1} \cdot f_{n+1} + (-1)^2$.

(c) Zeigen Sie: $f_0 + f_1 + \ldots + f_n = f_{n+2} - 1$.

Die Beweise sind technisch etwas anspruchsvoll, aber prinzipiell elementar durchführbar.

Zu den wichtigsten Formeln der Mathematik gehören zweifellos die binomischen Formeln. Wichtig sind sie vor allem, weil sie Algebra, Geometrie und Kombinatorik eng miteinander verbinden und so charakteristisches Beispiel für den Beziehungsreichtum in der Mathematik sind.

Die so genannte „erste binomische Formel" $(a + b)^2 = a^2 + 2ab + b^2$ kann natürlich technisch leicht verifiziert werden, indem man $(a + b)^2 = (a + b)(a + b)$ distributiv ausrechnet. Man kann sich aber auch anhand der folgenden Skizze von der geometrischen Bedeutung der Formel beziehungsweise deren Nachweis überzeugen:

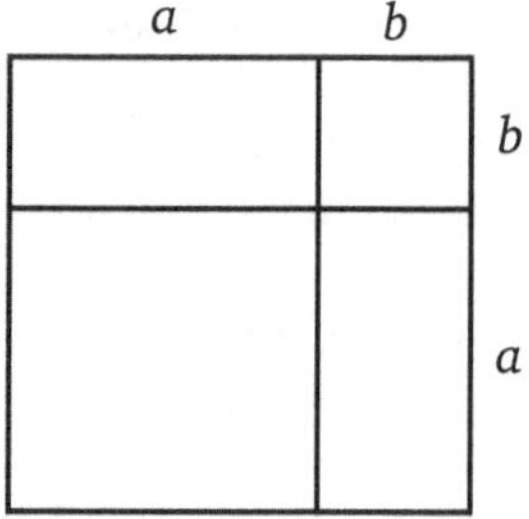

Binomische Formel dritten Grades

Aufgabe 21 Wie sieht ein 3-dimensionales Modell für die „binomische Formel 3. Grades" $(a + b)^3 = a^3 + 3a^2 b + 3ab^2 + b^3$ aus?

Um die allgemeine binomische Formel $(a + b)^n$ zu bestimmen, ist es sinnvoll, vorab die Binomialzahlen (Binomialkoeffizienten) zu definieren: Mit $\binom{n}{k}$ bezeichnen wir die Anzahl der k-elementigen Teilmengen einer n-elementigen Menge; diese Zahlen heißen Binomialzahlen beziehungsweise Binomialkoeffizienten. Es gibt grundsätzlich zwei Arten, diese Zahlen zu bestimmen: Entweder über die Rekursionsformel

$$\binom{n}{k} = \binom{n-1}{k} + \binom{n-1}{k-1}$$

oder über die explizite Formel

$$\binom{n}{k} = \frac{n!}{k!(n-k)!}.$$

Die Rekursionsformel findet unmittelbaren Eingang in das Pascalsche Dreieck. Dies scheint ein so faszinierendes und gleichzeitig elementares Objekt zu sein, dass es zu vielen Zeiten und an vielen Orten „erfunden" wurde. Man weiß, dass es schon im 10. Jahrhundert in Indien und Persien bekannt war. Im 13. Jahrhundert wurde es von Yang HUI in China eingeführt. Es zierte 1531 das Titelblatt eines Buches von Peter APPIAN (1495-1552) und wurde in Italien von Niccoló TARTAGLIA (1499-1557) untersucht. Schließlich wurde es von Blaise DE PASCAL 1655 in seinem *Traité du triangle arithmétique* ausführlich behandelt.

$$
\begin{array}{ccccccccccc}
 & & & & & 1 & & & & & \\
 & & & & 1 & & 1 & & & & \\
 & & & 1 & & 2 & & 1 & & & \\
 & & 1 & & 3 & & 3 & & 1 & & \\
 & 1 & & 4 & & 6 & & 4 & & 1 & \\
1 & & 5 & & 10 & & 10 & & 5 & & 1 \\
\end{array}
$$

In der Tat zeigt das Pascalsche Dreieck eine Fülle von Eigenschaften, die sich auch als Übungsaufgaben im Rahmen der *Algebra*-Vorlesung eignen:

Pascalsches Dreieck

Aufgabe 22

(a) Interpretieren Sie die Elemente des Pascalschen Dreiecks als Binomialzahlen. Schreiben Sie die ersten vier Zeilen des Pascalsche Dreiecks in Form von Binomialzahlen. Machen Sie sich klar, dass das Bildungsgesetz des Pascalschen Dreiecks der Rekursionsformel für Binomialzahlen entspricht.

(b) Wo stehen im Pascalschen Dreieck die Binomialzahlen mit gleichem „n"; wo die mit gleichem „k"?

(c) Das Pascalsche Dreieck ist symmetrisch. Formulieren Sie diese Eigenschaft mit Hilfe der Binomialzahlen. Wie lautet die inhaltliche Deutung dieser Eigenschaft?

(d) Was ergibt sich als Summe der Zahlen in einer Zeile? Wie kann man das Ergebnis inhaltlich interpretieren?

(e) Was ist die alternierende Summe der Zahlen einer Zeile (das heißt abwechselnd + und −)? Wie kann man das Ergebnis inhaltlich interpretieren?

(f) Wo stehen die Dreieckszahlen im Pascalschen Dreieck?

(g) Wenn die zweite Zahl einer Zeile (also die Zahl, die nach der 1 kommt) eine Primzahl p ist, dann sind alle Zahlen in dieser Zeile (mit Ausnahme der beiden Einsen) durch p teilbar. Warum?

Mit Hilfe der Rekursionsformel kann man auch den „binomischen Lehrsatz" induktiv berechnen. Dieser lautet:

$$(x+y)^n = \sum_{k=0}^{n} \binom{n}{k} x^{n-k} y^k$$

Wir führen den Beweis zunächst in einem einfachen Fall durch:

$$(a + b)^4 = (a + b)^3(a + b)$$

$$= \left(\binom{3}{0} a^3 + \binom{3}{1} a^2 b + \binom{3}{2} ab^2 + \binom{3}{3} b^3 \right) (a + b)$$

$$= (a^3 + 3a^2 b + 3ab^2 + b^3)(a + b)$$

$$= a^4 + 3a^3 b + a^2 b^2 + a^3 b + 3a^2 b^2 + 3ab^3 + b^3$$

$$= \ldots$$

Binomischer Lehrsatz

Aufgabe 23

(a) Beweisen Sie den binomischen Lehrsatz im Fall $n = 5$.

(b) Beweisen Sie den binomischen Lehrsatz für allgemeines n.

(c) Was ergibt sich, wenn man $a = b = 1$ setzt? Können Sie das Ergebnis inhaltlich interpretieren? Genauer gefragt: Lassen sich mit dieser Formel Fragen des Typs „Wie viele Objekte einer gewissen Sorte gibt es?" beantworten?

(d) Was ergibt sich, wenn man $a = 1$, $b = -1$ setzt? Können Sie das Ergebnis inhaltlich-kombinatorisch interpretieren?

7.2.2 Elementare Zahlentheorie

Die elementare Theorie der natürlichen beziehungsweise ganzen Zahlen bildet einen wesentlichen Teil der Algebra. Das ist dasjenige Gebiet, was dem Schulstoff der „Arithmetik" entspricht.

Es geht zunächst um den Begriff der „Teilbarkeit". Für zwei beliebige ganze Zahlen a und b wird es in der Regel nicht so sein, dass b ein ganzzahliges Vielfaches von a ist. In dieser seltenen Situation nennt man a einen *Teiler* von b und sagt, *a teilt b*.

Definition 7.21 (Teiler). Seien $a, b \in \mathbb{Z}$. Man sagt, dass a die Zahl b teilt, falls es eine ganze Zahl q gibt mit $a \cdot q = b$

Man braucht zunächst nur sehr elementare Eigenschaften der Teilerbeziehung. Die wichtigste ist die folgende:

Lemma 7.22 (Teilbarkeit). Wenn a zwei ganze Zahlen teilt, so teilt a auch deren Summe und deren Differenz.

Geometrisch entspricht dies der „Wechselwegnahme", einem Verfahren, mit dem schon in der griechischen Antike erfolgreich argumentiert wurde. Dies ist die Grundlage für den Euklidischen Algorithmus, mit dem man dann den größten gemeinsamen Teiler zweier ganzer Zahlen effizient bestimmen kann (vgl. dazu auch 5.3).

Der zweite große Begriff ist der Begriff des „Stellenwertsystems". Den Studierenden ist das Dezimalsystem vertraut, fast zu vertraut; viele kennen auch das Binärsystem. Zunächst soll gezeigt werden, dass man jede natürliche Zahl $b > 1$ als Basis eines Stellenwertsystems wählen kann. Dabei sollte Wert auf die Unterscheidung zwischen Zahlen und Ziffern gelegt werden(Ziffern sind die natürlichen Zahlen zwischen 0 und $b - 1$). Außerdem sollte man betonen, dass eine Zahl in einem Stellenwertsystem *dargestellt wird* (und nicht die Folge ihrer Ziffern „ist"). Interessant ist, dass die Babylonier bereits ca. 2500 v. Chr. ein Stellenwertsystem benutzten, und zwar zur Basis 60. Dies zeigt sich noch heute bei der Einteilung einer Stunde in 60 Minuten und einer Minute in 60 Sekunden, sowie bei der Gradeinteilung. Die Wahl der Basis 60 wird oft so begründet, dass die Zahl 60 viele Teiler hat. Dies hat zur Folge, dass man viele Brüche als abbrechende „Kommazahlen" schreiben kann. Im Dezimalsystem kann man nur die Brüche $\frac{1}{2}$ und $\frac{1}{5}$ als einstellige Dezimalbrüche schreiben.

Stellenwertsysteme im Vergleich

Aufgabe 24

(a) Welche Stammbrüche können im 60-er System als einstellige „Kommazahlen" geschrieben werden?

(b) Manche Mathematiker sind der Meinung, ein System zur Basis 12 sei besser als unser System zur Basis 10. Stellen Sie Argumente zusammen, die diese Meinung stützen. Warum hat sich, Ihrer Meinung nach, dennoch das Dezimalsystem weitgehend durchgesetzt?

(c) Wo hat sich das Dezimalsystem nicht durchgesetzt? Recherchieren Sie, wo das 20-er System, das 12-er System oder Ähnliches benutzt wurde oder benutzt wird.

Vertrautheit mit den unterschiedlichen Stellenwertsystemen erhalten die Studierenden durch die üblichen Umrechnungen von einem System in ein anderes. In der Vorlesung werden aber die Stellenwertsysteme auch dazu benutzt, die bekannten Teilbarkeitsregeln (Teilbarkeit durch 2, durch 3, und so weiter), zu erläutern.
Den Endstellenregeln liegt die Idee zu Grunde, dass man bereits an der „Einerstelle" (oder den letzten wenigen Stellen) gewisse Teilbarkeiten erkennen kann. Bekannt sind den Studierenden die Teilbarkeitsregeln durch 2, 5 und 10. Man kann sich diese Regeln auf verschiedenen Ebenen klar machen: Zunächst macht ein Beispiel deutlich, wie die Regel funktioniert: 26 ist eine gerade Zahl (denn $26 = 2 \cdot 13$); andererseits ist die Endziffer gerade. An einem größeren Beispiel kann man sich auch klar machen, *warum* die Regel funktioniert. Dazu betrachten wir eine beliebige Zahl, etwa $357E$, wobei E die Einerziffer sein soll. Dann ist die Zahl „ohne die Einerziffer", also 3570 in jedem Fall gerade. Es hängt nur noch von der Endziffer ab, ob die gesamte Zahl gerade oder ungerade ist. Wenn die Endziffer gerade ist, ist auch $357E$ gerade, denn sie ist Summe der beiden geraden Zahlen 3570 und E.
Man kann das Beispiel so verallgemeinern, dass ein Beweis daraus wird: Sei n eine beliebige natürliche Zahl mit Endziffer E (im Dezimalsystem). Dann ist stets $n - E$ durch 2 teilbar; denn $n - E$ ist sogar ein Vielfaches von 10. Also ist n genau dann

gerade, wenn E gerade ist. Diesen Beweis kann man auf beliebige Stellenwertsysteme zur Basis b verallgemeinern:

Lemma 7.23 (Stellenwert zur Basis b). Sei n eine im Stellenwertsystem zur Basis b dargestellte Zahl mit Einerziffer E. Dann ist $n - E$ ein Vielfaches von b.

Also kann man für jeden Teiler a von b die Teilbarkeit durch a an der letzten Stelle ablesen. Man kann die Studierenden einige dieser Regeln explizit formulieren lassen, etwa zu den Basen $b = 2, 5, 6$.

Bei den Quersummenregeln werden an der Quersumme einer natürlichen Zahl n die Teilbarkeiten von n abgelesen. Diese Regeln sind etwas schwieriger zu beweisen. Bekannt sind die Regeln der Teilbarkeit durch 9 und durch 3. Wieder beginnen wir mit einem Beispiel. Wir betrachten die Zahl 3573. Diese muss man zunächst in ihre Bestandteile bezüglich des Dezimalsystems zerlegen, sie also auffassen als Summe von 3 Tausendern, 5 Hundertern, 7 Zehnern und 3 Einsern, oder, auf mathematisch etwas höherem Niveau aufgeschrieben:

$$3 \cdot 10^3 + 5 \cdot 10^2 + 7 \cdot 10^1 + 3 \cdot 10^0.$$

Wenn man von dieser Zahl ihre Quersumme abzieht, ergibt sich

$$3 \cdot 10^3 + 5 \cdot 10^2 + 7 \cdot 10^1 + 3 \cdot 10^0 - (3 + 5 + 7 + 3) = 3 \cdot 999 + 5 \cdot 99 + 7 \cdot 9,$$

also eine durch 9 teilbare Zahl – und zwar unabhängig davon, welchen Wert die Ziffern haben. Damit ist 3573 durch 9 teilbar, weil ihre Quersumme durch 9 teilbar ist.

Nach einem solchen Beispiel fällt es leicht, im Allgemeinen zu beweisen, dass für jede natürliche Zahl n gilt, dass $n - Q(n)$ durch 9 teilbar ist, wobei $Q(n)$ die Quersumme von n ist. Daher ist n genau dann durch 9 teilbar, wenn $Q(n)$ durch 9 teilbar ist.

Von WINTER (1985) stammt ein Verfahren, das die 9-er Regel enaktiv erfahrbar macht. Eine natürliche Zahl sei im Dezimalsystem dargestellt, und zwar so, dass an jeder Stelle so viele Steinchen liegen, wie die entsprechende Ziffer angibt. Wenn man ein Steinchen ein Spalte weiter nach rechts legt, verändert man die Zahl um ein Vielfaches von 9. Daher kann man auch alle Steinchen auf die Einerposition legen, und hat dabei die Zahl nur um ein Vielfaches von 9 geändert. Da jetzt auf der Einerstelle die Summe aller Ziffern, also die Quersumme liegt, ergibt sich die 9-er Regel.

Quersummenregel

Aufgabe 25 Was sagt die Quersummenregel für Zahlen aus, die in einem Stellenwertsystem zur Basis b dargestellt sind? Formulieren Sie die entsprechenden Aussagen für die Fälle $b = 6$, $b = 7$, $b = 8$.

Das nächste große Thema sind die Primzahlen. Man kann auch hier wieder an die figurierten Zahlen anschließen.

Definition 7.24 (Rechteckszahlen). Wir nennen eine natürliche Zahl n eine Rechteckszahl, wenn man n Steine als Rechteck legen kann, dessen Seiten jeweils aus mindestens 2 Steinen bestehen.

Zum Beispiel ist 15 eine Rechteckszahl, weil man 15 Steine in einem 3×5-Rechteck anordnen kann. Primzahlen sind nun genau diejenigen natürlichen Zahlen, die keine Rechteckszahlen sind. Positiv heiß das: Eine natürliche Zahl $n > 1$ ist eine Primzahl, wenn 1 und n die einzigen natürlichen Zahlen sind, die n teilen. Die Definition der Primzahlen weist also auf ein Mangelphänomen hin. Primzahlen lassen sich nicht auf kleinere Zahlen zurückführen. Sie sind unzerlegbar und damit die „Atome im Reich der Zahlen".

Man zeigt dann sehr schnell den „Hauptsatz der elementaren Zahlentheorie", der sagt, dass sich jede natürliche Zahl > 1 als Produkt von Primzahlen schreiben lässt, das bis auf die Reihenfolge der Faktoren eindeutig ist. Dazu braucht man im Wesentlichen nur die Tatsache, dass jede natürliche Zahl > 1 von mindestens einer Primzahl geteilt wird.

Um Primzahlen systematisch zu finden, wird das Sieb des Eratosthenes präsentiert. Es sollte hierbei aber klar gemacht werden, dass dies für große Zahlen sehr ineffizient ist. Die Unendlichkeit der Primzahlen wird mit dem Verfahren des EUKLID bewiesen (vgl. Euklid 2005, Buch IX, § 20).

Unendlichkeit der Primzahlen

Aufgabe 26

(a) Variieren Sie den EUKLIDischen Beweis, indem Sie statt $p_1 \cdot p_2 \cdot \ldots \cdot p_r + 1$ die Zahl $p_1 \cdot p_2 \cdot \ldots \cdot p_r - 1$ oder die Zahl $p_1 \cdot p_2 \cdot \ldots \cdot p_r + 2$ betrachten.
Funktioniert der Beweis auch mit diesen Zahlen?

(b) Lesen Sie die Formulierung des Satzes bei EUKLID. Diskutieren Sie, inwiefern sich EUKLIDs Formulierung von der Formulierung „Es gibt unendlich viele Primzahlen" unterscheidet. Worin liegen gegebenenfalls Vorteile von EUKLIDs Formulierung?

Als *Anwendung* schließt sich hier die Behandlung von *Fehler erkennenden Codes* an. Bei diesen wird eine Kontrollziffer so berechnet, dass eine – eventuell gewichtete – Quersumme über alle Ziffern ein Vielfaches von 10 (manchmal auch von 11) ist. Mit Hilfe der Teilbarkeitseigenschaften kann man präzise bestimmen, bei welchen Gewichten die Codes Einzelfehler oder Vertauschungsfehler erkennen. Manche dieser Codes werden praktisch eingesetzt, so zum Beispiel der EAN-Code („Strichcode") auf Lebensmitteln und anderen Waren und der ISBN-Code bei Büchern (vgl. auch Schulz 2003).

Fehler erkennende Codes

Aufgabe 27 Beim EAN-Code wird eine 12-stellige Zahl $z_1, z_2, \ldots, z_{12}$ (die Herkunft, Hersteller und Produkt beschreibt) abwechselnd mit 1 und 3 gewichtet und dann die gewichtete Summe

$$S = 1 \cdot z_1 + 3 \cdot z_2 + 1 \cdot z_3 + 3 \cdot z_4 + \cdots + 3 \cdot z_{12}$$

berechnet. Die Kontrollziffer z_{13} wird nun so bestimmt, dass $S + z_{13}$ eine Zehnerzahl ist.

(a) Überprüfen Sie diese Prozedur an einem von Ihnen gewählten Produkt.

(b) Wie lautet die Kontrollgleichung, die an der Kasse überprüft wird?

(c) Zeigen Sie, dass „Einzelfehler" (an einer Stelle wird eine Ziffer z_i durch eine andere z_i' ersetzt) erkannt werden, das heißt, dass die veränderte Ziffernfolge nicht mehr der Kontrollgleichung genügt.

(d) Werden alle Vertauschungsfehler (d. h. Fehler des Typs $ab \mapsto ba$) erkannt?

7.2.3 Die modulo-Rechnung

Die natürlichen Zahlen sind nicht nur das Modell für das schrittweise Voranschreiten, mit dem man die abzählbare Unendlichkeit erfasst, sondern sie bieten auch ein Modell für ein ganz anderes Phänomen, nämlich für sich periodisch wiederholende Vorgänge. Die Vorstellung ist an das bekannte Uhrenmodell angelehnt: Man betrachtet nur die Zahlen 1 bis 12 (beziehungsweise 0 bis 11) und möchte mit diesen so natürlich wie möglich rechnen. Die Grundidee dazu ist die, dass man 12 zyklisch angeordnete Plätze hat und einfach über 12 hinaus weiter zählt. Alle Zahlen, die demselben Feld zugeordnet werden, nennt man dann äquivalent und repräsentiert sie durch die kleinste natürliche Zahl auf diesem Feld.

Etwas formaler formuliert handelt es sich um das Rechnen mit Restklassen beziehungsweise die „modulo-Rechnung".

Definition 7.25 (Rechnen mit Restklassen). Für eine feste natürliche Zahl $n > 1$ definieren wir die *Restklasse* $[a]$ der Zahl a als die Menge all derjenigen ganzen Zahlen, die bei Division durch n denselben Rest ergeben wie a. Den kleinsten nichtnegativen Repräsentanten der Restklasse $[a]$ bezeichnet man mit $a \bmod n$ („a modulo n"); das ist der kleinste nichtnegative Rest, der entsteht, wenn man a durch n teilt.

Die Menge aller Restklassen bezeichnet man mit $\mathbb{Z}_n$.

Mit Restklassen kann man auch rechnen, indem man Addition und Multiplikation repräsentantenweise definiert. Das heißt, man wählt sich aus jeder Restklasse ein beliebiges Element, führt die entsprechende Operation mit diesen Repräsentanten durch, erhält dadurch eine Zahl und bildet die zugehörige Restklasse. Da die Operationen über Repräsentanten definiert werden, muss man zeigen, dass die Operationen wohldefiniert sind, das heißt, dass das Ergebnis einer Operation nicht von der Auswahl der Repräsentanten abhängt.

Der Restklassenring $\mathbb{Z}_n$

Aufgabe 28

(a) Stellen Sie die Additions- und die Multiplikationstafeln für $\mathbb{Z}_5$ und $\mathbb{Z}_6$ auf.

(b) Stellen Sie gemeinsame und unterscheidende Eigenschaften zusammen.

An dieser Stelle werden in natürlicher Weise die Gesetze des Rechnens (Assoziativ- und Kommutativgesetze sowie Distributivgesetz) deutlich. Man kann auch die Begriffe „Gruppe", „Ring" und „Körper" einführen beziehungsweise wiederholen. Eine interessante Frage ist, wann $\mathbb{Z}_n$ ein Körper ist, das heißt, wann man mit den Elementen in $\mathbb{Z}_n$ so rechnen kann wie mit den rationalen oder reellen Zahlen. Dies ist genau dann der Fall, wenn jede Restklasse $\neq [0]$ in $\mathbb{Z}_n$ ein multiplikatives Inverses hat. Präziser fragen wir, *welche* Restklassen $[a]$ in $\mathbb{Z}_n$ ein multiplikatives Inverses haben. Mit Hilfe einfacher Überlegungen findet man heraus, dass $[a]$ nur dann multiplikativ invertierbar sein kann, wenn $\mathrm{ggT}(a, n) = 1$ ist. Umgekehrt kann man in diesem Fall mit Hilfe des „erweiterten" Euklidischen Algorithmus ein Inverses berechnen. Insbesondere ergibt sich, dass $\mathbb{Z}_n$ genau dann ein Körper ist, wenn n eine Primzahl ist.

Im Folgenden bietet sich eine erste Begegnung mit der elementaren Gruppentheorie an. Gruppen sind in der Mathematik allgegenwärtig; neben der Algebra treten sie vor allem in der Geometrie als Gruppen von Kongruenzabbildungen, insbesondere als Symmetriegruppen (vgl. etwa das Beispiel zu regulären n-Ecken auf S. 126) von ebenen oder räumlichen Figuren auf.

Die Gruppentheorie bietet wie kaum eine andere mathematische Disziplin die Möglichkeit, mit vergleichsweise elementaren Überlegungen Einsicht in die Objekte der Theorie, in diesem Fall also Gruppen, zu erhalten. Man braucht nur die Begriffe Untergruppe und Nebenklasse einzuführen, um den Satz von Lagrange beweisen zu können, der einschneidende arithmetische Bedingungen für Untergruppen einer endlichen Gruppe erzwingt. Daran anschließend kann man Aussagen über die Ordnung der Elemente einer Gruppe herleiten. Dazu passt die Behandlung zyklischer Gruppen, die bis zur Bestimmung aller zyklischen Gruppen weitergeführt wird (vgl. z. B. Ledermann und Weir 1996).

Viele Eigenschaften von $\mathbb{Z}_p^*$ kann man mit Hilfe der elementaren Gruppentheorie elegant und einfach beweisen. Die Studierenden sollen aber auch erfahren, wie man diese Eigenschaften nachweisen kann, wenn man diese Hilfsmittel nicht zur Verfügung hat.

Inverse Elemente und der kleine Satz von Fermat

Aufgabe 29

(a) Sei $a \in \mathbb{Z}_p^*$ $(= \{1, 2, \ldots, p - 1\})$. Betrachten Sie die Produkte

$$a \cdot 1 \bmod p, \quad a \cdot 2 \bmod p, \quad \ldots, \quad a \cdot (p - 1) \bmod p$$

Zeigen Sie:

- Diese $p - 1$ Zahlen sind paarweise verschieden und $\neq 0$.
- Diese $p - 1$ Zahlen sind genau die Zahlen $1, 2, \ldots, p - 1$ (möglicherweise in anderer Reihenfolge).
- Es gibt ein $b \in \mathbb{Z}_p^*$ mit $a \cdot b \bmod p = 1$.

(b) Beweisen Sie den kleinen Satz von Fermat in der Form $a^p \bmod p = a$ (beziehungsweise „p teilt $a^p - a$") durch Induktion nach a. Welche Tatsache über Binomialzahlen wird dazu benötigt?

Dieser Abschnitt findet dann seinen Höhepunkt und Abschluss mit dem Beweis des kleinen Satzes von Fermat oder, allgemeiner, dem Satz von Euler. Dazu muss man die Eulersche φ-Funktion einführen und diese zumindest in einfachen Fällen berechnen.

Definition 7.26 (Eulersche φ-Funktion). Für eine natürliche Zahl $n \geq 1$ sei $\varphi(n)$ die Anzahl der natürlichen Zahlen $m \leq n$, die teilerfremd zu n sind, dass heißt für die $\mathrm{ggT}(m, n) = 1$ gilt.

Die φ-Funktion

Aufgabe 30

(a) Bestimmen Sie $\varphi(p)$ für eine Primzahl p.

(b) Seien p, q zwei verschiedene Primzahlen. Welche Zahlen $\leq pq$ haben einen gemeinsamen Teiler mit pq?

(c) Geben Sie eine Formel für $\varphi(pq)$ an.

Eine moderne Anwendung dieses Teils der Zahlentheorie ist die „Public-Key-Kryptographie" und insbesondere der RSA-Algorithmus. Dies ist ein Paradebeispiel für den Einsatz elementarer Mathematik für hochrelevante Anwendungen. Man sollte sich diese Chance nicht entgehen lassen.

Die Grundlage des RSA-Algorithmus ist der Satz von Euler in dem Fall, dass $n = pq$ das Produkt zweier verschiedener Primzahlen p, q ist. Man kann diesen so ausdrücken: Für jedes $m \in \mathbb{Z}_n$ und jede natürliche Zahl k gilt $m^{k\varphi(n)+1}(\bmod\ n) = m$. Die Idee von RIVEST, SHAMIR und ADLEMAN 1978 war, m als „Nachricht" zu interpretieren und die Exponentiation in zwei Prozesse zu zerlegen, von denen der erste „Verschlüsselung" und der zweite „Entschlüsselung" genannt wird. Dazu werden Zahlen e und d bestimmt mit $ed = k\varphi(n) + 1$ (für geeignetes k). Verschlüsselung ist die Operation $m \mapsto m^e(\bmod\ n)$, wobei der „öffentliche Schlüssel" e des Empfängers verwendet wird; der Empfänger entschlüsselt, indem er seinen „privaten Schlüssel" d auf den Geheimtext c anwendet: $c \mapsto c^d(\bmod\ n)$. Der Satz von Euler garantiert, dass sich dabei wieder m ergibt. Besonders interessant ist die Tatsache, dass die Schwierigkeit, aus dem öffentlichen Schlüssel den zugehörigen privaten zu berechnen, eng gekoppelt ist mit der Schwierigkeit, den Modul n in seine Primfaktoren zu zerlegen. Hier kann man direkt offene Forschungsfragen ansprechen.
Diese Anwendung bietet sich an dieser Stelle auch aus didaktischer Sicht an, da hier alle wichtigen Begriffe noch einmal aufgegriffen werden: Primzahlen, φ-Funktion, modulo-Rechnung, Satz von Euler, Faktorisierung einer natürlichen Zahl in Primfaktoren (vgl. Beutelspacher 2009).

7.2.4 Algebraische Zahlen

Nachdem schon Vertrautheit im Umgang mit ganzen Zahlen erworben wurde, sollte ein wichtiges Kapitel der klassischen Algebra behandelt werden, das einen engen Bezug zu vielen schulrelevanten Fragen hat, nämlich die algebraischen Zahlen. Gleichzeitig bilden die algebraischen Zahlen ein wichtiges Kapitel der „klassischen" Algebra. Das kann in einen Aufbau des Zahlensystems ($\mathbb{N}, \mathbb{Z}, \mathbb{Q}, \mathbb{R}$) integriert werden. Wenn der Aufbau des Zahlensystems schon an anderer Stelle, zum Beispiel in der Analysis behandelt wurde, sollte dieser noch einmal in Erinnerung gebracht werden.

Die Menge der algebraischen Zahlen liegt zwischen der der rationalen und der der reellen Zahlen. Aus Sicht der Analysis sind diese unauffällig, da sie mit analytischen Methoden nicht erkannt werden können. Für die Algebra spielen sie aber eine außerordentlich wichtige Rolle. Fast alle klassischen Fragen der Algebra spielen „nur" im Körper der algebraischen Zahlen.
Die Menge der algebraischen Zahlen ist allerdings nur abzählbar, hat also im Vergleich zu den reellen Zahlen nur eine verschwindende Mächtigkeit (vgl. dazu auch 5.4.1).

Das Thema kann bei dem den Studierenden bekannten Thema der Irrationalität verankert werden. Irrationale Zahlen beziehungsweise inkommensurable Größenpaare sorgten schon in der Antike für Aufsehen (vgl. 5.2). Viele irrationale Zahlen, wie etwas Wurzeln, lassen sich durch Gleichungen mit ganzzahligen oder rationalen Koeffizienten beschreiben, so ist etwa $\sqrt{2}$ Lösung der Gleichung $x^2 - 2 = 0$.

Definition 7.27 (Algebraische Zahl). Man nennt eine reelle Zahl a *algebraisch*, wenn es ein rationales Polynom ungleich dem Nullpolynom gibt, das a als Nullstelle hat. Das normierte Polynom kleinsten Grades, das a als Nullstelle hat, nennt man das *Minimalpolynom* von a.

Das Minimalpolynom einer algebraischen Zahl ist stets irreduzibel. Umgekehrt ist ein irreduzibles normiertes Polynom f mit $f(a) = 0$ das Minimalpolynom von a. Im Zusammenhang mit dem Minimalpolynom spielt die Irreduzibilität eines Polynoms eine wichtige Rolle; wichtig sind das Kriterium von Eisenstein und das Lemma von Gauss. Zu jeder Menge $a_1, a_2, \ldots$ algebraischer Zahlen kann man den Körper $\mathbb{Q}(a_1, a_2, \ldots)$ betrachten; dieser ist der kleinste Unterkörper von $\mathbb{R}$, der $a_1, a_2, \ldots$ enthält. Genauer gesagt ist $\mathbb{Q}(a_1, a_2, \ldots)$ definiert als Durchschnitt aller Unterkörper von $\mathbb{R}$, die $a_1, a_2, \ldots$ enthalten.

Obwohl man nur Unterkörper von $\mathbb{R}$ behandelt, sind die Argumente so, dass diese sich „automatisch" auf die Situation einer beliebigen Körpererweiterung übertragen lassen. Es hat sich bewährt, den konkreten Fall ausführlich zu behandeln und an einigen Stellen klar zu machen, dass sich das auch ohne Schwierigkeiten verallgemeinern lässt.

In dieser konkreten Situation kann man eine erste Theorie der Körpererweiterungen entwickeln, in der die Begriffe „Grad einer Körpererweiterung", Gradsatz, algebraische Erweiterung erörtert werden. Ein wichtiger Satz ist der, dass aus der Endlichkeit einer Körpererweiterung schon folgt, dass diese algebraisch ist, dass also jedes Element dieser Erweiterung algebraisch ist. Damit kann man zeigen, dass Summen und Produkte algebraischer Elemente auch algebraisch sind. Den Studierenden sollte aber bewusst gemacht werden, dass das Finden eines Polynoms, das eine gegebene Zahl als Nullstelle hat, deutlich mühsamer ist.

Polynome konstruieren

Aufgabe 31

(a) Betrachten Sie die reelle Zahl $a := \sqrt{2} + \sqrt{3}$. Berechnen Sie a^2, isolieren Sie die dabei vorkommende Wurzel und quadrieren Sie erneut. Bestimmen Sie ein Polynom mit ganzzahligen Koeffizienten, das $a = \sqrt{2} + \sqrt{3}$ als Nullstelle hat.

(b) Bestimmen Sie Polynome, die $\sqrt{2} - \sqrt{3}$, $\sqrt{2} + \sqrt{7}$ beziehungsweise $\sqrt[3]{2} + \sqrt[3]{3}$ als Nullstelle haben.

An dieser Stelle kann das Thema „algebraisch abgeschlossene Körper" thematisiert werden.

Definition 7.28 (Algebraisch abgeschlossener Körper). Ein Körper K wird *algebraisch abgeschlossen* genannt, wenn jedes Polynom mit Koeffizienten in K über K zerfällt, das heißt, wenn es über K keine irreduziblen Polynome vom Grad > 1 gibt.

Jeder Körper ist in einem algebraisch abgeschlossenen Körper enthalten. Dies ist im Allgemeinen technisch einigermaßen aufwendig zu beweisen. Der so genannte Fundamentalsatz der Algebra sagt, dass der Körper $\mathbb{C}$ der komplexen Zahlen algebraisch abgeschlossen ist. Dieser Satz wurde zuerst von Carl Friedrich GAUSS beweisen. Jeder Beweis benutzt auch analytische Sachverhalte; daher erfolgt der Beweis dieses Satzes in der Regel nicht im Rahmen der *Algebra*-Vorlesung[53].

Eine Konsequenz des Fundamentalsatzes der Algebra ist, dass jedes irreduzible Polynom über $\mathbb{R}$ Grad 1 oder Grad 2 hat.

Als auch historisch wichtige Anwendung wird das Problem der Konstruktionen mit Zirkel und Lineal behandelt. Dazu werden zunächst innerhalb der kartesischen Ebene, das heißt dem $\mathbb{R}^2$, die zulässigen Konstruktionen behandelt: Verbinden zweier gegebener Punkte, Kreis um einen gegeben Punkt mit gegebenem Radius sowie Schnitt von bereits konstruierten Geraden und Kreisen.

Die x-Werte der Punkte der x-Achse, die, ausgehend von den Punkten $(0,0)$ und $(1,0)$ konstruierbar sind, nennt man die konstruierbaren Zahlen. Man sieht leicht, dass die konstruierbaren Zahlen genau die rationalen Zahlen und die Quadratwurzeln aus bereits konstruierten Zahlen sind.

Algebraisch ausgedrückt heißt dies, dass eine Zahl a höchstens dann konstruierbar ist, wenn ihr Minimalpolynom einen Grad der Form 2^s hat. Damit ergibt sich die Unmöglichkeit der Lösbarkeit der antiken Probleme: Verdoppelung des Würfels (denn $\sqrt[3]{2}$ hat das Minimalpolynom $x^3 - 2$), Quadratur des Kreises (denn π ist transzendent), Dreiteilung des Winkels (denn ein Winkel von $20°$ ist nicht konstruierbar, also ist ein Winkel von der $60°$ nicht drittelbar) (vgl. Stewart 2004 und Bewersdorff 2009). Die Behandlung dieser Thematik ist auch deswegen wichtig, weil dies eine der wenigen Stellen ist, an denen Lehramtsstudierende substanzielle Nichtexistenzsätze kennenlernen.

---

[53] Eine Bearbeitung des Beweises könnte im Rahmen eines Seminars oder einer Hausarbeit erfolgen.

7.2.5 Gleichungen

In diesem letzten Kapitel der Vorlesung wird das auch für die Schule außerordentlich wichtige Thema „Gleichungen" behandelt, wobei sowohl schulrelevante Themen erörtert werden als auch darüber hinausgehende Aspekte zur Sprache kommen sollen.

Der schulrelevante Begriff lautet „Funktionen" beziehungsweise „funktionaler Zusammenhang". Ein systematisches Studium beginnt bereits in der Sekundarstufe I bei den Themen „proportionale Zuordnung" und „antiproportionale Zuordnung", hinter denen schon lineare Funktionen beziehungsweise sogar Hyperbeln zu erkennen sind. Etwas später spielen quadratische Gleichungen eine wichtige Rolle, bevor dann in der Sekundarstufe II im Rahmen der Analysis Exponentialfunktion und die trigonometrischen Funktionen intensiv studiert werden.

Zu Beginn werden die Begriffe „Term", „Gleichung", „Lösung einer Gleichung" klar gemacht. Hier können auch schon verschiedene Lösungsmethoden erwähnt werden (Probieren, systematisches Probieren, graphisches und algebraisches Lösen sowie Lösung durch systematisches Annähern (Approximation)).

Anschließend werden Polynome betrachtet und gezeigt, dass ein Polynom mit reellen Koeffizienten vom Grad n höchstens n Nullstellen hat. Schon die Babylonier konnten quadratische Gleichungen systematisch lösen. Das geschah aber stets anhand von Beispielen. Wichtig sind die Formeln von VIETA (1540-1603), das Lösen mittels quadratischer Ergänzung und die p-q-Formel. In diesem Kontext werden die Begriffe Äquivalenzumformung, sowie Gewinn- und Verlustumformung eingeführt.
Der Mathematiker AL-CHWARIZMI (ca. 780-850), der den größten Teil seines Lebens in Bagdad verbrachte, hat eine geometrische Methode zu Lösung quadratischer Gleichungen gefunden, deren algebraische Form die „quadratische Ergänzung" ist. Um die Gleichung $x^2 + 10x = 39$ (die Al-Chwarizmi natürlich verbal formulierte) zu lösen, fast er den Term $10x$ als $5x + 5x$ auf, fügt an ein Quadrat der Seitenlänge x zwei $5 \times x$-Rechtecke an und ergänzt die erhaltene Figur durch ein 5×5-Quadrat zu einem Quadrat[54].

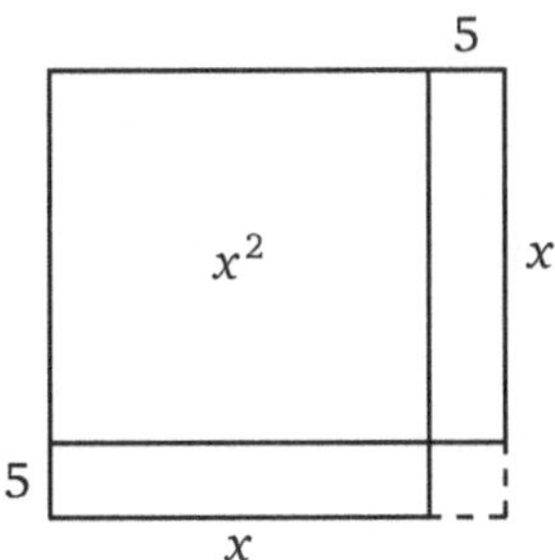

Geometrische Lösungen setzen voraus, dass die auftretenden Zahlen positiv sind, da diese ja als Streckenlängen interpretiert werden. Dies machte zahlreichen Fallunterscheidungen notwendig. Der Fortschritt von algebraischen Lösungsmethoden liegt

---

[54] Vgl. JUŠKEVIČ 1964, S. 206f. oder auch BERGGREN 2011, S. 112 ff. und WUSSING 2008, S. 237-241.

auch darin, dass man darauf keine Rücksicht mehr nehmen muss und so zu einer einheitlichen Formel kommt.

Der Kampf um die Lösung von Gleichungen höheren Grades ist ein außerordentlich spannendes Stück der Mathematikgeschichte, was es in jedem Fall verdient, erzählt zu werden. Im Fall der Gleichungen dritten Grades ist das Schicksal von Niccolò TARTAGLIA besonders erwähnenswert. Die Lösungsformeln für Gleichungen dritten Grades (die so genannten Cardanoschen Formeln) können auch elementar hergeleitet werden.[55]

Ausgangspunkt der historischen Lösung der „kubischen Gleichung" ist die Binomialformel $(u + v)^3 = u^3 + 3u^2v + 3uv^2 + v^3$ (vgl. auch S. 134), die wir in der Form $(u + v)^3 - 3uv(u + v) - (u^3 + v^3) = 0$ schreiben. Vergleicht man diese Identität mit einer kubischen Gleichung der Form $x^3 + px + q = 0$, erkennt man einen Lösungsweg: Wenn man Zahlen u und v findet, die den Gleichungen $3uv = -p$ und $u^3 + v^3 = -q$ genügen, dann ist $u + v$ eine Lösung der Gleichung.

Cardanosche Formel

Aufgabe 32 Wenn man die Gleichung $3uv = -p$ mit 3 potenziert, erhält man $27u^3v^3 = -p^3$.

(a) Setzen Sie $U := u^3$, $V := v^3$ und bestimmen Sie eine quadratische Gleichung für U beziehungsweise V.

(b) Lösen Sie diese quadratische Gleichung.

(c) Bestimmen Sie die Lösungen für u und v. Das ist die so genannte Cardanosche Formel.

(d) Lösen Sie die Gleichung $x^3 + x - 6 = 0$.

Auch die Lösungsformeln für Gleichungen vierten Grades wurden bereits 1545 in der *Ars Magna* von Gerolamo CARDANO veröffentlicht. In der Schule spielen fast ausschließlich die „biquadratischen" Gleichungen, also Gleichungen der Form $x^4 + ax^2 + b = 0$ eine Rolle. Indem man x^2 als eine neue Variable auffasst, kann man biquadratische Gleichungen auf quadratische Gleichungen zurückführen.

Ein entscheidender Punkt zum Verständnis ist der Begriff der Lösung, genauer gesagt der Begriff der Auflösbarkeit. Noch genauer spricht man von der „Auflösbarkeit durch Radikale" (Radikale = Wurzeln). Es geht also nicht um die Frage, ob eine Gleichung Lösungen in $\mathbb{R}$ hat; das regelt der Fundamentalsatz der Algebra. Beispielsweise hat jede Gleichung ungeraden Grades mindestens eine reelle Nullstelle. Bei der Auflösbarkeit durch Radikale fragt man nach der Existenz von Nullstellen einer speziellen Form: Diese Form könnte man „geschachtelte Wurzelausdrücke" nennen. Diese bestehen zunächst aus den rationalen Zahlen. Aus bereits vorliegenden „geschachtelten Wurzelausdrücken" erhält man neue, indem man die vier Grundrechenarten anwendet und Wurzeln (beliebigen Grades) zieht. Zum Beispiel gibt die p-q-Formel die Lösungen einer quadratischen Gleichung (also die Nullstellen des entsprechenden Polynoms) durch einen Wurzelausdruck an.

---

[55] Die historische Entwicklung kann gut in BEWERSDORFF 2009 und in SCHOLZ 1990 nachgelesen werden.

Der berühmte Satz von Abel-Ruffini (Niels Henrik ABEL, 1824) sagt, dass die allgemeine Gleichung fünften und höheren Grades nicht durch Radikale auflösbar ist. An dieser Stelle bietet es sich auch an, auf die Biografie von ABEL und Evariste GALOIS (1811-1832) einzugehen (vgl. z. B. Wussing 2008, S. 188-199).

Mathematisch sollte der Weg zur Lösungsmethode zumindest skizziert werden. Notwendige Stichworte sind hierbei: Zerfällungskörper, Galoisgruppe einer Erweiterung, Galoisgruppe einer Gleichung, Auflösbarkeit durch Radikale und schließlich der Zusammenhang zwischen der Galoisgruppe und Auflösbarkeit einer Gleichung. Diesen Weg wird man wohl nur referierend darbieten können. Es bietet sich aber die Möglichkeit, einzelne Aspekte in Seminaren oder Hausarbeiten gründlich zu behandeln.

8 Methoden Neu Denken

„Wahrlich, es ist nicht das Wissen, sondern das Lernen, nicht das Besitzen
sondern das Erwerben, nicht das Da-Seyn, sondern das Hinkommen, was
den grössten Genuss gewährt."[56]

Carl Friedrich GAUSS

8.1 Die universitäre Lernumgebung

Mathematik Neu Denken verfolgt das Ziel einer professionsorientierten Mathematiklehrerbildung. Dazu tragen nicht nur die kontinuierliche inhaltliche Orientierung am
für die Schulpraxis relevanten Wissen bei, sondern auch Neuorientierungen methodischer Art (vgl. allgemeine Hinweise zum Professionswissen und der Projektidee unter
2.2). Die Konzeption der Methoden im Rahmen des Projekts beruhen, wie unter 2.2.3
beschrieben, auf Grundsätzen der allgemeinen Lehr-Lern-Forschung. Bezogen auf den
Mathematikunterricht führen diese Ergebnisse schon lange zur Forderung eines methodischen Umdenkens. So postulieren etwa BORNELEIT und DANCKWERTS unter anderem die Balance von Instruktion und Konstruktion als ein zentrales Merkmal guten
Mathematikunterrichts (vgl. Borneleit u. a. 2001, S. 83). Die Relevanz der Sprache für
mathematische Lernprozesse in der Schule wird auf unterschiedlichen Ebenen diskutiert. GALLIN und RUF (2005) erarbeiten das Verhältnis von Sprache und Mathematik
anhand von Lern- und Reisetagebüchern und stehen für das Konzept des „Dialogischen Lernens" im Mathematikunterricht. Martin WINTER (2002) stellt die zentrale
Rolle der Kommunikation für den Mathematikunterricht dar und betont die positiven
emotionalen Auswirkungen und die Möglichkeit des Brückenschlags zwischen Mathematik und Lebenswelt. Auch gilt das Sprechen über Mathematik als Vehikel für
das Verstehen von Mathematik: „Die Sprache ist das bildende Organ des Gedanken."
(Humboldt 1972, S. 426)

Trotz solcher und ähnlicher Forschungsergebnisse ist weiterhin das fragend-
entwickelnde Unterrichtsgespräch, also eine letztlich lehrerzentrierte Unterrichts-
form, die dominante Unterrichtsmethode. Das heißt, selbst die Schulwirklichkeit ist
weit entfernt von einem ausgewogenen Verhältnis rein instruktionsorientierter Anteile
zu Phasen, die eine eigenaktive Konstruktion des Wissens durch die Schüler unterstützen (vgl. Terhart 2005, S. 95).

Die universitäre Mathematikausbildung ist in noch stärkerem Maße als die Schule geprägt von einem Übergewicht der Instruktion: Traditionell überwiegen mit den Vor-

---

[56] Gauß an Bolyai vom 02.09.1808; Gauß 1972, S. 94.

lesungsphasen, deren Kernbereich die systematische Darbietung mathematischer Gegenstände ist, bereits die instruktionsorientierten Lehrformen. Aber auch der klassische Übungs- und Seminarbetrieb kann, bezogen auf die gewählte Arbeitsform, häufig
nur als „Vorlesung im Kleinen" beschrieben werden. So bleibt zu oft in allen Veranstaltungen zur Mathematik das „Sprechen über Mathematik" dem Dozenten vorbehalten.
Für fachbezogene Kommunikation der Studierenden entsteht dabei kein Raum. Sie
werden in ihrem Verstehensprozess nicht begleitet.

Hier setzt die methodische Neuorientierung von *Mathematik Neu Denken* an: Zur professionsorientierten Lehrerausbildung sind universitäre Lernumgebungen notwendig,
die ein Gegengewicht zur reinen Instruktion in Vorlesungen darstellen. Es sind Möglichkeiten für den aktiven, selbstgesteuerten, konstruktiven und kooperativen Umgang mit der Mathematik zu schaffen (vgl. Reinmann und Mandl 2006).

Dazu wurden im Rahmen des Projekts vielfältige Anlässe kreiert: *Kooperative Übungsformen*, das *Arbeiten in Präsenzübungsphasen*, die *Erweiterung der universitären Lernumgebung*, ergänzt durch eine *Neuorientierung der Leistungsbeurteilung*. Im Folgenden
werden die Projekterfahrungen in diesen Bereichen genauer dargestellt und an Beispielen aus der Praxis veranschaulicht.

8.2 Kooperative Übungsformen

Ein Ort für Veränderungen methodischer Art sind insbesondere die Übungen, die den
Fachvorlesungen zur Seite stehen. Im Rahmen der Projektveranstaltungen ergänzten sie zunächst im traditionellen Sinne die Vorlesung, indem sie Lösungen zu den
dort gestellten Übungsaufgaben zur Verfügung stellten. Darüber hinaus können aber
weitere Ziele formuliert werden. Angepasst an die Bedingungen der Hochschule erweitern die Projekterfahrungen das Spektrum an positiven Rückmeldungen auf kooperative Arbeitsformen im Allgemeinen, wie sie etwa bei GUDJONS (2002) (vgl. z. B.
S. 8) oder MEYER (2005) (vgl. S. 245) beschrieben werden. Ansatzpunkte sind auf
ganz unterschiedlichen Ebenen zu finden. Neben sehr grundsätzlichen Fragestellungen wie der Unterstützung bei der Entwicklung eines tragfähigen mathematischen
Weltbildes oder einer realistischen Selbsteinschätzung seitens der Studierenden kann
der Blick auch auf die Ebene des individuellen Verstehens und Einübens mathematischer Heuristiken gelenkt werden. So lässt sich ein breites Spektrum an Hoffnungen
und Erwartungen an die „Übungen neuer Art" knüpfen:

**Kooperative Übungsformen fördern und fordern Eigenaktivität der Studierenden
und bilden somit ein Gegengewicht zum überwiegend rein instruktiven Charakter von Vorlesungen.** Im Rahmen der Projektveranstaltungen wurden hauptsächlich verschiedene Formen der Gruppenarbeit in den Übungsbetrieb integriert. Die
Rolle des Übungsleiters besteht dabei nicht mehr darin, fertige Lösungen als Produkt
seines Arbeitsprozesses zu präsentieren. Vielmehr übernimmt er die Funktion eines
Moderators und fachlichen Experten und begleitet unterstützend den Arbeitsprozess

der Studierenden (vgl. dazu auch Meyer 2005, S. 248 f.). Der inhaltliche Austausch in kleinen Arbeitsgruppen schafft außerdem ein Klima, das die individuelle Konstruktion mathematischen Wissens durch die Studierenden anregt. Vor allem die Sozialform des so genannten „Gruppenpuzzles" (vgl. dazu die Beschreibung in 8.2.1) bietet die Möglichkeit, unter Aktivierung *aller* Übungsteilnehmer eine gesamte Übungsstunde kooperativ zu gestalten.

Kooperative Übungsformen machen die Mathematik (im Kleinen) als diskursive Wissenschaft erlebbar. Im gemeinsamen Ringen der Studierenden um Lösungen zu gegebenen Problemen mit unterschiedlichen Ansätzen wird der Prozesscharakter der Mathematik erfahrbar. Nicht das mechanische Abarbeiten von Algorithmen oder ein feststehendes, unverrückbares Gebäude mathematischer Wahrheiten, sondern eine von Kommunikation und kreativen Aushandlungsprozessen getragene Wissenschaft steht dabei im Zentrum der Wahrnehmung. Dazu gehört auch das Aushalten von Unsicherheiten seitens der Studierenden, da dies im Kontrast zu den Erfahrungen eines vom „Richtig-oder-falsch-Denken" geprägten Schulunterrichts steht. Das Erleben der Mathematik als diskursive Wissenschaft kann gemeinsam mit den historisch-philosophischen Ansätzen der Vorlesung dazu beitragen, die häufig aus der eigenen Schulzeit mitgebrachten Vorstellungen dessen, was Mathematik ausmacht, in ein tragfähiges, der wissenschaftlichen Praxis angenähertes mathematisches Weltbild zu überführen.

Kooperative Übungsformen verlangen einen vertieften Umgang mit den Gegenständen. Verharren Lernende in einer rein rezeptiven Haltung, ist erfahrungsgemäß die Gefahr groß, dass Inhalte lediglich „abgeheftet" werden und das Verstehen auf die Klausurvorbereitungsphase verschoben wird. Im angeleiteten aktiven Umgang mit den Gegenständen ist diese Strategie dagegen kaum möglich, da eine „positive Abhängigkeit zwischen den Gruppenmitgliedern besteht" (Barzel u. a. 2007, S. 96). So führt etwa ein vorgegebenes Präsentationsziel (zum Beispiel auf Folie im Plenum oder in einer weiteren Kleingruppe) zu einer Verantwortung für den Lernfortschritt der anderen Teilnehmer, welche wiederum ein vertieftes Verstehen fordert. Zusätzlich zu den Inhalten, die zur Lösung bestimmter Aufgaben herangezogen werden müssen, regen weiterführende Fragen der anderen Studierenden auch zu einer vertieften Auseinandersetzung mit grundlegenden Inhalten an.

Kooperative Übungsformen erlauben einen konstruktiven Umgang mit Fehlern und können das „mathematische Selbstbewusstsein" stärken. Zur Situation des Arbeitens in kleinen Gruppen gehört auch, mit nicht ganz perfekten Lösungen oder Ansätzen einen hilfreichen Beitrag leisten zu können. Dazu kommt, dass in einer kleinen Gruppe von Kommilitonen eine Atmosphäre entstehen kann, die dazu anregt, alle – auch die vermeintlich „dummen" – individuellen Fragen zu thematisieren. Dies führt zu dem Bewusstsein, mit Problemen nicht allein zu sein, und verleiht zudem den eigenen Antwortversuchen und Hilfsangeboten ein höheres Gewicht. Insbesondere die Gruppenpuzzle-Methode ermöglicht es, im Verlaufe der Übungsstunde zum

Wissenden in Bezug auf einen bestimmten Teilaspekt und auch als solcher von den anderen Teilnehmern wahrgenommen zu werden (vgl. Barzel u. a. 2007, S. 96).

Kooperative Übungsformen lassen Raum für die individuelle Betreuung der Studierenden. Hat der Übungsleiter in seiner Rolle als Moderator den Arbeitsprozess der Studierenden angestoßen, kann er „von außen" eine Beobachterrolle einnehmen. Dies ermöglicht es dem Dozenten, individuelle Schwächen zu erkennen und auf diese gezielt einzugehen. Außerdem können durch die Arbeitsteilung innerhalb der Gruppe besonders leistungsstarke Studierende ihren Fähigkeiten entsprechend eingesetzt werden. Auch hier eignet sich das Gruppenpuzzle wegen der sehr hohen Wahlfreiheit in Bezug auf die Aneignungs- und Vermittlungsform als besonders gutes „Differenzierungsinstrument" (Bosse 2003, S. 27). Das Arrangement des eigenaktiven Arbeitens schafft außerdem Freiräume, um auf (vertiefende und weiterführende) Fragen einzugehen, ohne andere Teilnehmer zu langweilen oder zu überfordern. Die Moderatorenrolle gibt dem Übungsleiter während der laufenden Übung die Zeit, mit der Heterogenität der Lerngruppe konstruktiv umzugehen.

Kooperative Übungsformen erweitern das (passive) Methodenrepertoire. Immer noch besteht eine Kluft zwischen dem in der eigenen Schulzeit erlebten Methodenrepertoire und den im Didaktikstudium präsentierten Möglichkeiten der Vermittlung. Dies gilt insbesondere für den erlebten Mathematikunterricht auf der einen Seite und die kooperativen Arbeitsformen auf der anderen. Die im Projekt erprobten Übungsmethoden bieten daher auch die Möglichkeit, aus einer Lernerperspektive diese Sozialformen anhand mathematischer Probleme kennenzulernen und sie in ihren praktischen Stärken und Schwächen zu erleben. Dies ersetzt weder eine fachdidaktische und pädagogische Reflexion im weiteren Studium noch die praktischen Erfahrungen der zweiten Phase. Jedoch kann die persönliche Erfahrung eine gute Grundlage sein, eine positive affektive Haltung zur Anwendbarkeit von verschiedenen Methoden auch im Mathematikunterricht zu entwickeln.

8.2.1 Das Gruppenpuzzle im Übungsbetrieb

Die Besprechung bereits bearbeiteter und korrigierter Aufgaben in Form eines Gruppenpuzzles ist eine Möglichkeit, die bereits genannten positiven Aspekte kooperativer Übungsformen zu vereinen. In *Mathematik Neu Denken* wurde das Gruppenpuzzle insbesondere in den Übungsgruppen zu *Analysis I* und *II* erfolgreich erprobt. Dabei kam in der Regel das „kurze Gruppenpuzzle" zum Einsatz, wie es für den Einsatz im Fach Mathematik beschrieben und empfohlen wird (siehe z. B. Barzel u. a. 2007, S. 96 ff.). Eine 90-minütige Übungseinheit unter Einsatz dieser Methode gliedert sich allgemein in vier Phasen: Eingangsphase im Plenum, „Expertenrunde" in arbeitsteiliger Gruppenarbeit, „Unterrichtsrunde" in arbeitsgleicher Gruppenarbeit und eine gemeinsame Abschlussphase.

Die Eingangsphase kann der Übungsleiter nutzen, um aktuelle Informationen an alle Teilnehmer weiterzugeben, in das Thema einzuführen und die Gruppen für die nächste Phase einzuteilen. Zur Gruppeneinteilung kann zum Beispiel jedem Studierenden zufällig eine Spielkarte zugeordnet werden.

In der folgenden Expertenrunde arbeiten dann zunächst die Studierenden einer „Farbe" zusammen. Diese Phase ist nun von arbeitsteiliger Gruppenarbeit geprägt, bei der die verschiedenen Gruppen etwa die Lösungen zu je einer Aufgabe erarbeiten und dabei darauf achten, dass alle Gruppenmitglieder zum Experten für die jeweilige Aufgaben werden – daher die Bezeichnung „Expertenrunde".

Das folgende Beispiel zeigt Arbeitsaufträge für diese Phase im Rahmen einer Übungsstunde zur *Analysis I*, in der ein bereits korrigiert zurückgegebener Test besprochen wurde. Zur Bearbeitung hatten die jeweiligen Gruppen (3 Gruppen zu 5 Personen) 30 bis 40 Minuten Zeit.

Gruppenpuzzle: Arbeitsaufträge für die Expertenrunde

Gruppe „Herz"

(a) Was bedeutet es, wenn eine Funktion stetig ergänzt wird? (siehe Skript S. 41, Bemerkung 2)

(b) Machen Sie sich (etwa am Beispiel von Aufgabe 3) sowohl anschaulich als auch formal klar, wann und warum diese Ergänzung (nicht) möglich ist.

(c) Wie wird die stetige Ergänzbarkeit zur Definition der Differenzierbarkeit angewendet (Skript S. 42, Satz 3) und wie folgt daraus die Herleitung der Stetigkeit? (S. 42, Satz 4)

(Wichtig! Jedes Gruppenmitglied soll die Ergebnisse so verstanden und festgehalten haben, dass es sie nachher anderen als Experte erklären kann!)

Gruppe „Karo"

(a) Konvergenz unendlicher Reihen: Wiederholen Sie die wichtigsten Konvergenzkriterien (Skript S. 32). Wenden Sie das Quotientenkriterium am Beispiel der Exponentialreihe an.

(b) Was bedeutet absolute Konvergenz? (Skript S. 45)

(c) Warum ist über das Quotientenkriterium für die Konvergenz auch die absolute Konvergenz der Exponentialreihe bereits gezeigt?

(Wichtig! Jedes Gruppenmitglied soll die Ergebnisse so verstanden und festgehalten haben, dass es sie nachher anderen als Experte erklären kann!)

Gruppe „Kreuz"

Erstellen Sie ausführliche Musterlösungen zu den Aufgaben 4, 7 und 10. (Hinweise finden Sie im Skript auf den Seiten 40 beziehungsweise 44.)

(Wichtig! Jedes Gruppenmitglied soll die Ergebnisse so verstanden und festgehalten haben, dass es sie nachher anderen als Experte erklären kann!)

Für die dritte Phase werden die Gruppen dann so neu zusammengesetzt, dass in jeder Gruppe jeweils ein Experte für jede Aufgabe mitarbeitet. Bei einer Gruppengröße von 15 Personen entstehen zum Beispiel aus vormals drei Fünfer-Expertengruppen nun fünf neue Gruppen mit je drei Personen. Hatten etwa die Expertengruppen immer eine „Farbe" gemeinsam, so entstehen nun Gruppen mit dem gleichen „Bild".

Die Aufgabe für diese „Unterrichtsrunde" besteht nun darin, dass jeder Experte den anderen seine Ergebnisse präsentiert und für Fragen zu seinem „Spezialgebiet" zur Verfügung steht. In dieser Phase nimmt also jeder Teilnehmer einmal die Rolle des Lehrenden ein.

Ein Auftrag, um mit den Ergebnissen des oben vorgestellten Beispiels weiterzuarbeiten, wäre beispielsweise folgender:

Gruppenpuzzle: Arbeitsauftrag für die Unterrichtsrunde

Stellen Sie sich gegenseitig die Ergebnisse der Expertenrunde vor, so dass jeder anschließend die Lösungen zu allen Testaufgaben kennt und die Hintergründe verstanden hat. Offene Fragen sollten zuerst dem jeweiligen Experten gestellt und in der Gruppe diskutiert werden. Bleiben dabei Unklarheiten, formulieren Sie diese so präzise wie möglich, um sie nachher im Plenum zur Diskussion zu stellen.

Zeit: 30-35 Min.

In der Abschlussphase besteht dann die Möglichkeit, im Plenum auf häufig gestellte Fragen oder allgemeine Probleme einzugehen sowie Fragen zum nächsten zu bearbeitenden Übungsblatt zu klären.

Die erfolgreiche Durchführung kooperativen Lernens setzt neben einer guten Planung auch einen reflektierten Umgang mit der Methode voraus. Wie bestimmte Ziele (vgl. S. 150 ff.) den Einsatz der Gruppenpuzzle-Methode in Schule und Hochschule gleichermaßen motivieren, so gelten auch Empfehlungen für eine gelingende Anwendung in beiden Bereichen: Dazu zählen das präzise Formulieren von Arbeitsaufträgen, das stringente Anleiten des Arbeits*prozesses* durch den Übungsleiter in seiner Rolle als Moderator und insbesondere das Vertrauen des Lehrenden auf die Fähigkeiten jedes einzelnen Gruppenmitglieds und die Selbstregulierungskräfte der Gruppe (vgl. z. B. bezogen auf die Schule die empirischen Ergebnisse von Dann u. a. 2002).

Die Anwendung kooperativer Formen im Rahmen des Übungsbetriebs von *Mathematik Neu Denken* hat darüber hinaus „Hürden" erkennbar gemacht, die spezifisch für die hochschulmathematische Ausbildung sind: Die Rolle des Übungsleiters als fachlicher Ratgeber erfordert eine größere fachliche Flexibilität als die Rolle des Übungsleiters als Präsentator fertiger Lösungen. Damit einher geht ein verändertes Selbstbild des Übungsleiters: Eigene Schwächen müssen zugestanden und konstruktiv in den Prozess eingebunden werden, abweichende Wege der Studierenden müssen ernst- und aufgenommen werden.
Auch ein verändertes Studierendenbild gehört dazu: Wenn nur besprochen wird, was nicht alle richtig hatten, so schafft dies Zeit für die echten Probleme der Gruppe, langweilt niemanden und nimmt nicht zuletzt die Studierenden in ihrer Verantwortung für den eigenen Verstehensprozess ernst.

Bezogen auf die äußeren Rahmenbedingung ist es allerdings ratsam, die traditionellen Bedingungen der Hochschule etwas „schulischer" zu gestalten: Die Übungsgruppen sollten nicht zu groß sein und im Raum müssen sich (zügig) Gruppentische zusammenstellen lassen. Im Rahmen der Projektübungen haben sich Gruppengrößen von maximal 25 Teilnehmern bewährt. Seminarräume mit beweglichen Tischen können von den Studierenden leicht der Arbeitsform angepasst werden. Das gemeinsame Ringen um die Inhalte kann durch Medien wie etwa die Nutzung der Tafel unterstützt werden. Eine sehr hilfreiche organisatorische Voraussetzung ist die gruppenweise Aufteilung der Korrekturen, so dass jeder Übungsleiter mit den Lösungen seiner Übungsteilnehmer vertraut ist.

8.2.2 Einwände, Hilfestellungen und alternative Formen

Häufig genannte Einwände von Lehrenden gegen den Einsatz kooperativer Arbeitsformen beziehen sich erfahrungsgemäß hauptsächlich auf den Zeitfaktor. Diese Bedenken können wir nicht teilen: Die Projekterfahrungen zeigen, dass die Übungszeit für den einzelnen Studierenden in Phasen kooperativen Arbeitens intensiver und ökonomischer genutzt werden kann. Das soll nicht darüber hinwegtäuschen, dass in einer 90-Minuten-Einheit natürlich mehr Stoff an die Tafel gebracht werden kann als im Gruppenpuzzle erarbeitet. Aber bezogen auf die Inhalte, die bereits *während der Übungszeit* in den aktiven Wissensbestand der Studierenden aufgenommen werden, zeigt sich die Überlegenheit der kooperativen Arbeit: Dass zumindest für die Studierenden eine Zeitersparnis zu verzeichnen ist[57], ist unter anderem in der Erhebung der für die Nacharbeit aufgewendeten Zeit gemeinsam mit den anschließend erbrachten Leistungen in Test und Klausur zu erkennen.

Ein Problem, das auch in der Praxisphase von *Mathematik Neu Denken* immer wieder auftrat und sich unter anderem in den Erhebungen zur Methodik zeigt, ist die fehlende Sicherheit der Studierenden, ob die in der Gruppe erarbeiteten Lösungen richtig sind. Dies weist auf ein offenbar wenig ausgeprägtes Vertrauen der Studierenden in ihre eigenen fachlichen Fähigkeiten und die ihrer Kommilitonen sowie auf einen starken Glauben an die „Autorität des Tafelanschriebs" hin. Es müssen also positive (Selbst-)Erfahrungen geschaffen werden: Dies kann beispielsweise durch Rückmeldung zu den „Expertenergebnissen" durch den Übungsleiter geschehen. Zusätzlich kann eine Reflexion der Methode und speziell dieses Problems in der Gesamtgruppe hilfreich sein, wie es aus anderen Versuchen mit kooperativem Arbeiten im Mathematikstudium (außerhalb der Lehrerbildung) vorgeschlagen wird (vgl. Myers 1993, S. 52).

Natürlich ist die Anwendbarkeit der Gruppenpuzzle-Methode im Übungsbetrieb stark vom gerade zu verhandelnden Inhalt abhängig. Dabei ist es aber nicht, wie häufig eingewandt, die Komplexität der mathematischen Inhalte, die den Einsatz wenig sinnvoll

---

[57] Dies ist insbesondere für Lehramtsstudierende wesentlich für den Studienerfolg, da sie durch die Studienstruktur mit zwei gleichwertigen Fächern und dem erziehungswissenschaftlichen Studium zeitlich stark eingebunden sind.

oder gar unmöglich macht. Denn schwierigen Inhalten kann durch Material und Hilfestellungen verschiedener Art in den Expertenrunden begegnet werden. So können zum Beispiel Lösungslückentexte, Hinweise auf entsprechende Stellen aus der Vorlesung oder Lösungsskizzen helfen, wenn kein Mitglied einer Expertengruppe eine Lösungsidee hat. Dabei eigenen sich auch besonders gute studentische Lösungen als Hinweis oder Skizze.

Das folgende Beispiel zeigt ein solches Hilfematerial zu einer klassischen Aufgabe aus dem Bereich der Analysis:

Lösungsskizze zum Beweis der Regel von de l'Hôpital

Nach dem Satz von Taylor gilt:

$$\exists \, \eta \in (x,a), \text{ so dass } f(x) = \frac{f^{(n)}(\eta)}{n!}(x-a)^n$$

$$\exists \, \xi \in (x,a), \text{ so dass } g(x) = \frac{g^{(n)}(\xi)}{n!}(x-a)^n$$

$$\Rightarrow \lim_{x \to a} \frac{f(x)}{g(x)} = \lim_{x \to a} \frac{f^{(n)}(\eta)}{g^{(n)}(\xi)} = \frac{f^{(n)}(a)}{g^{(n)}(a)} = \lim_{x \to a} \frac{f^{(n)}(x)}{g^{(n)}(x)}$$

Dies ist nur eine knappe Lösungsskizze!
Machen Sie sich für jedes Gleichheitszeichen genau klar, warum die Umformung erlaubt ist. Geben Sie zur Begründung gegebenenfalls entsprechende Sätze aus der Vorlesung an und fügen Sie zugehörige Zwischenschritte ein.

Eine zentrale Voraussetzung zur Umsetzung der Gruppenpuzzleform ist, dass sich das Thema in verschiedene (ähnlich umfangreiche und ähnlich schwere) Unterthemen aufteilen lässt und für die Studierenden in der zur Verfügung stehenden Zeit bewältigbar ist (vgl. Barzel u. a. 2007, S. 100). Ist dies nicht direkt gegeben, so bieten sich eine Vielzahl von Abwandlungen des oben beschriebenen Verlaufs an:

Denkbar ist etwa die Ergebnispräsentation durch die Expertengruppen im Plenum. So wird aus der Arbeitsform des Gruppenpuzzles die klassische arbeitsteilige Gruppenarbeit mit anschließender Großform. Dies erlaubt die gemeinsame Diskussion der Ergebnisse in der Großgruppe und bietet außerdem die Gelegenheit für ein Mitglied pro Expertengruppe, sich in der Lehrerrolle vor der gesamten Übungsgruppe zu erproben.
Bestehen zu einem Thema viele unterschiedliche individuelle Lücken und Fragen, deren Besprechung für alle den Rahmen sprengen würde und die gleichzeitig einen Großteil der Gruppe nicht betreffen, so ist auch die Präsentation der arbeitsteiligen Gruppenergebnisse aus der Expertenrunde an Stationen oder als „Museumsrundgang" eine sinnvolle Alternative. Bei diesen Formen kann in der zweiten Arbeitsphase jeder Teilnehmer gezielt seine „Problembereiche" bearbeiten, und neben dem Übungsleiter stehen außerdem die jeweiligen Experten zur Beantwortung von Fragen zur Verfügung. In den Expertenrunden wird dabei außerdem an kleinen abgesteckten Aufgaben geübt, Lehrmaterial zu erstellen, das „für sich spricht".

Das folgende Beispiel zeigt die Arbeitsaufträge zu einer solchen Übungseinheit. Thema war die Besprechung eines Übungsblatts, bei dem ein breiter Wiederholungsbedarf im Bereich der Grundlagen zutage kam:

Arbeitsteilige Gruppenarbeit mit anschließendem Museumsrundgang

Gruppe 1
Stellen Sie die wichtigsten allgemeinen Ableitungsregeln übersichtlich auf einem Plakat zusammen und verdeutlichen Sie sie jeweils an einem Beispiel von Blatt 7.

Gruppe 2
Erstellen Sie eine Übersicht mit den bekannten Eigenschaften (Definition, Rechenregeln, Ableitung, Zusammenhänge) folgender Funktionen: $\exp, \log, \ln, x \mapsto a^x$. Halten Sie die Ergebnisse übersichtlich auf einem Plakat fest.

Gruppe 3
Wann ist eine Funktion stetig und wann differenzierbar?
Stellen Sie auf einem Plakat zusammen, was bei der Anwendung der Definitionen jeweils zu beachten ist und welche Regeln für die Stetigkeit gelten, und verdeutlichen Sie dies an Aufgabe 4.

Obgleich das Arrangement des Gruppenpuzzles mit der arbeitsteiligen Gruppenarbeit und dem anschließenden gegenseitigen „Unterrichten" in Kleingruppen die eingangs vorgestellten Grundsätze der methodischen Neuorientierung in besonderer Weise aufgreift und umsetzt, sind auch immer wieder Situationen denkbar, die andere Formen zur Methode der Wahl machen. Dies kann beispielsweise eine arbeitsgleiche Gruppenarbeit mit anschließender Diskussion der Ergebnisse im Plenum sein oder der Einsatz des *Ich-Du-Wir*-Prinzips (vgl. Gallin und Ruf 1999) zum Beispiel bei der Besprechung von Test oder Klausur.[58]

Obwohl die Übungszeit eigentlich der Eigenaktivität der Studierenden vorbehalten ist, kann in Einzelfällen, etwa bei der Einführung einer neuen Methode oder bei häufig auftauchenden, strukturellen Fehlern, auch der Rückgriff auf instruktive Phasen sinnvoll sein. Dazu zählt auch das Vorrechnen *ausgewählter* Aufgaben durch Studierende. Dies bietet etwa die Möglichkeit, besonders engagierte Studierende zu fördern, und ermöglicht eine Art Unterrichtserfahrung in geschütztem Rahmen – schließlich bedarf auch ein guter Lehrervortrag der Übung. Der im Vergleich zur Vorlesung intime Rahmen der Übungen bietet auch beim Einsatz frontaler Formen die Möglichkeit, das Plenum einzubinden und die präsentierten Gegenstände als Anlass zum „Sprechen über Mathematik" zu nehmen.

Denkbar sind natürlich auch Mischformen aller Art wie zum Beispiel das Vorrechnen einer besonders „trickreichen" Aufgabe und das Besprechen der anderen Aufgaben als Gruppenpuzzle oder Ähnliches.

---

[58] Wie der Ansatz des dialogischen Lernens für Lehrveranstaltungen an der Universität genutzt werden kann, zeigt beispielsweise HEFENDEHL-HEBEKER (2002).

8.3   Arbeiten in Präsenzübungsphasen

Präsenzübungsphasen bieten den Studierenden die Möglichkeit, unter Anleitung in kleinen Gruppen zu üben und den Stoff zu wiederholen. Der Einsatz von Präsenzaufgaben eröffnet neue Möglichkeiten der Auseinandersetzung mit dem Thema. In Präsenzübungsphasen können gemeinsam spezielle Techniken erlernt und mathematische Heuristiken eingeübt werden. Präsenzaufgaben können auch das inhaltliche Verstehen fördern und die Nacharbeit des Vorlesungsstoffs unterstützen. So kann dem oft zu Beginn des Studiums beschriebenen Frustrationserlebnis, allein vor einem scheinbar unlösbaren Problem zu stehen, begegnet werden. Zudem bietet das Angebot die Möglichkeit, schon früh gemeinsam fachspezifische Problemlösestrategien einzuüben und auf individuelle Fragen zum Vorlesungsstoff einzugehen.

Präsenzübungsformen – in Form separater Übungsstunden oder als Phasen in Vorlesung oder Hausübung – können im Wesentlichen Folgendes leisten:

Präsenzübungsphasen bieten einen Rahmen zum Wiederholen und Vertiefen zentraler Inhalte der Vorlesung.   In Präsenzübungsphasen kann angeleitet verstehensorientiert mit dem Stoff der Vorlesung umgegangen werden. Das Bearbeiten von „Fragen zur Vorlesung" (vgl. 8.3.2) erwies sich in diesem Zusammenhang als besonders hilfreich. So wird dem Phänomen begegnet, dass Studienanfänger der Stofffülle einer hochschulmathematischen Veranstaltung mit großem Respekt gegenüberstehen und sich selbst kaum in der Lage fühlen, ihre eigenen Fragen zu formulieren. Vorschläge für mögliche Fragestellungen stellen daher eine Brücke dar, um Wissenslücken zuerst zu identifizieren und sie weiterhin produktiv zur Arbeit mit dem Vorlesungsstoff zu nutzen. Präsenzarbeitsaufträge schaffen zudem Anlässe zur fachbezogenen Kommunikation der Studierenden sowohl untereinander als auch im individuellen Austausch mit den Tutoren. Dies dient dem Erwerb der grundlegenden Fähigkeiten und Fertigkeiten und nicht zuletzt der Diskussion tiefergehender mathematischer Inhalte.

Präsenzübungsphasen ermöglichen das Einüben bestimmter Techniken durch die Bearbeitung zusätzlicher (überschaubarer) Aufgaben.   Der deduktive Aufbau der Fachvorlesungen zeigt, wie mit ihren Gegenständen mathematisch umgegangen werden darf. Die Anwendung dieser Verfahren ist dabei häufig nur eine Randbemerkung und ein (triviales) Beispiel wert, obgleich sie später als bekannt und verfügbar vorausgesetzt werden. Überschaubare und zugleich paradigmatische Präsenzaufgaben bieten hier weitere Beispiele und die Möglichkeit, den Umgang unter Anleitung individuell einzuüben und auch das jeweilige Verfahren als solches zu reflektieren. Ein besonderer Vorteil besteht darin, dass Präsenzaufgaben zeitnah zur inhaltlichen Behandlung in der Veranstaltung formuliert werden können.

Präsenzübungsphasen bieten einen Rahmen, die abzugebenden Übungsaufgaben bereits vor der Abgabe mit anderen gemeinsam zu bearbeiten.   Gerade zu Beginn des Mathematikstudiums scheitert das Lösen der gestellten Aufgaben häufig bereits am Verstehen der Aufgabenstellung. Wird gemeinsam mit anderen Studierenden geklärt, was die zentralen Begriffe und die Fragestellung der Aufgabe sind, ist der Weg zur Lösungsidee häufig nicht mehr weit. Eine weitere Hürde stellt die Unsicherheit dar, wie die Idee mathematisch korrekt aufgeschrieben werden kann. Durch die Diskussion mit den Mitstudierenden können Lösungsentwürfe präzisiert werden. So erweisen sich die Fragen der Kommilitoninnen und Kommilitonen als guter Prüfstein. Ziel einer solchen Präsenzübungsphase ist es nicht, die Lösung von Hausaufgaben vor der Abgabe vorwegzunehmen, sondern vielmehr eine Hilfestellung zur Überwindung von Hindernissen auf dem Weg zur eigenen Lösung zu geben. Sie bieten damit „Hilfe zur Selbsthilfe".

Methodisch kann hauptsächlich auf verschiedene Formen der (arbeitsgleichen) Gruppenarbeit zurückgegriffen werden, in denen die Tutoren oder Dozenten die Rolle von Moderatoren und im Hintergrund zur Verfügung stehenden Experten übernehmen. So tritt in den Teilen der Veranstaltung mit Präsenzübungscharakter die Instruktion nahezu ganz zu Gunsten einer selbstgesteuerten und eigenaktiv konstruktiven Auseinandersetzung der Studierenden mit der Mathematik zurück.

8.3.1 Ergänzende Präsenzaufgaben

Ein Einsatzgebiet für Präsenzübungsphasen sind die traditionellen Übungen. Der Arbeitsprozess der Studierenden kann hier beispielsweise durch Aufgaben, die zum Sprechen über die mathematischen Inhalte anregen, begleitet werden. Das folgende Beispiel aus einer Präsenzübungsphase im Rahmen der Übungen zur *Analytischen Geometrie und Linearen Algebra* verdeutlicht dies.

Präsenzaufgabe zur Konstruktion linearer Gleichungssysteme

Konstruieren Sie ein lineares Gleichungssystem, das

(a) keine Lösung hat.
(b) nur die Lösung $(1, 2, 1)$ hat.
(c) unter anderem die Lösung $(1, 2, 1)$ hat.
(d) die Lösungen $(1, 2, 1)$ und $(2, 4, 2)$ hat.
(e) die Lösungsmenge $\{(2 - t, 4 + 2t, t) \mid t \in \mathbb{R}\}$ hat.
(f) als Lösungsmenge die Ebene $2x - 5y + 11z = 7$ hat.

Welchen Rang haben jeweils die Koeffizientenmatrizen?

Beim Lösen der Präsenzaufgabe können die Schlüsselbegriffe der Vorlesung nachgearbeitet werden. Durch den Steckbriefcharakter wird die Diskussion über die Begriffe geöffnet und kann so vertieft werden. Unterschiedliche Lösungen sind möglich und verdeutlichen so, dass es nicht immer *die* Lösung geben muss.[59] Außerdem knüpft die Aufgabe an die Kenntnisse der Schulmathematik an. Aufgaben dieser Art motivieren

---

[59] Weitere anregende Beispiele für Präsenzaufgaben zu verschiedenen Themengebieten finden sich auch in Beutelspacher (2011).

dazu, ähnliche Aufgaben selbst konstruieren zu können, und dies berührt im Übrigen eine zentrale Kompetenz von Mathematiklehrenden.

8.3.2 Fragen zur Vorlesung

Neben Präsenzarbeitsaufträgen mit Aufgabencharakter bieten sich zur Anregung des Arbeitsprozesses auch Verständnisfragen zur Vorlesung an. Über eine Liste mit Fragen wird dabei die Verbindung zum aktuell in der Vorlesung behandelten Inhalt hergestellt und die eigenaktive Wiederholung angeregt. Solche Fragen können sowohl in separaten Präsenzübungen Verwendung finden als auch in nur sporadischen Phasen innerhalb des gängigen Veranstaltungsbetriebs, etwa zur Vorbereitung auf Test oder Klausur. Das folgende Beispiel stammt aus einer Präsenzübung zur *Analysis II*:

Verständnisfragen zur Konvergenz von Funktionenfolgen

Die folgenden Fragen sollen eine Anregung sein, sich wiederholend mit dem Stoff der Vorlesung der letzten Woche auseinanderzusetzen:

- Was bedeutet punktweise Konvergenz anschaulich? Wie lässt sie sich formal definieren? (Was muss ich demnach tun, um mit der Definition die punktweise Konvergenz zu zeigen?)

- Was bedeutet gleichmäßige Konvergenz anschaulich? Wie lässt sie sich formal definieren? (Es gibt verschiedene Schreibweisen. Warum sind diese gleichwertig? Welche liegt mir mehr?)

- Was ist zu tun, wenn man mittels der Definition die gleichmäßige Konvergenz nachweisen will?

- Kann eine Funktionenfolge gleichmäßig, aber nicht punktweise konvergent sein? (Beispiel?/Begründung?)

- Kenne ich Beispiele für punktweise, aber nicht gleichmäßige Konvergenz? Wird dabei auch anschaulich der Unterschied deutlich?

- Unter welchen Umständen konvergieren Summen, Produkte und Inverse von gleichmäßig konvergenten Folgen ebenfalls gleichmäßig?

- Übertragen sich Eigenschaften wie Stetigkeit, Differenzierbarkeit und Integrierbarkeit zwangsläufig auf die Grenzfunktion? Wie können mir diese Eigenschaften für den Nachweis von (nicht-)gleichmäßiger Konvergenz helfen?

Haben Sie noch Fragen, die hier nicht auftauchen? Dann stellen Sie diese Ihren Mitstudierenden oder den Übungsleitern!
Denn nur gestellte Fragen können beantwortet werden!

Die Projekterfahrungen haben gezeigt, dass solche Verständnisfragen gut geeignet sind, einen Arbeitsprozess zu initiieren. Durch die Diskussion der Fragen in kleinen Gruppen wird die eigene Auseinandersetzung mit dem Stoff angeregt und der Stand des Verstehens hinterfragt. Zudem war zu beobachten, dass durch den gezielten Blick in die Vorlesungsunterlagen auch vorher nicht aufgeführte Fragen zum Thema gestellt und diskutiert wurden.

Organisatorisch haben sich bei der Arbeit mit den Verständnisfragen insbesondere frei gewählte Gruppenzusammensetzungen bewährt. Diese waren – anders als im Bereich der Besprechung von Übungsaufgaben – häufig eher leistungshomogen zusammengesetzt und auf gegenseitiger Sympathie gründend. Das ermöglichte im Prozess des Wiederholens und Vergewisserns ein effizienteres Arbeiten für den Einzelnen. Außerdem waren die Präsenzübungen gerade zu Beginn des Studiums ein Ort, an dem sich Arbeitsgruppen finden konnten, die auch über die Veranstaltung hinaus zusammenarbeiteten.

8.3.3 Seminaristische Anteile in Vorlesungen

Phasen einer aktiven Teilnahme der Studierenden während der Vorlesungszeit tragen zur Motivation bei und geben Gelegenheit, den vorausgegangenen Vorlesungsstoff direkt anzuwenden. Der erwünschte Kontakt der Studierenden untereinander schafft den Raum, kleine Fragen zu klären und Unklarheiten sofort zu beseitigen. Der Vortragende, der eine Einbeziehung seminaristischer Anteile in seinen Vorlesung erlaubt, bekommt eine Rückmeldung, inwieweit der bisherige Vorlesungsstoff verstanden wurde und wo Schwierigkeiten liegen. Außerdem bietet sich im Gespräch mit den Studierenden die Chance, über die verwendeten mathematischen Heuristiken zu reflektieren und in der Ergebnisbesprechung unterschiedliche mathematische Denkmuster und Problemlösestrategien vorzustellen. Weiterhin können die Diskussionen von Studierenden und Lehrenden dazu führen, gemeinsam die metakognitive Struktur der Veranstaltung herauszustellen und so den „Advance Organizer" der Vorlesung deutlich werden zu lassen. Dieser kann wiederum die Studierenden bei der häuslichen Nacharbeit der Vorlesung unterstützen.

Kleinere Präsenzaufgaben können zur Veranschaulichung des Vorlesungsstoffs, zur Wiederholung von vorangegangenen Inhalten, zu Vernetzung mit anderen Themen, zur Einübung von Techniken, Strategien oder Heuristiken oder zur Motivation der Studierenden dienen.

Das Beispiel zum „Rang einer Matrix" (vgl. S. 97) zeigt anschaulich, wie die Begriffe der Vorlesung vertieft und zuerst in einem einfachen, aber offenen Kontext angewandt werden. Die Aufgabenstellung erweitert durch ihren spielerischen Charakter die Flexibilität im Umgang mit dem Inhalt.

Dass seminaristische Anteile in den Vorlesungen auch der gemeinsamen Rückschau auf vorangegangene Vorlesungsstunden dienen können, zeigen Beispiele aus der *Schulanalysis vom höheren Standpunkt*. So regt die Bearbeitung von Präsenzarbeitsblättern zur historischen Genese der unterschiedlichen Ableitungsaspekte (vgl. S. 39) zur Reflexion und weiteren Präzisierung bereits bekannter Begriffe an und lädt dazu ein, diese aus einer neuen, nämlich der historischen Perspektive zu betrachten.

8.4 Erweiterung der universitären Lernumgebung

Zusätzlich zur methodischen Neuorientierung der klassischen Organisationsformen Vorlesung und Übungen wurden die Projektbedingungen genutzt, um die universitäre Lernumgebung zu erweitern. Die Veranstaltungen wurden auf vielfältige Weise bereichert: durch Software-Praktika, ein *Forum* als Ort übergreifender Diskussionen mathematischer Themen sowie die Einbeziehung außeruniversitärer Lernorte.

Mit solchen Angeboten können je unterschiedliche Ziele und Hoffnungen verbunden werden. So stellen vorlesungsbegleitende Software-Praktika eine Möglichkeit dar, den Rechner zur fachlichen Vertiefung zu nutzen. Daneben können neue Medien auf verschiedene Art den mathematischen Vorlesungsbetrieb bereichern und selbstgesteuertes Lernen unterstützen: Diskussionsforen, die Bereitsstellung von E-Learning-Materialien oder Online-Tutorials eröffnen nur einen kleinen Ausschnitt der denkbaren Bandbreite. Einsatzmöglichkeiten in diesem Bereich werden zum Beispiel im Projekt *Mathematik Besser Verstehen* (Universität Duisburg-Essen) erprobt (vgl. Hefendehl-Hebeker u. a. 2010).

Auch Seminare können die kanonischen Veranstaltungen begleiten. Neben fachlichen Angeboten sind auch Seminare vorstellbar, die eine Brücke zwischen Fachmathematik und Fachdidaktik schlagen. Diese können genutzt werden, übergreifende fachliche Probleme zu diskutieren. Sie können aber auch dazu beitragen, die Studierenden anzuleiten, sich in der Forschungspraxis aktiv zu bewegen (vgl. Empfehlungen 2010, S. 40 f.).

Im schulischen Kontext kann beobachtet werden, dass das Aufbrechen gewohnter Arbeitsstrukturen und eine Veränderung der Umgebung eine positive Spannung erzeugen. Schüler sind interessiert an Lerninhalten, lassen sich durch die neue Umgebung und deren Möglichkeiten anregen und nehmen häufig die neue Motivation wieder mit zurück ins Klassenzimmer (vgl. z. B. KONHÄUSER (2004) oder ENGELN (2004)). Ähnliche Phänomene können für das Lernen in jedem Alter erwartet werden: Eine (vorübergehende) Änderung des Arbeitsumfeldes und der -organisation verändert die Motivation des Einzelnen und beeinflusst die Gruppendynamik positiv. Diese Effekte können produktiv für den Lernerfolg und das Arbeitsklima in der Ausnahmesituation genutzt werden, wirken aber auch im weiteren Arbeitsprozess fort. Bezogen auf das Hochschulstudium kann also von der Einbeziehung außeruniversitärer Lernorte ganz allgemein eine positive Auswirkung auf die Lernumgebung als Ganzes erwartet werden. Außeruniversitäre Lernumgebungen gehören außerdem zu „nicht kanonischen Lernangeboten", wie sie programmatisch für eine gelingende Lehramtsausbildung empfohlen werden (vgl. Empfehlungen 2010, S. 50 ff.).

Die positiven Erwartungen erfüllten sich auch in der Praxisphase von *Mathematik Neu Denken*, wo außeruniversitäre Lernarrangements verschiedener Art genutzt wurden. Hervorzuheben sind hier insbesondere ein gemeinsames Wochenendseminar der Projektstudierenden aus Gießen und Siegen sowie die Einbeziehung des Mathematikums.

Im Folgenden werden einige der im Pilotprojekt erprobten Erweiterungen der universitären Lernumgebung exemplarisch vorgestellt.

8.4.1 Software-Praktikum

Der Computer ist aus der modernen Kommunikationslandschaft ebenso wenig wegzudenken wie aus dem Mathematikunterricht der Schule. Zu einer professionsorientierten Lehrerbildung gehört daher die Anleitung zum reflektierten Umgang mit dem Medium Computer. Auch in diesem Bereich ist die eigenaktive Auseinandersetzung der angehenden Lehrerinnen und Lehrer notwendig, um die Möglichkeiten und Grenzen des unterrichtlichen Einsatzes einschätzen zu lernen.

Zudem kann das Medium Computer einen weiteren Zugang zu geeigneten mathematischen Inhalten eröffnen. So können neben Übungen auch Software-Praktika den Vorlesungsbetrieb ergänzen und besonders zur individuellen Konstruktion mathematischer Inhalte anregen. Im Rahmen solcher Praktika schulen die Studierenden ihre Grundvorstellungen von mathematischen Begriffen wie auch ihre Problemlösekompetenz durch heuristisch-experimentelles Arbeiten.

In der Praxisphase von *Mathematik Neu Denken* wurden Software-Praktika synchron zur Vorlesung *Analytische Geometrie und Lineare Algebra* erprobt (vgl. 6.3): Ziel war dabei zum einen, an schulische Vorerfahrungen anzuknüpfen und diese durch den Computereinsatz aus einer anderen Perspektive zu betrachten. Zum anderen sollte die computergestützte Visualisierung der Vorlesungsinhalte zu vertieftem Verstehen beitragen. Der Praktikumscharakter regte weiterhin zur selbstständigen Auseinandersetzung mit dem Gehörten an und ergänzte die klassischen Übungsaufgaben. Außerdem lernten die Studierenden so ein auch für die Schule relevantes Computeralgebrasystem als leistungsfähiges Werkzeug zur Bearbeitung und zur dynamischen Visualisierung mathematischer Probleme und Modelle kennen.

8.4.2 Forum

Auch seminaristisch angelegte Lernumgebungen können fachmathematische Veranstaltungen wertvoll ergänzen. Zur Verbindung von *Analysis I* und *Schulanalysis vom höheren Standpunkt* wurde dies im Rahmen von *Mathematik Neu Denken* im *Forum* realisiert.

Ziel solchen Arbeitens kann es sein, die Verbindungen zwischen größeren Themengebieten herauszuarbeiten. Methodisch bietet es sich an, ein Oberthema zu formulieren, das zum freien Ideenaustausch anregt. Dabei sollte ein Arbeitsklima geschaffen werden, in dem die Studierenden gleichberechtigt in einem informelleren Rahmen die Probleme bearbeiten können. So können tiefe individuelle Vorstellungen von Begriffen thematisiert und in einer offenen Diskussion reflektiert werden. Im Fokus solcher seminaristisch angelegter Lernumgebungen steht der Weg des Erkennens und nicht unbedingt eine fertige Lösung. Eine derartige Veranstaltung soll auch als „Marktplatz der Ideen" verstanden werden.

Im *Forum* zur *Analysis I* und zur *Schulanalysis vom höheren Standpunkt* wurde zum Beispiel der Bogen zwischen analysishaltiger Schulmathematik und Hochschulanalysis gespannt: Zu diskutieren war die Frage „Ist $0,\overline{9}$ wirklich gleich 1?". Aus der anfänglichen Irritation unter den Studierenden entstanden verschiedene fachliche Begründungen, deren Potenzial wiederum zur ausführlichen Diskussion anregte.

Als weiteres Beispiel wurde die Rechtfertigung der Infinitesimalrechnung nach LEIBNIZ thematisiert:

LEIBNIZ' Infinitesimalrechnung – Eine Quelle als Diskussionsgrundlage

Rechtfertigung der Infinitesimalrechnung durch den gewöhnlichen algebraischen Kalkül.

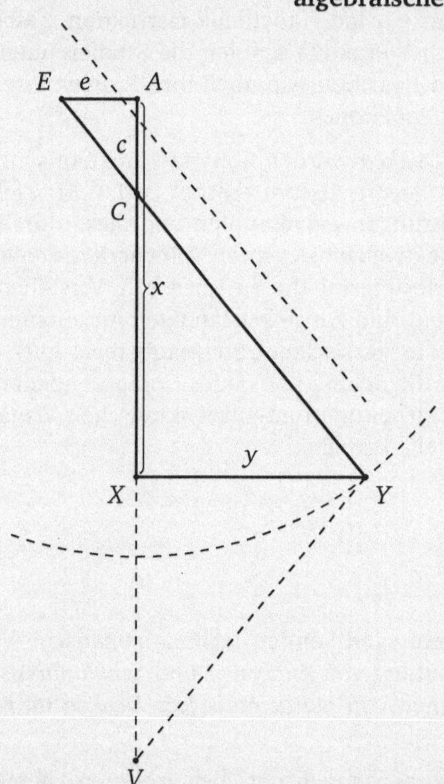

Zwei Gerade AX und EY mögen sich im Punkte C schneiden; von den Punkten E und Y seinen zwei Gerade EA und YX senkrecht zu AX gezogen. Nennen wir $AC\ c$, $AE\ e$, $AX\ x$ und $XY\ y$. Dann verhält sich, da die Dreiecke CAE und CXY einander ähnlich sind, $x - c : y = c : e$. Wenn nunmehr die Gerade EY sich mehr und mehr dem Punkte A nähert, dabei jedoch in dem variablen Punkte C immer denselben Winkel mit AX bildet, so werden offenbar die Strecken c und e immer kleiner werden, ihr Verhältnis jedoch wird ungeändert bleiben. Wir wollen annehmen, daß es von der Gleichheit verschieden, der betreffenden Winkel also nicht $= 45°$ ist.

Setzen wir nun den Fall, daß die Gerade EY schließlich durch den Punkt A hindurchgeht, so werden offenbar C und E in diesem einen Punkte zusammenfallen, die Geraden AC und AE oder c und e werden also verschwinden. Das Verhältnis oder die Gleichung $\dfrac{x-c}{y} = \dfrac{c}{e}$ gestaltet sich also zu $\dfrac{x}{y} = \dfrac{c}{e}$ um. In dem vorliegenden Falle wird also, vorausgesetzt, daß auch er unter die allgemeine Regel fällt, $x - c = x$ sein. Dennoch aber werden c und e nicht im absoluten Sinne „Nichts" sein, da sie ja zueinander stets das Verhältnis von $CX : XY$ bewahren, oder, mit anderen Worten: das Verhältnis zwischen dem Sinus von $90°$ oder dem Radius, und der Tangente des Winkels in C, den wir bei der Annäherung von EY an A als konstant angenommen haben. Wären nämlich c und e in diesem Kalkül für den Fall des Zusammenfallens der Punkte C, E, A im absoluten Sinne Nichts, so würden sie, da ein Nichts denselben Wert hat, wie ein anderes, einander gleich sein, und aus der Gleichung oder dem Verhältnis $\dfrac{x}{y} = \dfrac{c}{e}$ ergäbe sich $\dfrac{x}{y} = \dfrac{0}{0} = 1$, d. h. es wäre auch x gleich y, was ein offenbarer Widersinn ist, da unserer Annahme nach der Winkel nicht $= 45°$ sein sollte. Die Größen c und e werden also in diesem algebraischen Kalkül nur vergleichsweise, mit Bezug auf x und y, als Nichts gerechnet, besitzen jedoch untereinander ein algebraisches Verhältnis und werden als Infinitesimale behandelt, wie die Elemente, die wir in unserem Differential-Kalkül bei den Koordinaten der Kurven annehmen, d. h. wie momentane Zuwüchse oder Abnahmen. So findet man schon in dem Kalkül der gewöhnlichen Algebra die Spuren des transscendenten Kalküls der Differenzen und dieselben Eigentümlichkeiten, an denen manche Gelehrte hier Anstoß nehmen. Es kann eben selbst der algebraische Kalkül ihrer nicht entbehren, wenn er sich seine Vorzüge erhalten will, deren wesentlichster seine Allgemeinheit ist, die ihm ermöglicht, alle Fälle, selbst den, wo bestimmte gegebene Gerade verschwinden, zu umfassen. Hierauf Verzicht zu leisten und sich damit freiwillig eines der fruchtbarsten Hülfsmittel zu begeben, wäre lächerlich. Schon in der gewöhnlichen Algebra haben alle geschickten Analytiker hieraus Nutzen gezogen, um ihren Rechnungen und Konstruktionen Allgemeinheit zu geben. Wenn man diesen Vorteil sodann auf die Physik und besonders auf die Gesetze der Bewegung anwendet, so ergibt sich hierbei z. T. das Gesetz der Kontinuität, wie ich es nenne, das mir seit langer Zeit in der Physik als Prinzip für die Entdeckung neuer Wahrheiten und zudem als vorzüglicher Prüfstein zur Beurteilung mancher Regeln dient, die man in diesem Gebiet aufstellt. Ich hatte hiervon vor mehreren Jahren eine Probe in den „Nouvelles de la République des Lettres" veröffentlicht, in der ich die Gleichheit als einen Sonderfall der Ungleichheit, die Ruhe als Sonderfall der Bewegung, den Parallelismus als Fall der Konvergenz zweier Geraden usw. ansah – wobei jedoch angenommen wird, daß die Differenz der Größen, die gleich werden, nicht schon null ist, sondern erst im Begriff ist, zu verschwinden; – ebenso, dass die Bewegung noch nicht absolut zu Nichts geworden ist, sondern erst im Begriffe steht es zu werden. Will sich jemand hiermit nicht zufrieden geben, so kann man ihm nach der Methode des Archimedes zeigen, daß der Irrtum keine angebbare Größe besitzt, und dass er durch keine Konstruktion darstellbar ist. Mit dem Hinweis hierauf hat man einem übrigens höchst scharfsinnigen Mathematiker geantwortet, der auf Grund ähnlicher Bedenken, wie man sie unserem Kalkül entgegensetzt, gegen die Richtigkeit der Quadratur der Parabel Einwendungen machte. Man hielt ihm nämlich die Frage entgegen, ob er durch irgend eine Konstruktion eine Größe angeben könne, die geringer als die Differenz sei,

die seiner Behauptung nach zwischen dem von Archimedes gegebenen
und dem wahrhaften Flächeninhalt der Parabel bestehen sollte, – wozu
man immer imstande ist, wenn eine Quadratur falsch ist. Wenngleich es
indessen nicht in aller Strenge richtig ist, dass die Ruhe eine Abart der Bewegung, oder die Gleichheit eine Art der Ungleichheit ist, ebenso wenig
wie der Kreis in Wirklichkeit eine Art reguläres Vieleck ist, so kann man
trotzdem sagen, daß die Ruhe, die Gleichheit und der Kreis die Grenzfäl-
le der Bewegungen, der Ungleichheiten und der regulären Vielecke bilden, die durch eine stetige Veränderung im Zustande des Verschwindens
schließlich in jene übergehen. Und obgleich diese Grenzen ausgeschlossen, d. h. streng genommen in der Mannigfaltigkeit, die sie abschließen,
nicht mit einbegriffen sind, besitzen sie dennoch deren Eigentümlichkeiten, wie wenn sie darin enthalten wären. Dies steht im Einklang mit der
Terminologie des Unendlichen und Unendlichkleinen, nach der z. B. der
Kreis ein Vieleck mit unendlich vielen Seiten ist. Andernfalls würde das
Gesetz der Kontinuität verletzt, denn da man von den Vielecken durch
stetige Veränderungen und ohne einen Sprung zu machen, zum Kreise
gelangt, so darf nach diesem Gesetzt auch beim Übergange von den Eigenschaften der Vielecke zu denen des Kreises kein Sprung stattfinden.

Leibniz 1966, S. 101 ff.

Leitfragen:

(a) Präzisieren Sie die Argumente, die sich auf die Abbildung beziehen, mit Hilfe von
konvergenten Zahlenfolgen.

(b) Sehen Sie einen Zusammenhang mit Differentialquotienten, Ableitungen, Änderungsraten oder Ähnlichem?

Die Textpassage lädt dazu ein, die Schwierigkeit der Begriffe im unendlich Kleinen zu
thematisieren, und bringt individuelle Grundüberzeugungen ins Wanken. Diskussionen darüber vertiefen die Kenntnisse der Studierenden und fördern die prozessorien-
tierte Sichtweise auf die Mathematik.

Eine Möglichkeit, die Mathematik als Wissenschaft mit außerordentlicher Breite und
Tiefe zu erfahren, stellen nicht-kanonische Lernangebote dar. Einige Angebote außeruniversitärer Lernorte werden im Folgenden skizziert.

8.4.3 Seminarwochenende

Ein Seminarwochenende ist idealtypisch ein nicht-kanonisches Lernangebot, bei dem
nicht nur die Ziele und Inhalte über das klassische Angebot hinausgehen, sondern
auch die Methoden. Dem kommt entgegen, dass der Zwang eines festen Stundenpla-
nes für alle Beteiligten für ein Wochenende aufgehoben ist.

Ein Ziel studentischer Tagungen ist die fachinhaltliche Vertiefung einzelner Themen in Verbindung mit regulären Veranstaltungen. Diese Auseinandersetzung kann durch Formen wie Vorträge, Workshops und Diskussionsrunden methodisch unterstützt werden. Schon bei der Vorbereitung der eigenen Präsentation, in der Beschäftigung mit einem abgesteckten Thema und einer (überschaubaren) mathematischen Fragestellung wird der Stoff individuell vertieft. Doch auch in der Auseinandersetzung mit von anderen präsentierten Inhalten wird der eigene fachliche Horizont erweitert und das Feld für das weitere mathematische Fach- und Didaktikstudium bereitet.

Zu den zentralen Schlüsselqualifikationen, die im Rahmen einer professionsorientierten Lehramtsausbildung bereits an der Universität erworben werden müssen, gehört zweifellos auch das Präsentieren fachlicher Inhalte. Dies kann in einer zwangloseren Lernumgebung, wie sie in Seminarwochenenden angestrebt werden, besonders frei erprobt und reflektiert werden. Nicht zuletzt ist es für einen gelungenen Tagungsvortrag notwendig, die Zielgruppe und den Anlass im Blick zu haben. Die offene Form einer außeruniversitären Umgebung ermöglicht es den Studierenden, sich in der Rolle des Vortragenden auszuprobieren und dabei Erfahrungen mit unterschiedlichen, nicht nur traditionellen Präsentationsformen zu machen.

Eine Möglichkeit der Präsentation, die im Rahmen des Pilotprojekts erprobt wurde, bieten (computerunterstüzte) Miniworkshops.

Wochenendseminar: Workshops

In verschiedenen Stationen werden Themen für das Publikum handlungsorientiert aufbereitet. Dem eigenen Ausprobieren der Miniexperimente stehen zusätzlich die für die Präsentation verantwortlichen Studierenden als Experten für eine technische und fachliche Vertiefung zur Seite. Beispiele aus dem Bereich *Analytische Geometrie und Lineare Algebra*, an denen in einer solchen Form das Spannungsfeld von Abstraktion und Anschauung erlebbar werden kann, sind etwa „Wir machen aus einer Mücke eine Elefanten" zum Themenkreis Vektorräume und Morphing oder „Die Welt aus einem Punkt" (vgl. dazu auch S. 107).

Die Ausgestaltung von Workshops bedarf nicht unbedingt der Computerunterstützung. Beispielsweise können in diesem Rahmen auch gemeinsam Themenfelder neu erschlossen und dabei die Herangehensweise an mathematische Probleme und Fragen thematisiert und reflektiert werden. Thematisch bietet sich das mathematische Modellieren realer Probleme an. Anhand von Beispielen aus der mathematischen Forschungspraxis besteht darüber hinaus die Möglichkeit, Aspekte des innermathematischen Modellierens, zum Beispiel Diskretisieren und Interpolieren, als zentrale Aktivitäten mathematischen Arbeitens zu erleben. Im Rahmen einer Wochenendveranstaltung könnten dabei Experten aus der Praxis die Arbeit in den Workshops bereichern. Auch fächerübergreifende Fragestellungen kommen gerade den Bedürfnissen von Lehramtsstudierenden entgegen. Dabei werden Rahmenbedingungen geschaffen, in denen Verbindungen von Mathematik und Welt konstruiert werden können.

Auch der klassische Vortrag kann in unterschiedlichen Formen gestaltet werden. So können an übersichtlichen Themen Erfahrungen mit unterschiedlichen Präsentationsmedien gesammelt werden.

Wochenendseminar: Vortragsthemen

Bei einer (bezogen auf die fachlichen Voraussetzungen) heterogenen Gruppenzusammensetzung eigenen sich insbesondere Themen aus dem Bereich der *Schulmathematik vom höheren Standpunkt* sowie aus der Mathematikgeschichte. Die folgende Auswahl zeigt mögliche Themen im Anschluss an die Projektveranstaltungen zur Analysis:

- CAUCHYS letztes Verhältnis
- Extremwertprobleme: Warum einfach, wenn's auch differenziert geht?
- Isaac BARROW: Ein Hauptsatz der Differential- und Integralrechnung?
- BERKELEYS Kritik an NEWTON

Die im Vergleich zu Seminarsitzungen freie Form ermöglicht zudem experimentelle Präsentationen wie Streitgespräche, Minitheater oder Podiumsdiskussionen. So erleben im Laufe einer solchen Tagung die Studierenden als Vortragende und Zuhörer ein breites Repertoire unterschiedlicher Präsentationsformen.

Das außeruniversitäre Lernumfeld lädt weiterhin dazu ein, über die Inhalte der Veranstaltungen hinauszugehen. Im Sinne einer professionsorientierten Ausbildung können etwa eingeladene Gäste aus der Fachdidaktik und der Schulpraxis wichtige Impulse liefern. Expertenvorträge oder Podiumsdikussionen bieten Diskussionsanlässe über den Mathematiklehrerberuf und den Schulalltag und regen dazu an, die Berufswahl individuell zu reflektieren.

Neben kürzeren außeruniversitären Angeboten wie Seminarwochenenden sind auch Formen wie Sommerschulen denkbar. Darüber hinaus können Ringvorlesungen, thematische Kompaktseminare oder Exkursionen das Angebot an nicht-kanonischen Lernumgebungen bereichern.

8.4.4 Mathematikum

Das Mathematikum als Science Center ist nicht nur ein klassischer außerschulischer Lernort, sondern bietet sich insbesondere für Lehramtsstudierende als außeruniversitärer Lernort an. Angebote mit Exkursionscharakter bieten die Möglichkeit, in einem weniger formellen Umfeld Kontakte zu den Mitstudierenden, aber auch zu den Dozenten, Mitarbeitern und Tutoren zu knüpfen. So können Hürden im Miteinander abgebaut und neue Motivation geschaffen werden. Schließlich ist das Mathematikum darüber hinaus ein Forschungsfeld für angehende Mathematiklehrerinnen und -lehrer, denn die Beobachtung von Besucherinnen und Besuchern kann wichtige Impulse für die Erforschung von Denkweisen und Problemlösestrategien bieten.

Die fachliche Auseinandersetzung mit einigen der Exponate erfordert hochschulmathematisches Wissen, das die Studierenden im Rahmen klassischer Mathematikveranstaltungen erworben haben. Durch die Erprobung und Analyse von Experimenten erfahren sie Anwendungen der erlernten Theorie (vgl. etwa das Beispiel S. 99). Gleichzeitig gehen sie beim Experimentieren einen anderen Weg mathematischer Heuristik, der sie vom Konkreten zum Abstrakten führt, während der deduktive Aufbau der Mathematik in der Regel den umgekehrten Weg nahelegt.

Zahlreiche Experimente stellen aber auch Konkretisierungen elementarmathematischer Gegenstände dar. Die Mathematik hinter diesen Exponaten zu entdecken und zu verstehen kann besonders zum Erwerb von Erfahrungen in diesem Bereich beitragen und einen phänomenologischen Umgang mit den mathematischen Gegenständen ermöglichen.

Die Auseinandersetzung mit den Exponaten kann dazu motivieren, eigene Experimente, zum Beispiel in einem Seminar, zu erstellen. Die Planung und Herstellung sinnhafter und aktivierender Experimente erfordert ein tiefes Verständnis und ein hohes Maß an eigenaktiver Auseinandersetzung mit einer mathematischen Frage und kann so nachhaltig dazu beitragen, das Bild von Mathematik zu verändern und die Professionalisierung angehender Gymnasiallehrerinnen und -lehrer zu unterstützen. Damit leistet ein Besuch im Mathematikum als mathematischem Mitmach-Museum einen Beitrag zur Verbindung von fachmathematischen und fachdidaktischen Fragen und liegt so an der Schnittstelle zwischen Mathematik und Mathematikdidaktik.

8.5 Neuorientierung der Leistungsbeurteilung

Wie in verschiedensten Lernarrangements die Balance von Instruktion und Konstruktion beim universitären Mathematiklehren und -lernen gelingen kann, wurde in diesem Kapitel illustriert. Im Fokus stand einerseits die methodische Neuorientierung klassischer Veranstaltungsformen, andererseits wurden auch Chancen nicht-kanonischer Lernangebote beleuchtet. Eine solche Veränderung der universitären Lernkultur ist ein großer Schritt; eine Schwäche des traditionellen Systems wird dabei jedoch nicht unbedingt berührt: die Art der *Leistungsüberprüfung*.

In der Regel werden die zum Scheinerwerb notwendigen Leistungen der Studierenden in Tests und Klausuren erbracht. Manchmal sind auch die Ergebnisse der abzugebenden Übungsaufgaben bewertungsrelevant. Dabei wird nur eine spezielle Form abprüfbaren Wissens zu Grunde gelegt, die eher defizitorientiert bewertet wird: Geprüft wird eine Momentaufnahme des *Wissens*bestands. Dies entspricht nicht der konstruktivistischen Sichtweise vom Lernen:

> „Die Trennung der Aspekte *Individualisierung von Lernprozessen* und *alternative Leistungsbewertung* ist eigentlich eine künstliche, denn eine Individualisierung von Lernprozessen bedingt geradezu alternative Formen der Leistungsbewertung." (Degenhardt und Karagiannakis 2008, S. 13)

Es besteht also die Notwendigkeit, mindestens die Aufgabenkultur der vorgestellten methodischen Neuorientierung anzupassen. Dies kann etwa durch offene Problemstellungen und texthaltigere Aufgaben auch in Test und Klausur geschehen.[60]

---

[60] Vgl. etwa die Beispielmaterialien in Kapitel 5 und 6.

Weiterhin bieten die oben beschriebenen Erweiterungen der universitären Lernumgebung (vgl. 8.4) die Möglichkeit, das Spektrum der Leistungsüberprüfung zu ergänzen. So können beispielsweise Arbeitsergebnisse im Anschluss an Seminarwochenenden (Handouts, Vortragsausarbeitungen, Plakate etc.) oder Ergebnisse der Computerprojektarbeit in ein Leistungsportfolio eingehen. Mit ausführlicheren Textarbeiten oder Präsentationen fließen außerdem auch Produkte längerfristiger individueller Auseinandersetzung mit den mathematischen Inhalten in die Bewertung mit ein. Dies ermöglicht eine differenzierte individuelle Rückmeldung, entspricht der konstruktivistischen Grundposition vom Lernen und trägt zudem zu einer kompetenzorientierten Prüfungskultur bei.

Im Rahmen von *Mathematik Neu Denken* wurden offene Aufgaben in den schriftlichen Leistungsüberprüfungen zu den Fachveranstaltungen ebenso erfolgreich erprobt wie eine Erweiterung des klassischen Spektrums von Studienleistungen. Eine prominente Stellung nahm dabei die Arbeit mit Portfolios und Hausarbeiten ein.

8.5.1 Portfolios

Nicht nur in der Schule, auch in der Lehrerausbildung werden immer häufiger formale Voraussetzungen geschaffen, um die Arbeit mit Portfolios in die Lernprozesse der Lernenden zu integrieren. Dieser Tendenz kann sich auch die Ausbildung von Mathematiklehrerinnen und -lehrern nicht entziehen und sie sollte die Arbeit mit Portfolios in ihr Methodenrepertoire übernehmen.

Aus der pädagogischen Praxis heraus haben sich eine Vielzahl von unterschiedlich akzentuierten Portfoliobegriffen entwickelt, über die eine Theoriebildung allerdings noch nicht abgeschlossen ist: Portfolios können zur Darstellung eigener Kompetenzen genutzt werden und eine selbstgewählte Auswahl relevanter Arbeitsproben enthalten. Weiterhin dienen Portfolios häufig als Grundlage des Austausches über ein Thema. Das Portfolio enthält Produkte eines Lernprozesses, und der gemeinsame Blick von Lehrenden und Lernenden auf diese Produkte regt die Kommunikation über das Thema und den zu Grunde liegenden Lernprozess an. So unterstützt ein Portfolio die Reflexion und Evaluation des Lernprozesses und kann gleichzeitig eine Leistungsbeurteilung im Dialog ermöglichen (vgl. Häcker 2009, S. 34 ff.).

In dieser Funktion des Portfolios liegt allerdings auch seine größte Schwierigkeit. So wird häufig die Portfolioarbeit unreflektiert eingeführt, und den Lernenden ist ihr Zweck nicht klar. Da die Portfolioarbeit hauptsächlich die Kommunikation anregen soll, erfordert sie eine intensive Betreuung seitens der Lehrenden, denn nur durch angemessene Rahmenbedingungen, Anleitung und Begleitung kann die Erstellung eines Portfolios im Rahmen der universitären Ausbildung zur inhaltlichen und methodischen Professionalisierung angehender Lehrerinnen und Lehrer beitragen (vgl. Häcker und Winter 2009, S. 227 f.).

Im Rahmen einer Mathematikvorlesung entstehen zahlreiche Materialien, die in eine Dokumentation des Lernprozesses einfließen können: Vorlesungsmitschriften der Studierenden und die bearbeiteten Übungsaufgaben, zusammen mit individuellen Notizen und Anmerkungen, können zu einer Art Lerntagebuch[61] werden. Zudem laden zusätzliche Arbeitsaufträge zur weitergehenden Reflexion ein (vgl. z. B. 5.1).

Auch in Anlehnung an die Inhalte der *Analytischen Geometrie und Linearen Algebra* bieten sich Portfoliothemen mit verschiedenen Zielsetzungen an: Über die Auseinandersetzung mit Biografien von für die Entwicklung der Linearen Algebra bedeutenden Mathematikern (LEIBNIZ, GAUSS, EULER, HAMILTON (1788-1856), CAYLEY (1821-1895), GRASSMANN) kann das Bewusstsein für die Genese der Vorlesungsinhalte und die dahinterstehenden Persönlichkeiten geschärft werden. Eine solche Auseinandersetzung trägt außerdem dazu bei, die erlernte Mathematik in ihren Entstehungskontext einordnen und so die Bedeutung mathematischer Begriffe besser einschätzen und bewerten zu können.

Folgende Themenvorschläge stellen eine Auswahl weiterer möglicher Projekte dar, wobei den ersten drei Beispielthemen Experimente aus dem Mathematikum in Gießen zu Grunde liegen.

Portfoliothemen zur *Analytischen Geometrie und Linearen Algebra*

- Die Platonischen Körper
- Der 4-dimensionale Würfel
- Seifenblasen
- Lights on! (vgl. auch S. 99)
- Das Königsberger Brückenproblem
- EULERS Beweis zu

$$\sum_{n=1}^{\infty} \frac{1}{n^2} = \frac{\pi^2}{6}$$

- Die Eulersche φ-Funktion

Umfang: 2 bis 4 Seiten pro Thema.

Solche kleinen Arbeitsaufträge mit Vorlesungsbezug bieten den Studierenden die Möglichkeit, sich abseits des regulären Übungsbetriebs mit einem mathematischen Gegenstand selbstständig und längerfristig auseinanderzusetzen, und sie sind Beispiele für ein mathematisches Forschungsprojekt „im Kleinen".

Portfolios, in denen konstruktive Kritik zu Vorlesung, Übungen und Praktika durch die Studierenden verschriftlicht wird, können anschließend auch als Evaluations- und Reflexionsinstrument genutzt werden.

---

[61] Für den Einsatz im Mathematikunterricht ist die Arbeit mit Reisetagebüchern (vgl. Ruf und Gallin 2005) oder Forschungsheften (vgl. Hußmann 2002) vielfach beschrieben.

8.5.2 Hausarbeiten

Insbesondere die Lehre in den naturwissenschaftlichen Fächern hat eine ambivalente Haltung zum Thema Hausarbeiten: Die wissenschaftliche Ausbildung zielt in der Regel nicht darauf ab, die Studierenden zu einer vertieften schriftlichen Form der Arbeit anzuregen; Übungsaufgaben, Protokolle und Klausuren sind die vorherrschenden schriftlichen Formen der Leistungserbringung. Für das Erstellen der Abschlussarbeit werden dann Kompetenzen erwartet, die vorher wenig thematisiert wurden. Besonders die Lehramtsstudierenden, die neben der Mathematik eine Naturwissenschaft studieren, leiden unter dieser Situation – müssen doch alle Lehramtsstudierenden ihr Studium mindestens mit einer wissenschaftlichen Hausarbeit abschließen. Was in den meisten Geistes- und Sozialwissenschaften als wissenschaftlicher Standard gilt, hat die Lehr-Lern-Praxis der Mathematiklehrerausbildung noch nicht erreicht.

Das Projekt *Mathematik Neu Denken* hatte nun das Ziel, die Studierenden schon frühzeitig mit der Mathematik als Geisteswissenschaft bekannt zu machen. Getragen von diesem Ziel wurde das Erstellen einer kurzen, etwa zehnseitigen wissenschaftlichen Hausarbeit kanonisches Element der *Analysis I*.

So konnten die Studierenden erste Erfahrungen bei der Formulierung wissenschaftlicher Texte sammeln. Gleichzeitig dienten die Hausarbeiten dem übergeordneten Ziel, Mathematisches zu versprachlichen und zum Sprechen über Mathematik anzuregen. Die Kommunikation über das gewählte Thema wurde durch die Organisationsform der Partner- beziehungsweise Kleingruppenabgabe der Arbeiten weiter unterstützt.

Eines der in Kapitel 5 vorgestellten möglichen Themen setzt sich mit Isaac BARROW, einem direkten Vorläufer der heutigen Differential- und Integralrechnung, auseinander. Eine Hausarbeit zu diesem Thema könnte inhaltlich durch die folgenden Fragen gegliedert werden:

Hausarbeit: BARROWs Hauptsatz der Integral- und Differentialrechnung

Stellen Sie kurz Leben und Werk von Isaac BARROW dar. Auf welcher Grundlage hat er seinen Hauptsatz der Differential- und Integralrechnung formuliert, entdeckt und bewiesen? In welchem Zusammenhang steht dies mit der heute gängigen Form? Kann man demnach BARROW als Erfinder der Infinitesimalrechnung sehen?

Gerade Grundstudiumsstudierenden fehlen häufig die Erfahrung und der Überblick, um größere Themengebiete selbstständig zu strukturieren. Im Rahmen der Projektveranstaltung zur *Analysis I* wurden den Studierenden daher als Hilfestellung Aufgabenstellungen wie diese zu jedem Themenfeld zur Verfügung gestellt. Außerdem waren Hinweise auf geeignete zugängliche Grundlagenliteratur für das Ergebnis der Arbeit förderlich. Zur ersten Orientierung bezüglich des vorgestellten Beispiels bietet sich etwa KATZ (2009) an. Eine Handreichung mit Literaturangaben stellt nicht nur eine Grundlage der inhaltlichen Auseinandersetzung dar, sondern zeigt auch an konkreten Beispielen, welchen Spielregeln das wissenschaftliche Arbeiten folgen sollte. Dazu gehört insbesondere die kritische Auswahl von Materialien, die gerade im Zeitalter starker Internetnutzung von besonderer Bedeutung ist. Die Verwendung elektronischer Quellen ist nicht grundsätzlich abzulehnen, aber der reflektierte Umgang muss in der Vor- und Nachbereitung bei der Erstellung von Hausarbeiten unterstützt werden.

Obgleich die Studierenden bereits im Rahmen ihrer schulischen Ausbildung durch eine Facharbeit erste Erfahrungen mit dem Erstellen wissenschaftlicher Texte gesammelt haben, ist es unerlässlich, ihnen weitere methodische Hilfestellung zur Verfügung zu stellen: Die Studierenden sollten dazu angeleitet werden, selbstständig ihre Ergebnisse strukturiert darzustellen, der Arbeit einen „roten Faden" zu geben und gegebenenfalls auch weitere Fragestellungen entwickeln zu können. Zusätzlich sind Hinweise bezüglich der technischen Umsetzung (zum Beispiel Gestaltung von Verzeichnissen, Textsatz, Überschriften und so weiter) notwendig. Die Projekterfahrungen haben gezeigt, dass besonderes Augenmerk dem richtigen direkten und indirekten Zitieren und den entsprechenden Quellenangaben gewidmet werden muss.

Eine zentrale Rolle für den erfolgreichen Einsatz von Hausarbeiten innerhalb des Fachmathematikstudiums spielt die Betreuung der Studierenden vor, während und insbesondere nach der Bearbeitungszeit. Die Vorbereitung dient der Klärung des inhaltlichen Spektrums und des organisatorischen Rahmens. Für mögliche Rückfragen sollte während des Bearbeitungszeitraums den einzelnen Gruppen ein Gesprächsangebot gemacht werden. Als fruchtbar für das weitere Studium hat sich die ausführliche Reflexion der Gruppenarbeitsergebnisse erwiesen. Dazu zählt, den Anforderungskatalog an die Arbeiten explizit zu machen und anhand dessen den jeweiligen Text detailliert zu korrigieren. So kann beispielsweise die Rückmeldung in Einzelgesprächen durch ein schriftliches Feedback unterstützt werden.

9 Erfolge der Projektidee

Bereits während der Praxisphase von *Mathematik Neu Denken* bekundeten auch andere Hochschulstandorte Interesse an der Zielsetzung und Durchführung des Projekts. Zahlreiche externe Anfragen richteten sich an die Projektbeteiligten, über die Projektidee, die Konzeption und die Praxis zu berichten. Neben einzelnen Vorträgen wurde die öffentliche Wahrnehmung durch Projektpräsentationen auf mehreren Tagungen der einschlägigen wissenschaftlichen Fachverbände und durch Presseberichte und Interviews gefördert. Dieses externe Interesse war mehrheitlich von der Erwartung getragen, dass *Mathematik Neu Denken* den vielfach festgestellten Problemen der universitären Lehrerbildung wirksam begegnen kann und dazu Konzepte und Materialien entwickelt hat, die Projektziele erfolgreich umzusetzen und so zur Verbesserung der gymnasialen Mathematiklehrerbildung beizutragen.

Neben dem großen externen Interesse bescheinigen auch die subjektiven Erfahrungen der beteiligten Projektverantwortlichen, ihrer Mitarbeiterinnen und Mitarbeiter und der Studierenden der Durchführung von *Mathematik Neu Denken* bemerkenswerten Erfolg (vgl. 9.2). Um diesen Erfolg dem Bereich der subjektiven Eindrücke und Erfahrungen zu entheben, wurde von der Deutschen Telekom Stiftung eine externe Vergleichsstudie TEDS-Telekom (vgl. Blömeke u. a. 2011) in Auftrag gegeben, die die Effektivität von *Mathematik Neu Denken* vergleichend, aber auch im Kontext der internationalen IEA-Vergleichsstudie „Teacher Education and Development Study – Learning to Teach Mathematics" (TEDS-M 2008 (vgl. Blömeke u. a. 2010)) empirisch untersucht hat. Im Folgenden wird die Konzeption der TEDS-Telekom-Studie kurz vorgestellt, um anschließend ihre Ergebnisse hinsichtlich der erfolgreichen Durchführung von *Mathematik Neu Denken* skizzenhaft zu referieren[62].

In einem zweiten Schritt werden die Ergebnisse der das Projekt begleitenden internen Dokumentation zusammengefasst und so die Erfolge der Projektidee unterstrichen.

9.1 Externe Evaluation

9.1.1 Ziele der Studie

Die Vergleichsstudie TEDS-Telekom verfolgt das Ziel, die Effektivität des Projekts *Mathematik Neu Denken* zur Verbesserung der Lehrerbildung an den Universitäten Gießen und Siegen zu überprüfen. Dabei richtet sich ihr Interesse darauf, die gelungene

---

[62] Für Details sei auf Blömeke u. a. (2011) verwiesen.

Umsetzung der zentralen Projektideen zu testen. Als theoretischer Rahmen liegt dem Testmodell eine bereits in anderen Studien erprobte Konzeptualisierung der professionellen Kompetenz zukünftiger Mathematiklehrerinnen und -lehrer zu Grunde: TEDS-Telekom untersucht die kognitiven Kompetenzen des Lehrerprofessionswissens, also das Fachwissen Mathematik (unterteilt in hochschulmathematisches und elementarmathematisches Wissen), das fachdidaktische Wissen Mathematik, das pädagogische Wissen und die subjektiven Theorien zum Lehren und Lernen von Mathematik (vgl. Buchholtz u. a. 2011).

Der Ansatz von *Mathematik Neu Denken* besteht unter anderem in der frühen Verzahnung von Hochschulmathematik und „Schulmathematik vom höheren Standpunkt". Dies zu evaluieren ist eines der Ziele der Studie, wobei die Projektveranstaltung *Schulmathematik vom höheren Standpunkt* zu dem passt, was in der Studie „Elementarmathematik (vom höheren Standpunkt)" genannt wird. Ein weiterer Untersuchungsaspekt ergibt sich durch die Verlagerung des Blickwinkels vom Abstrakten hin zur Anschauung und damit durch das Primat der Geometrie. Gleichzeitig werden die Effekte des Projekts hinsichtlich der mathematischen, mathematikdidaktischen und erziehungswissenschaftlichen Kompetenzentwicklung der Studierenden aus einem externen Blickwinkel heraus betrachtet (vgl. Blömeke u. a. 2011, S. 3). Durch die Einbeziehung von Aufgaben zur Überprüfung des mathematikdidaktischen Wissens werden die Erfolge der im Projekt intendierten frühen Integration der Fachdidaktik in das Lehramtsstudium untersucht. Neben diesen Aspekten testet die Studie, welche Überzeugungen („beliefs") die Studierenden zur Wissenschaft Mathematik entwickelt und außerdem, welche Auffassung die Studierenden über das Lehren und Lernen von Mathematik gewonnen haben. Diese beiden Kriterien evaluieren die im Projekt angestrebte Veränderung des „Mathematischen Weltbildes" und den intendierten Paradigmenwechsel im Umgang mit Mathematik: weg von Produktorientierung und reiner Instruktion, hin zu Prozessorientierung und aktiver Konstruktion des Wissens.

9.1.2 Anlage der Studie

Im Vergleich mit Kontrollgruppen an anderen Universitäten sollen spezifische Aussagen über das Innovationspotenzial von *Mathematik Neu Denken* im Hinblick auf die Stärken und Schwächen der deutschen universitären Gymnasiallehrerbildung im internationalen Vergleich getroffen werden (vgl. Blömeke u. a. 2011, S. 16).

Die Studie erstreckt sich insgesamt auf drei Testzeiträume und bietet somit einen Längsschnitt in der Untersuchung. Neben den Studierenden für das gymnasiale Lehramt an den beiden Projektstandorten Gießen und Siegen wurden Studierende an drei weiteren vergleichbaren Universitäten getestet. Die Kontrollgruppe teilt sich in Lehramtsstudierende und reine Fachstudierende auf. Die erste Testung erfolgte im Wintersemester 2008/09, der zweite Testzeitpunkt lag im Sommersemester 2009 und die dritte Testwelle wurde zum Ende des Sommersemesters 2010 durchgeführt. Die TEDS-Telekom-Studie ist Ausgangspunkt für eine weitere wissenschaftliche Bearbeitung des Themenfelds durch ein Dissertationsprojekt an der Universität Hamburg (vgl. Buchholtz o. J.).

Für beide Projektstandorte sind bei der Beschreibung der getesteten Studierenden Besonderheiten anzumerken, da die Studie erst nach Abschluss der Praxisphase von *Mathematik Neu Denken* mit den Tests begonnen hat. Wie in Kapitel 3 beschrieben, konnte an beiden Standorten die im Projekt erfolgreich erprobte Neuorganisation des ersten Studienjahres beibehalten werden, jedoch wurden die Veranstaltungen für weitere Studierendengruppen (reine Fachstudierende beziehungsweise Lehramtsstudierende anderer Schulstufen) geöffnet. In Siegen kam es überdies bei der getesteten Anfängergruppe sowohl in den Veranstaltungen zur Hochschulanalysis als auch zur elementaren Analysis zu einem Dozentenwechsel. Aufgrund dieser personellen Veränderungen waren die Veranstaltungen nun nicht mehr so eng miteinander verzahnt wie in der Pilotphase. Außerdem konnten auch der genetische Ansatz in der Fachvorlesung *Analysis I* und die stark konstruktivistisch orientierte Lehr-Lern-Praxis in den Übungen nicht in gleicher Weise fortgeführt werden. Daher wurde die Siegener Anfängerstichprobe um eine weitere Testgruppe von genuin Projektstudierenden, der so genannten „Fortgeschrittenen-Gruppe", ergänzt. Hierbei handelte es sich um freiwillig teilnehmende Studierende aus den Projektveranstaltungen der Jahre 2005 bis 2008.

Bezogen auf die inhaltliche Dimension integriert die Studie verschiedene Dimensionen des Lehrerprofessionswissens: universitäres fachmathematisches Wissen, Elementarmathematik vom höheren Standpunkt, fachdidaktisches Wissen und erziehungswissenschaftliches Wissen. Die TEDS-Telekom-Studie greift dabei unter anderem auf das Untersuchungsdesign der TEDS-M-Studie (vgl. Blömeke u. a. 2010) zurück und ist so in dieser internationalen Studie zur Wirksamkeit der Mathematiklehrerausbildung verankert. So beziehen sich die Ergebnisse der Evaluationsstudie TEDS-Telekom neben der Einordnung in die Ergebnisse von Kontrollhochschulen auch auf einen weiteren externen Außenmaßstab.

Neben der inhaltlichen Dimension wurden aber auch die Einstellungen der Probandinnen und Probanden zur Mathematik und zum Lehren und Lernen von Mathematik untersucht. Die Vergleichsstudie unterscheidet dabei zwei Gruppen von Überzeugungen: die epistemologischen Überzeugungen, die sich auf die *Struktur von Mathematik* beziehen, und die epistemologischen Überzeugungen, die sich auf den *Erwerb mathematischen Wissens* beziehen. Zur Erfassung der *beliefs* zur Struktur von Mathematik verankert sich die Studie in der bisherigen Erforschung von mathematischen Weltbildern durch Grigutsch u. a. (1998). Hinsichtlich der Vorstellungen zum Erwerb mathematischen Wissens werden als grundlegende Perspektiven der Testung *Transmission view* und *Constructivist view* unterschieden, was die im Projekt intendierte Balance von Instruktion und Konstruktion in der Lehr-Lern-Praxis evaluiert (vgl. zum theoretischen Rahmen der Studie auch Buchholtz u. a. 2011). Die nachfolgende Ergebnisskizze stützt sich im Wesentlichen auf die bisher unveröffentlichte Publikation von Blömeke u. a. (2011).[63]

---

[63] In einem Vortrag auf der GDM-Tagung in Freiburg i. Br. (2011) wurde von Buchholz über die „Ergebnisse einer längsschnittlichen Evaluation innovativer Projekte zur Mathematiklehrerausbildung (TEDS-Telekom)" berichtet. Bezüglich der Ergebnisse der ersten und zweiten Testung sei auf die bisherigen Veröffentlichungen von Kaiser u. a. (2010) und Buchholtz u. a. (2011) verwiesen.

9.1.3 Ergebnisse der Studie

Im Rahmen des erhobenen universitären Fachwissens in Analysis, Analytischer Geometrie und Linearer Algebra zeigt die Evaluationsstudie, dass die Anfänger an den beiden Projektstandorten Gießen und Siegen, obwohl sie mit unterschiedlichen Voraussetzungen gestartet sind, bis zum vierten Semester ein ähnliches, gutes Niveau wie die Vergleichsgruppen erreichen. Die unterschiedlichen Entwicklungen des Lernzuwachses über alle drei Messzeitpunkte hinweg lässt sich mit den angebotenen Lerngelegenheiten aufgrund eines unterschiedlichen Studienaufbaus erklären. Für die Fortgeschrittenen-Gruppe aus Siegen hat die Studie ergeben, dass diese zu allen Messzeitpunkten die besten Leistungen im Bereich des universitären Fachwissens aufweist und kaum Vergessenseffekte festzustellen sind. Dies kann als Hinweis dafür gewertet werden, dass das im Rahmen von *Mathematik Neu Denken* im Grundstudium erworbene Wissen bei den Studierenden fest verankert ist.

Auch für den Bereich der Elementarmathematik zeigt sich für die Fortgeschrittenen-Studierenden aus Siegen dieses sehr gute Ergebnis zu allen drei Messzeitpunkten. Dies spricht ebenfalls für eine tiefe Verfestigung des elementarmathematischen Wissens. Bezogen auf diese Ergebnisse bleiben die Leistungen aller Anfänger-Gruppen im Bereich Elementarmathematik deutlich zurück. Die Anfänger-Gruppe aus Siegen hat zu allen drei Messzeitpunkten bezogen auf das Wissen zur Elementarmathematik ein vergleichbares Niveau, schafft es aber nicht, an die Leistungen der Fortgeschrittenen-Gruppe anzuknüpfen. Eine mögliche Erklärung für das schlechtere Abschneiden der Anfänger-Gruppe gegenüber der Fortgeschrittenen-Gruppe besteht zum einen in den im Test durch die Abiturnoten erfragten geringeren Eingangsvoraussetzungen der Studienanfänger, zum anderen können auch die Veränderungen im Curriculum und das Angebot der Lehrveranstaltungen durch andere Lehrpersonen Auswirkungen auf die Leistungen der Testpersonen gehabt haben. Die Vergleichsstudie zeigt auch, dass die Lehramtsstudierenden der Universität Gießen zum dritten Messzeitpunkt deutlich bessere Leistungen erzielen als zuvor, womit sich die Universität zum letzten Testzeitpunkt in diesem Bereich deutlich profilieren kann (vgl. Blömeke u. a. 2011, S. 13).

Die Studie hat auch das fachdidaktische Wissen der Probandinnen und Probanden erhoben. Dabei zeigt sich, dass die getesteten Lehramtsstudierenden der Projektstandorte gemäß den angebotenen Lerngelegenheiten ihr fachdidaktisches Wissen im Fortschreiten der Tests signifikant steigern (vgl. Blömeke u. a. 2011, S. 8). Insbesondere ergibt sich, dass die Gruppe der Fortgeschrittenen-Studierenden aus Siegen zu allen Messzeitpunkten über das umfangreichste fachdidaktische Wissen verfügt, das nachhaltig behalten und im Test reproduziert werden kann. Insgesamt wurde festgestellt:

> „Mit der fachdidaktisch ausgerichteten Konzeption des Studiums gelingt
> es offensichtlich, auch tendenziell leistungsschwächere Gruppen von Studierenden zu einem Ausbildungsniveau zu führen, das auf vergleichbarer
> Höhe mit anderen Universitäten liegt." (Blömeke u. a. 2011, S. 9)

Neben dem fachmathematischen und dem fachdidaktischen Wissen ist das pädagogische Wissen ein weiterer Pfeiler des Lehrerprofessionswissens. Gegenüber einer

Kontrollgruppe von Nicht-Lehramtsstudierenden schneiden die Lehramtsstudierenden der Projektstandorte beim getesteten erziehungswissenschaftlichen Wissen besser ab. Zum dritten Messzeitpunkt konnte sich die Gießener Gruppe positiv durch ihre Leistungen hervorheben. Die schlechteren Ergebnisse dieser Gruppe bei den ersten beiden Tests können sich durch mangelnde Lerngelegenheiten in diesem Bereich erklären. Die Anfänger-Studierenden der Universität Siegen zeigen bei der dritten Testung die höchsten Leistungen im erziehungswissenschaftlichen Wissen: Insbesondere hält die Studie hier fest,

> „[...] dass es an der Universität Siegen offenbar gelungen ist, einen Studiengang für zukünftige Mathematiklehrkräfte im Gymnasiallehramt zu implementieren, der alle drei Wissensdomänen eines Lehrerprofessionswissens bereits in der Studieneingangsphase gleichermaßen anspricht und entwickelt." (Blömeke u. a. 2011, S. 14)

Die Vergleichsstudie hat den im Projekt intendierten Paradigmenwechsel im Umgang mit der Wissenschaft Mathematik zum Anlass genommen, auch die epistemologischen Überzeugungen der Studierendengruppen im Rückgriff auf die vorhandene *Belief*-Forschung zu testen. Die Studie unterscheidet dabei vier Aspekte mathematischer Überzeugungen: den Formalismus-Aspekt, den Schema-Aspekt, den Prozess-Aspekt und den Anwendungs-Aspekt von Mathematik. Das Ergebnis ist für beide Projektstandorte ermutigend: Bezogen auf die Sichtweise von Mathematik als Formalismus oder als Schema stellt die Studie fest, dass die Zustimmung zu diesen Sichtweisen unter Lehramtsstudierenden eher gering ist. Im Bereich der Prozessorientierung der Mathematik zeigt sich bei den Projektstudierenden eine starke und sehr homogen geäußerte Zustimmung:

> „Eindeutig spiegeln sich hier die Einflüsse der geförderten Programme wider, deren Ziel ja gerade die nachhaltige Förderung einer prozessorientierten Sichtweise auf die Mathematik ist. Zudem scheinen die Studierenden diese Einstellung nachhaltig adaptiert zu haben, da sich durch den Besuch der Hauptstudiumsveranstaltungen die Einstellungen möglicherweise nur wenig geändert haben." (Blömeke u. a. 2011, S. 10 f.)

Die Studie zeigt überdies, dass die Projektstudierenden der anwendungsbetonten Sichtweise auf Mathematik stark und äußerst homogen zustimmen. Es kann zudem beobachtet werden, dass die Zustimmung zum Anwendungsaspekt der Mathematik über die drei Messzeitpunkte hinweg ansteigt. Die Studie kommt zu dem Schluss:

> „Aus Sicht der Lehrerbildung sind dies äußerst günstige Ergebnisse und sprechen für die geförderten Programme der Deutschen Telekom Stiftung." (Blömeke u. a. 2011, S. 12)

Erfreulich im Sinne einer konstruktivistischen Auffassung vom Lernen sind insbesondere die Ergebnisse bezüglich der epistemologischen Überzeugungen vom Lehren

und Lernen von Mathematik: Alle Studierendengruppen lehnen die transmissions-
orientierten Items eher ab und damit auch eine instruktionsorientierte Lehr-Lern-
Praxis. Dagegen finden die Überzeugungen zu einer konstruktivistisch orientierten
Auffassung vom Lehren und Lernen breite Zustimmung. Die projektgeförderten An-
fängergruppen weisen eine hohe bis völlige Zustimmung zu dieser konstruktivistischen Sichtweise auf.

> „Die von den Projekten der Deutschen Telekom Stiftung geförderten Stu-
> dierenden weisen die höchste Zustimmung zu den konstruktivistischen
> Überzeugungen auf und belegen die Wirkung des hier durchgeführten
> Projekts, das mit der Konzeption seiner Veranstaltungen noch einmal
> einen besonderen Akzent auf eine konstruktivistische Orientierung der
> Lehrveranstaltungen gelegt hat." (Blömeke u. a. 2011, S. 13)

9.1.4 Fazit

Insgesamt werden durch die externe Evaluation dem Projekt *Mathematik Neu Denken* in allen relevanten Dimensionen des Professionswissens angehender Lehrerinnen
und Lehrer also im Fachwissen, in fachdidaktischen und pädagogischen Wissen, bemerkenswerte Erfolge bescheinigt. Gleichzeitig konnten das mathematische Weltbild
und eine konstruktivistische Sichtweise auf das Lehren und Lernen von Mathematik
positiv entwickelt werden. Hinzu kommt, dass es im Vergleich zu anderen Standorten
an den Universitäten Siegen und Gießen gelingt, die hohe Eingangsselektivität im
Lehramtsstudiengang Mathematik nachhaltig zu verringern und so tendenziell auch
leistungsschwächere Studierende in der Studienkohorte erfolgreich zu halten.

9.2 Interne Dokumentation

Aus eigenem Interesse, zur Dokumentation und zur Weiterentwicklung des Projekt-
konzepts in den Wiederholungsdurchgängen fanden über die gesamte Praxisphase
auch interne Erhebungen statt. Dazu wurden die allgemein üblichen Veranstaltungs-
evaluationen weitgehend ergänzt: Die fachlichen Veranstaltungsergebnisse sowie die
Durchfall- und Abbrecherquoten wurden systematisch dokumentiert. Zur Überprüfung der intendierten Veränderungen des Bildes, das die Studierenden von ihrer Wissenschaft haben, fanden während der Projektdurchläufe verschiedene Erhebungen
der „beliefs" statt. Die Veranstaltung zur *Schulanalysis vom höheren Standpunkt* wurde von einer inhaltlichen Befragung zur elementaren Analysis begleitet. Diesen eher
quantitativ angelegten Evaluationen standen qualitative Interviews mit ausgewählten
Studierenden, die Möglichkeit von Freitextantworten zu den Projektzielen innerhalb
der Veranstaltungsevaluation und die Dokumentation informeller Rückmeldungen zur
Seite.[64] Die Ergebnisse der verschiedenen internen Erhebungen können sicher nicht

---

[64] Zur detaillierten Darstellung von Konzeption und Ergebnissen der verschiedenen Erhebungen sowie zur
Dokumentation weiterer konkreter Erfolgsindikatoren sei auf die Berichte zur Praxisphase verwiesen (vgl.
Beutelspacher und Danckwerts 2008 und Danckwerts und Nickel 2009).

als repräsentativ bewertet werden. Dennoch bieten sie unseres Erachtens einen guten Indikator für die Erfolge und Perspektiven der Projektidee wie die folgende zusammenfassende Darstellung zeigt.

9.2.1 Erfolgsindikatoren

Besonders hervorzuheben ist die soziale Dimension des Projekts. Wie sämtliche Erhebungen und Befragungen ergaben und wie zudem auch spontanen Äußerungen einzelner Projektteilnehmer zu entnehmen war, fühlten sich die Projektstudierenden durchweg wohl und waren von der angenehmen Atmosphäre, dem ihnen entgegengebrachten Vertrauen und der Aufmerksamkeit, mit der sie bedacht wurden, sehr angetan – und oft sogar überrascht. Sie spürten, dass sie als Lehramtsstudierende mit ihrem Anliegen, mit eigenen Bedürfnissen und eigenen Anforderungen an das Studium ernst genommen wurden und gut aufgehoben waren. Auch konnte beobachtet werden, dass sich über den fachlichen Austausch auch das soziale Gefüge der Projektgruppen positiv entwickelte. Einen wichtigen Beitrag zu diesem Erfolg leisteten sicher die in Umfragen immer wieder hervorgehobene exzellente Betreuung durch die Dozenten, Mitarbeiter und Tutoren sowie die zahlreichen sozialen Lernsituationen als Grundlage für das Miteinander-Arbeiten und Voneinander-Lernen:

> „Ein großes Lob und Dank für die Einführung dieses Projekts, es hat das erste Studienjahr sehr viel einfacher gemacht, weil man schneller das Gefühl hatte, sich zurechtzufinden und zu einer Gruppe zu gehören." (Projektevaluation, Sommersemester 2006)

Zudem wurde die Relevanz des Studiums für das zukünftige Berufsfeld Schule von den Studierenden erlebt und betont:

> „Mich hat das erste Studienjahr noch mehr motiviert [...], man erkennt verschiedene Bezüge zur Schulmathematik. Mein Interesse wurde größer, weil man erkennt, was der Lehrerberuf erfordert, um Schüler zu unterrichten." (Projektevaluation, Sommersemester 2007)

Dies führte unter anderem auch zu einer deutlich höheren intrinsischen Motivation bei den Studierenden, wie es beispielsweise Portfolioaussagen zu entnehmen ist, und spiegelt sich auch im Engagement der Studierenden: So wurde etwa mit durchschnittlich 7,5 zusätzlichen Arbeitsstunden pro Woche viel Zeit allein in die Bearbeitung der Übungsaufgaben zur *Analysis* und die Nachbereitung des Stoffes gesteckt. Auch gaben die Studierenden an, nahezu immer in den Übungen anwesend gewesen zu sein und ihre Aufgaben selbstständig bearbeitet zu haben.

Auch die Zahlen und Fakten sprechen eine eindeutige Sprache. So waren die Erfolgsquoten der Studierenden in Tests und Klausuren beachtlich. Die Abbrecherquoten lagen immer weit unter 30 % und waren damit vergleichsweise niedrig. Am Standort

Gießen lag die Abbrecherquote bei 23 % im ersten und sogar nur 13 % im zweiten Projektjahr. In Siegen schlossen 27 % im ersten Projektjahr und nur 15 % im zweiten die Projektveranstaltungen nicht erfolgreich ab, wobei ein Großteil der Studienabbrüche dabei in den ersten Semesterwochen geschah und häufig auf einen bereits vor Antritt des Mathematikstudiums geplanten Studiengangwechsel und damit zusammenhängende Wartezeiten zurückzuführen war. Von den zur traditionell gefürchteten Abschlussklausur zur Veranstaltung *Analysis I* angetretenen Studierenden erreichten so auch jeweils mehr als 90 % die notwendigen 50 % richtige Lösungen mit beachtlich guten Leistungen – jeweils über ein Drittel der Studierenden erreichte die Gesamtnote „sehr gut". Ähnlich gute Ergebnisse konnten auch in der von den Studierenden als deutlich anspruchsvoller wahrgenommenen Folgeveranstaltung *Analysis II* erreicht werden.

Der Erfolg zeigt sich auch in den an beiden Standorten über die Projektlaufzeit stark gestiegenen Anfängerzahlen. So konnte etwa der Studiengang für das gymnasiale Lehramt an der Universität Gießen über 70 % mehr eingeschriebene Studierende im zweiten Projektjahr verzeichnen.

9.2.2   Fachinhaltliche Erhebung zur *Schulanalysis vom höheren Standpunkt*

Die breit geteilte Vermutung, die Studierenden seien im Analysisunterricht nur unzureichend im prozess- und verstehensorientierten Umgang mit schulanalytischen Inhalten geschult worden (vgl. die unter 2.1 referierten Ergebnisse), findet sich durch die inhaltliche Eingangserhebung zur Schulanalysis eindeutig bestätigt. Die Bearbeitung der Testitems bereitet teilweise große Schwierigkeiten; insbesondere die Aspekte „Interpretieren", „Begründen" und „Argumentieren" (nicht formales Beweisen!) stellten sich hier als „Knackpunkte" heraus. Informelle Gespräche und Interviews mit Projektteilnehmern ergaben, dass beim größten Teil der Studierenden Aufgaben solcher Art im Mathematikunterricht keine oder nur eine untergeordnete Rolle spielten. Das relativ schlechte Abschneiden in diesem Item in der Eingangserhebung – die entsprechenden Aufgaben wurden nur zu etwas über einem Drittel richtig gelöst – lässt sich auf diese Weise gut erklären. Dem gegenüber steht eine deutliche Verbesserung in der Enderhebung von über 80 % richtiger Lösungen, was zweifellos auf die Auseinandersetzung mit interpretativen und modellbildenden Aktivitäten im Rahmen der Projektveranstaltung zurückzuführen ist.

Auch die Ergebnisse der schriftlichen Leistungsüberprüfungen zur *Schulanalysis vom höheren Standpunkt* bestätigen die Kompetenzen der Studierenden in diesem Bereich. So konnten jeweils mehr als 60 % der Studierenden die Veranstaltung mit guten oder sehr guten Leistungen abschließen. Die beachtlichen Ergebnisse von Erhebung und Klausur unterstreichen nicht zuletzt den Erfolg des Projekts hinsichtlich der angestrebten fachinhaltlichen Ziele.

9.2.3 Erhebung zum mathematischen Weltbild

Insbesondere die unter 2.1 referierten Ergebnisse bezüglich des Mathematikunterrichts in der Schule und des daraus resultierenden mathematischen Weltbildes, das die Studierenden von dort an die Universität mitbringen, finden sich in der Eingangserhebung bestätigt. Ein großer Teil des schulischen Mathematikunterrichts konzentrierte sich demnach auf das kalkülorientierte Arbeiten mit Regeln und Verfahren. Anwendungsbezüge zur Mathematik in Alltag und Umwelt wurden nur selten hergestellt. Auch entdeckendes und erforschendes Lernen fanden kaum statt. Umso erstaunlicher ist aber, dass trotz eines eher einseitig kalkül- und formalismusorientiert beschriebenen Mathematikunterrichts die Studierenden schon ein ausgeprägtes Gespür für die Bedeutung einer verstehensorientierten Mathematik zeigten, die auf die eigenaktive Erschließung mathematischer Zusammenhänge setzt. Zudem berichtet zwar der größte Teil der Studierenden über nur geringe Erfahrungen mit erforschendem und entdeckendem Lernen im eigenen Unterricht, schätzt aber bereits am Ende des ersten Studienjahres diesen Aspekt als sehr bedeutend für zukünftiges Lernen und Lehren von Mathematik ein. Wie aus informellen Gesprächen und auch aus mit Studierenden geführten Interviews hervorgeht, können diese Diskrepanzen nur zum Teil mit einer Ausdifferenzierung des mathematischen Weltbildes aufgrund der Projektveranstaltungen erklärt werden. Vielfach bringen die Teilnehmer diese Vorstellungen aus der Schule direkt mit – insbesondere dann, wenn sie den selbst erlebten Mathematikunterricht eher kritisch einschätzten.

Es bleibt somit festzustellen, dass die traditionelle Sicht auf das Fach und das Lehren und Lernen von Mathematik immer noch deutlich überwiegt. Dafür sprechen auch die fehlenden beziehungsweise mangelnden Erfahrungen und die anfängliche Skepsis im Umgang mit prozess- statt produktorientiertem Unterricht oder mit sozialen, kooperativen Lernformen. Dass die Ausdifferenzierung des mathematischen Weltbildes im ersten Studienjahr noch immer am Anfang steht und zu diesem Zeitpunkt große Veränderungen eher nicht zu erwarten sind, darf vor dem Hintergrund der Hartnäckigkeit solcher Einstellungen nicht verwundern. Dennoch stimmen die sich abzeichnenden Entwicklungen optimistisch.

9.2.4 Öffnung der hochschulmathematischen Projektveranstaltungen

Auf die umfassende Evaluation der *Analysis I/II*-Veranstaltungen wurde wegen der in Kapitel 3 beschriebenen Veränderungen bezüglich der Teilnehmerstruktur und des Übungsbetriebs in der zweiten Projektphase besonderer Wert gelegt. So wurde beispielsweise in den Interviews zum Ende des Wintersemesters ein besonderes Augenmerk auf die Situation der Lehramtsstudierenden in der Veranstaltung gelegt. Zusammen mit den Ergebnissen, die auf fachlicher Ebene durch schriftliche Leistungserhebungen sowie die Bewertung der wöchentlich abzugebenden Übungsaufgaben und der Hausarbeiten erhoben wurden, entsteht so ein umfassender Überblick über die

Möglichkeiten und Grenzen von Veranstaltungen, die nicht exklusiv für Lehramtsstudierende angeboten werden.[65]

Eine nach Studiengängen getrennte Auswertung der Abschlusserhebung zeigt, dass es gelungen ist, das Interesse am Thema in beiden Studierendengruppen, Lehramt und Fachbachelor gleichermaßen, zu wecken. Auch die Einschätzungen des Wertes der Veranstaltung in Bezug auf das weitere Mathematikstudium sowie die Motivation der Berufswahl fallen in den Gruppen ähnlich aus. Unterschiede dagegen sind in der Beurteilung von Stofffülle, Schwierigkeitsgrad und Tempo auszumachen. So empfand ein deutlich höherer Anteil der Lehramtsstudierenden die Inhalte als tendenziell zu schwer sowie Stofffülle und Tempo als eher hoch. Die reinen Fachstudierenden dagegen beurteilten diese Bereiche in wesentlich höherer Zahl als „genau richtig". Dieser Befund ist insbesondere im Vergleich mit den in Übungen, Test und Klausur erbrachten Leistungen erstaunlich, da sowohl die Abbrecherquote der Lehramtsstudierenden als auch die Quote derjenigen, die zur Klausur angetreten waren, diese aber nicht erfolgreich abschließen konnten, unter der der reinen Fachstudierenden lag.

Insgesamt lag die Abbrecherquote mit 14 % weit unter der sonst in Mathematikveranstaltungen im ersten Semester zu beobachtenden Quote und sogar etwas unter der des Projektjahres 2006/07. Die von den erfolgreichen Studierenden erreichten Endnoten zeigen ein ausgewogenes Bild im Vergleich der beiden Studierendengruppen. So erreichten jeweils insgesamt zwei Drittel der Teilnehmer die Noten „sehr gut" oder „gut". In der Veranstaltung *Analysis II* zeigte sich ein ähnliches positives Ergebnis, wobei sich die Abbrecherquoten sogar zu Gunsten der Lehramtskandidaten verschoben. Die Diskrepanz zwischen subjektiver Einschätzung und Veranstaltungserfolg der Lehramtsstudierenden konnte im Rahmen der internen Dokumentation nicht erklärt werden.

Insgesamt zeigte sich, dass auch unter veränderter Zusammensetzung die Lehramtsstudierenden nicht minder erfolgreich waren als ihre Kommilitoninnen und Kommilitonen in anderen Studiengängen, sie sogar die geringeren Abbrecher- und Durchfallquoten aufwiesen. Auch verglichen mit den Endergebnissen der Veranstaltungen in der ersten Projektphase sind keine signifikanten Änderungen zu beobachten. Der Übergang von den exklusiv für Lehramtsstudierende angebotenen hochschulmathematischen Veranstaltungen in der ersten Phase zur gemeinsamen Vorlesung mit anderen Studiengängen hatte also unter den gegebenen Rahmenbedingungen keine sichtbaren Auswirkungen auf den messbaren Erfolg der Lehramtsstudierenden. Dass aber gerade diese Rahmenbedingungen eine wesentliche Rolle für den Gesamterfolg spielen, legt die deutliche Verbesserung der Ergebnisse im Vergleich zu gemeinsamen Veranstaltungen vor Projektbeginn nahe. Interviewaussagen zufolge ist es gelungen, eine Atmosphäre zu schaffen, in der alle Studierenden gleichermaßen angesprochen wurden und keine der Studierendengruppen für sich einen besseren Stand reklamierte:

> „Es ist ja auch nicht so, dass immer nur auf die Bachelorstudenten eingegangen wird, sondern es werden immer alle angesprochen und deshalb fühle ich mich auch nicht ausgeschlossen oder bevorzugt. Da müssen wir

---

[65] Für eine detaillierte Analyse siehe insbesondere DANCKWERTS und NICKEL (2009).

jetzt alle durch. Ich muss nicht unbedingt eine Veranstaltung nur mit Lehramtsstudenten haben." (Teilnehmerinterview, Wintersemester 2007/08)

Die deutlich unterschiedlichen Wahrnehmungen von Schwierigkeitsgrad und Tempo des dargebrachten Stoffes trotz eines ähnlichen Leistungsspektrums zeigen weiterhin, dass eine besondere Aufmerksamkeit auf die Gruppe der Lehramtsstudierenden in gemeinsamen Veranstaltungen geboten ist. Dass trotz der gemeinsamen Analysisveranstaltung identitätsstiftende Erfahrungen der Lehramtsstudierenden als Gruppe gemacht werden konnten, wird in Interviews explizit mit der Kombination von Hochschulanalysis und *Schulanalysis vom höheren Standpunkt* beziehungsweise *Didaktik der Analysis* begründet. Als weiteres sinnstiftendes Element konnten außerdem die Einbindung historischer und philosophischer Elemente in der Fachveranstaltung sowie ein umfangreiches Bestreben nach einer Balance von Instruktion und Konstruktion beibehalten werden.

Auch am Standort Gießen wurde die Veranstaltung *Analytische Geometrie und Lineare Algebra* für weitere Studierendengruppen zunächst unter Beibehaltung der sonstigen Projektbedingungen geöffnet. Dabei konnten ähnliche Beobachtungen wie in Siegen gemacht werden: Die Lehramtsstudierenden schnitten nicht schlechter ab als unter den exklusiven Bedingungen der ersten Projektdurchgänge. Im Gegenteil konnte der Erfolg ohne wesentliche inhaltliche Einbußen auf die Fachbacholorstudierenden ausgeweitet werden. Auch wurde weiterhin eine hohe Identifikation der Lehramtsstudierenden dokumentiert.

Die Erfahrungen des dritten Projektdurchgangs zeigen also, dass es möglich ist, die positiven Effekte der ersten beiden Jahrgänge auch in einem Integrationsmodell zu erhalten. *Sie weisen aber gleichzeitig darauf hin, dass ein gelingender Start in ein Studium des gymnasialen Lehramtes nicht allein auf strukturelle Veränderungen im Studienplan zurückgeht, sondern auch einer inhaltlichen und methodischen Neuorientierung bedarf.*

9.2.5 Fazit

Die interne Evaluation zeichnet insgesamt ein sehr positives Bild und bestätigt die Projektidee auf verschiedenen Ebenen. Ein von den Teilnehmern jeden Projektdurchgangs geäußerter Wunsch unterstreicht dies in besonderer Weise:

„Das Projekt unterstützt ja nur diese Analysis- und Schulanalysisvorlesungen. Dann wäre es schon nicht schlecht, dies auf Stochastik und Lineare Algebra auszuweiten. Oder Geometrie auch noch." (Hier exemplarisch eine Aussage aus einem Studierendeninterview im Wintersemester 2007.)

10 Das volle Studium im Blick – Empfehlungen

Mathematik Neu Denken wurde zunächst als Pilotprojekt für das erste Studienjahr konzipiert. Damit wurde einerseits der im Fach Mathematik besonders schwierige Übergang von der Schule zum Studium neu gestaltet. Andererseits konnte das Projektziel eines professionsorientierten Studiums, insbesondere eine explizite schulmathematische Orientierung, die Einbeziehung historischer und philosophischer Elemente zur Reflexion über Mathematik, eine frühe Integration der Fachdidaktik und die Schaffung konstruktiver Lernumgebungen in einem begrenzten Rahmen erprobt und evaluiert werden.

Die Idee eines Mathematikstudiums, das der fachbezogenen Professionalität Rechnung trägt und als Ziel den Aufbau eines kognitiven und motivationalen Fundaments für das Fach und dessen Lehre verfolgt, trägt aber nicht nur durch das erste Studienjahr, sondern kann konsequent auf ein volles Mathematikstudium für das gymnasiale Lehramt ausgedehnt werden, denn das gesamte Studium trägt bislang oft wenig zu einer positiven Identifikation mit dem Berufsbild und dem Fach bei (vgl. die unter 2.1 referierten Befunde).

Ausgehend von den Erfahrungen aus der Pilotphase von *Mathematik Neu Denken* hat eine Expertengruppe aus Mathematik und Mathematikdidaktik Empfehlungen für eine Neuorientierung der universitären Lehrerbildung im Fach Mathematik für das gymnasiale Lehramt erarbeitet. Diese EMPFEHLUNGEN (2010) werden im Folgenden wiedergegeben. Zunächst werden die Ziele für ein volles Lehramtsstudium aus fachmathematischer und fachdidaktischer Sicht benannt. Anschließend wird der gesamte Studienaufbau in einer grafischen Übersicht vorgestellt (siehe S. 192) und schließlich in seinen Elementen genauer beschrieben.

10.1 Übergreifende Ziele

10.1.1 Die fachmathematische Komponente

Ein Mathematikstudium für das gymnasiale Lehramt soll die *Breite* der Mathematik in Theorie und Anwendungen erfahrbar machen, zugleich aber auch Studierende und deren durch die Schulmathematik erworbenen Standpunkt und ihren berechtigten Anspruch nach fachbezogener Professionalisierung besonders berücksichtigen.

Zunächst geht es also um Kenntnisse und Fähigkeiten in den grundlegenden Teilgebieten der Mathematik, die Bezug zum Schulstoff haben. Dabei ist zu beachten, dass der fachliche Kanon der Schulmathematik dabei jeweils neu zwischen den Ansprüchen von Allgemeinbildung und fachlicher Propädeutik – bezogen auch auf die aktuelle Entwicklung der Wissenschaft Mathematik – auszutarieren ist.

Lernziel eines Studiums ist zunächst eine solide Kenntnis zentraler Probleme, Konzepte, Methoden und Ergebnisse dieser Teildisziplinen. Darüber hinaus sollen die Studierenden zu einer substanziellen Auseinandersetzung mit übergreifenden Fragen zur Mathematik befähigt werden. Gemeinsam mit Veranstaltungen, die die Mathematik etwa unter historischer oder philosophischer Perspektive diskutieren, könnte sich dies an folgenden Leitfragen orientieren:

- Was ist Mathematik?

- Wie und warum ist Mathematik „anwendbar"? Wie funktioniert Mathematik als Weltverstehen?

- Welche wichtigen Themen und grundlegenden Konzepte beziehungsweise Probleme gibt es in der Mathematik?

- Welche „Stile" der Mathematik gibt es (etwa: Problemlöser versus Theoriekonstrukteur)?

- Welche wichtigen (aktuellen) Fragen und Probleme gibt es in der Mathematik?

- Wie verläuft die Genese mathematischer Konzepte und Theorien?

Um als Mathematiklehrerin oder -lehrer auch als Repräsentant des Faches Mathematik in der Öffentlichkeit agieren zu können, um also einen begründeten Standpunkt zum Wert des Faches und zur Mathematik als Teil unserer Kultur entwickeln zu können, muss neben der Breite der Mathematik auch die Tiefe der Mathematik zumindest exemplarisch erfahren werden. Die Studierenden sollen erkennen, welchen Reichtum, aber auch welche Grenzen die mathematische Forschung kennt. Hierbei geht es auch um eine selbstständige, authentische Erfahrung mit der Wissenschaft Mathematik. Dies wird sich in der Regel zwar nicht im Rahmen aktueller mathematischer Forschung abspielen können; dennoch ist die eigene Auseinandersetzung, das selbstständige Ringen mit einem noch nicht vertrauten mathematischen Gegenstand, der auch elementarmathematischer Natur sein kann, eine nicht zu unterschätzende Bereicherung des Bildes von der Wissenschaft Mathematik. So kann und soll Mathematik als Entwicklungsprozess und die mathematischen Definitionen und Theoreme als jeweiliges Produkt einer Genese wahrgenommen werden.

Lernen ist „lebenslanges Lernen". Ein zentrales, aber bislang kaum realisiertes Ziel des Mathematikstudiums ist es, Studierende zu befähigen und zu motivieren, dass sie als Lehrerin und Lehrer an fachlichen Fortbildungen teilnehmen können und wollen, um ihren fachwissenschaftlichen Horizont zu erweitern.

Zusammengefasst: Das Mathematikstudium

- vermittelt Kenntnisse und Fähigkeiten in grundlegenden mathematischen Disziplinen;

- gibt Anlass zur Erfahrung mathematischer Breite und Tiefe;

- schafft immer wieder explizite Bezüge zur Schulmathematik;

- zeigt die Mathematik als zentrales Element der Kulturentwicklung und thematisiert sie als Methode zur Welterklärung und -gestaltung;

- leitet an zur Reflexion über Mathematik und ihren Stellenwert in der Welt;

- kann Mathematik versprachlichen und zum Sprechen über Mathematik anregen;

- versetzt die Studierenden in die Lage, Mathematik in der Gesellschaft vermittelnd zu repräsentieren;

- regt zur reflektierten Nutzung des Mediums Computer an;

- ermutigt zu einer nachhaltigen fachbezogenen Fragehaltung;

- soll zu lebenslangem Lernen führen.

10.1.2 Die gemeinsame Verantwortung von Fachwissenschaft und Fachdidaktik

Die Vorstellung einer sich lebendig entwickelnden Mathematik muss sich im Prozess des Lehrens und Lernens widerspiegeln. Angehende Lehrerinnen und Lehrer sollten daher das Fach Mathematik nicht nur als einen fertigen, sondern als einen sich entwickelnden Wissensbestand kennengelernt haben. Diese Lernerperspektive richtet den Blick auf die zentralen mathematischen Denkhandlungen wie Ordnen und Strukturieren, Begriffsbilden, Argumentieren und Beweisen sowie Problemlösen und Modellieren. Sie durchdringen die Mathematik an der Hochschule und an der Schule in prinzipiell gleicher Weise, gleichwohl mit unterschiedlicher Akzentuierung und Intensität. Die zukünftigen Lehrerinnen und Lehrer müssen in ihrem Fachstudium mit diesen Denkhandlungen vertraut werden. Hier hat die Fachwissenschaft eine besondere Verantwortung, und gerade elementarmathematische Inhalte bilden dafür eine vorzügliche Plattform. Geeignet verarbeitetes fachmathematisches Wissen ist die Voraussetzung für fachdidaktische Kompetenz:

> „Offensichtlich sind Lehrkräfte nur dann in der Lage, Lernprozesse zu steuern, wenn sie sich selbst sicher in der Domäne ihres Unterrichtsfaches bewegen können. Fachwissen wird gemeinhin als notwendige, aber nicht hinreichende Voraussetzung für fachdidaktisches Wissen gesehen: 'Fachwissen ist die Grundlage, auf der fachdidaktische Beweglichkeit entstehen kann'. (Baumert & Kunter)" (Krauss u. a. 2008, S. 228)

Entscheidend ist die Anschlussfähigkeit des Fachwissens für fachdidaktische Studien. Im günstigen Fall unterstützen Fachwissenschaft und Fachdidaktik in gemeinsamer

Verantwortung Fähigkeiten, die den beweglichen Umgang mit der Mathematik in der Schule ausmachen.

Dazu gehören folgende fachbezogene charakteristische Merkmale:
Die fachlich und fachdidaktisch bewegliche Lehrkraft weiß um die Reichhaltigkeit an inner- und außermathematischen Bezügen und kann sie verfügbar machen. Dies schließt einen Habitus ein, mit typischen fachspezifischen Vorgehensweisen vertraut zu sein und darüber hinaus eine Wertschätzung für Einfallsreichtum, Schönheit und Leistungsfähigkeit mathematischer Ideen und Methoden zu haben. Im Einzelnen

- verfügt die Lehrkraft über ein reiches Angebot an inhaltlichen Grundvorstellungen zu mathematischen Begriffen, und sie kann einen mathematischen Gegenstand unter vielfältigen Perspektiven betrachten und durch Eigenschaften charakterisieren;
- weiß die Lehrkraft, welche Phänomene jeweils mathematisch beschrieben werden, und sie kann zwischen einer formalen und einer inhaltlichen Ebene übersetzen;
- ist sie urteilsfähig im Umgang mit Mathematisierungen der Realität;
- kann sie durch Vernetzung von Teildisziplinen den innermathematischen Beziehungsreichtum eines Themas entfalten;
- pflegt und reflektiert sie den flexiblen Einsatz und Wechsel von Darstellungsformen;
- verfügt sie über präformale Begründungen und Vorgehensweisen und kennt Übergänge vom Intuitiven zum Präzisen.

Und schließlich kann die fachlich und fachdidaktisch bewegliche Lehrkraft zwischen realitätsbezogener und innermathematischer Modellierung unterscheiden, bei Letzterer verbunden mit einem Gespür für sinnvolle theoretische Konstrukte. Sie kann die Leistungsfähigkeit und Grenzen von Kalkülen würdigen und Probleme gegebenenfalls mit einem elementar-inhaltlichen Argument lösen.

Insgesamt verfügt die Lehrkraft über ein sicheres Verständnis von mathematischen Denk- und Arbeitsweisen, die für den Umgang mit der Mathematik in der Schule relevant sind.

10.1.3 Der Wissenschaftsbezug der fachdidaktischen Ausbildung

Wissenschaftliches Wissen hat den großen Vorzug, subjektive Überzeugungen und Erfahrungen einem rationalen Diskurs unterziehen zu können. Der Bereich des Lehrens und Lernens ist in besonderer Weise darauf angewiesen. Und so wie die Medizin sich von einer meist intuitiv vorgehenden Heilkunst zu einer medizinischen Wissenschaft entwickelt hat und wie aus technischer Kunstfertigkeit eine Ingenieurwissenschaft geworden ist, sollte auch tradierte Lehrkunst sich zunehmend zu einem wissenschaftsorientierten Unterrichtshandeln entwickeln.

Generell muss daher die fachdidaktische Ausbildung wissenschaftlich orientiert sein. In der gemeinsamen Denkschrift der Fachverbände heißt es hierzu:

> „Es darf keinesfalls nur um die Vermittlung von bloßem Erfahrungswissen oder von Rezepten für ‚erfolgreiches' Lehren gehen. Vielmehr ist nur durch eine forschungsorientierte Lehre gewährleistet, dass Studentinnen und Studenten ein theoretisch fundiertes Wissen erwerben, auf dem sie in lebenslanger Fort- und Weiterbildung aufbauen können." (Stroth u. a. 2001, S. 4)

Diese Sicht wird auch von erziehungswissenschaftlicher Seite gestützt:

> „Wie alle akademischen Lehrveranstaltungen müssen auch fachdidaktische Studien auf einschlägige Forschungs- und Entwicklungsarbeiten gründen. Dies setzt eine forschungsorientierte Fachdidaktik voraus. Nur durch eine enge Verbindung von fachdidaktischer Forschung und Lehre sind die notwendigen Ansprüche an Lehrveranstaltungen in der ersten Phase einzulösen." (Terhart 2000, S. 103)

Eine wissenschaftlich orientierte fachdidaktische Ausbildung soll angehenden Lehrerinnen und Lehrern Grundlagenwissen für ihre künftige Berufstätigkeit vermitteln und sie befähigen,

- beständig an der Verbesserung ihres Unterrichts zu arbeiten,
- aktuelle Entwicklungen der Fachdidaktik aufnahmebereit zu verfolgen und
- Neuerungen wie den Einsatz von Rechnern im Unterricht mit kritischer Aufgeschlossenheit zu erproben.

Je genauer und je gründlicher die forschende Betrachtung ist, desto mehr Nutzen wird für die weitere Unterrichtsgestaltung zu erwarten sein.

Zu bedenken ist, dass die Mathematikdidaktik eine andere Methodologie benötigt als die Mathematik selbst: Die Mathematik mit ihrer unausweichlichen Strenge, bedingt durch die Präzision ihrer Begriffsbildungen und Argumentationsweisen und die logische Geschlossenheit ihrer Systeme, nimmt im Kanon der Wissenschaften eine Sonderrolle ein, die wesentlich durch die rein geistige Natur ihrer Objekte bedingt ist. Wissenschaft vom Mathematikunterricht aber erforscht Prozesse mathematischer Wissensbildung und entwickelt, erprobt und evaluiert hierauf abgestimmte Unterrichtsideen. Dabei hat sie es mit „der Komplexität und dem evolutionären Charakter alles Lebendigen zu tun" (Hefendehl-Hebeker 2003, S. 4). Insgesamt bedeutet dies, dass Lehramtsstudierende in der Mathematikdidaktik anderen Forschungsparadigmen begegnen müssen als in der Fachwissenschaft Mathematik. So ist die Didaktik der Mathematik im Gegensatz zur Mathematik angewiesen auf Bezugsdisziplinen wie etwa die Lern- und Entwicklungspsychologie, die Soziologie, die Erziehungswissenschaften oder die Wissenschaftstheorie. Hinzu kommt, dass die Forschungsergebnisse der Mathematikdidaktik prinzipiell zeitlich bedingt sind, während der Mathematik ein überzeitlicher Charakter zukommt. Und schließlich ist – wieder im Kontrast zur Mathematik – das Forschungsinstrumentarium in der Mathematikdidaktik ohne empirische Methoden nicht denkbar.

10.2 Elemente eines idealtypischen Studienplans

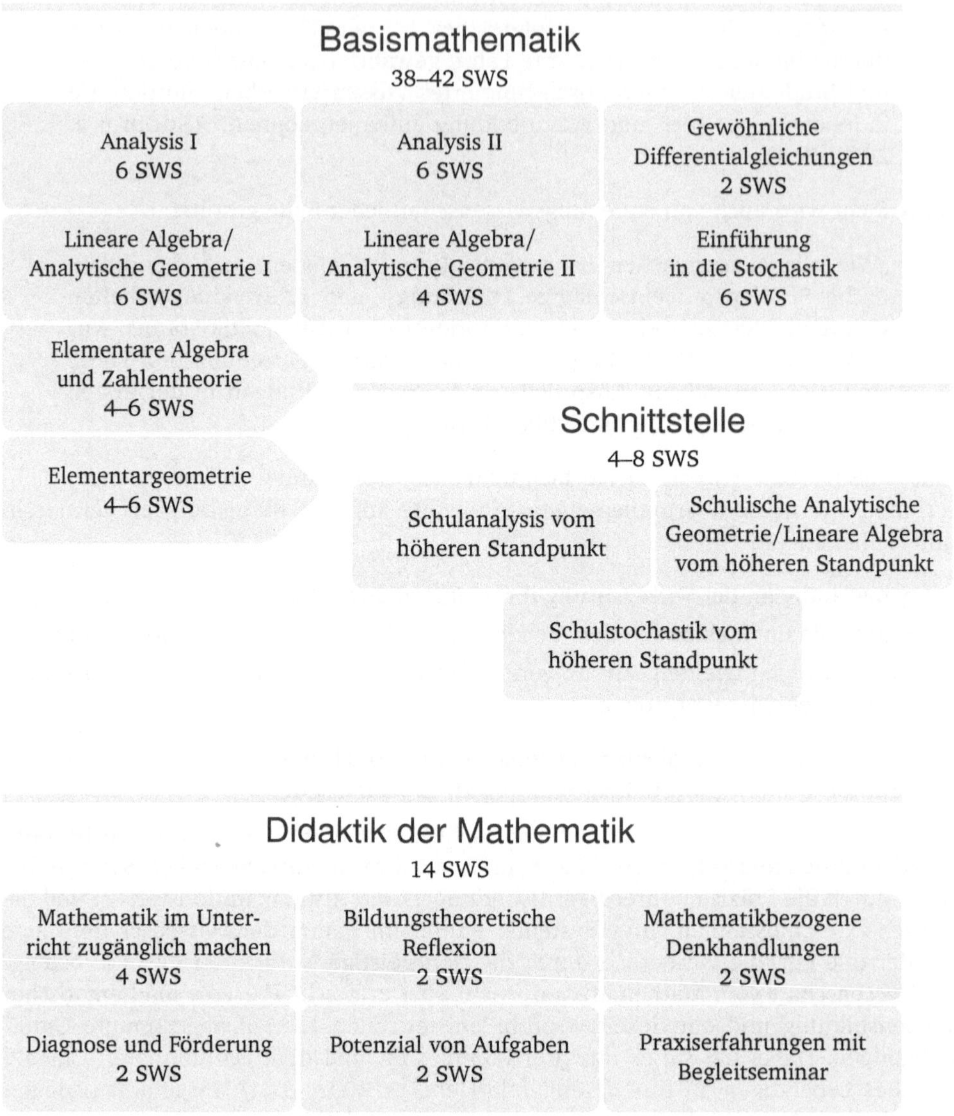

Basismathematik
38–42 SWS

Analysis I 6 SWS	Analysis II 6 SWS	Gewöhnliche Differentialgleichungen 2 SWS
Lineare Algebra/ Analytische Geometrie I 6 SWS	Lineare Algebra/ Analytische Geometrie II 4 SWS	Einführung in die Stochastik 6 SWS

Elementare Algebra
und Zahlentheorie
4–6 SWS

Elementargeometrie
4–6 SWS

Schnittstelle
4–8 SWS

Schulanalysis vom
höheren Standpunkt

Schulische Analytische
Geometrie/Lineare Algebra
vom höheren Standpunkt

Schulstochastik vom
höheren Standpunkt

Didaktik der Mathematik
14 SWS

Mathematik im Unterricht zugänglich machen 4 SWS	Bildungstheoretische Reflexion 2 SWS	Mathematikbezogene Denkhandlungen 2 SWS
Diagnose und Förderung 2 SWS	Potenzial von Aufgaben 2 SWS	Praxiserfahrungen mit Begleitseminar

Exemplarische fachliche Vertiefung

8–10 SWS

Maß und Integral; Funktionentheorie;
Funktionalanalysis; (Partielle) Differentialgleichungen;
Numerische Mathematik; Differentialgeometrie;
Projektive Geometrie; Galoistheorie;
Zahlentheorie; Stochastik u. a. m.

- davon ein Seminar
- davon ein nicht-kanonisches Lernangebot

Kombinatorik; Graphentheorie;
Kryptographie u. a. m.

Reflexion über Mathematik

4 SWS

Geschichte der Mathematik

Philosophie der Mathematik

Logik

Masterarbeit
2 SWS

Im Kern stecken also folgende Arbeitsfelder den Rahmen einer Neuorientierung des gesamten Lehramtsstudiums ab: die *Fachmathematik*, die *Didaktik der Mathematik* und die *Reflexion über Mathematik*. Der idealtypische Studienplan sieht dabei vor, dass die fachmathematische Komponente die *Basismathematik* und eine *Exemplarische fachliche Vertiefung* umfasst. Dazu kommt ein *Schnittstellenangebot*, das die *Schulmathematik vom höheren Standpunkt* als Bindeglied von Elementarmathematik und Mathematikdidaktik enthält. Diese verschiedenen Komponenten eines *neuen* Lehramtsstudiengangs werden im Folgenden näher charakterisiert.

10.2.1 Fachliche Grundlagen

Basismathematik
38–42 SWS

Analysis I 6 SWS	Analysis II 6 SWS	Gewöhnliche Differentialgleichungen 2 SWS
Lineare Algebra/ Analytische Geometrie I 6 SWS	Lineare Algebra/ Analytische Geometrie II 4 SWS	Einführung in die Stochastik 6 SWS
Elementare Algebra und Zahlentheorie 4–6 SWS		
Elementargeometrie 4–6 SWS		

Analysis/Gewöhnliche Differentialgleichungen. Für die Analysis zeigen die Projekterfahrungen, dass der Stoff nicht nur deduktiv und fachsystematisch präsentiert werden sollte. Die Vorlesung sollte vielmehr auch das Ziel verfolgen, genetisch und prozessorientiert zu arbeiten. Unter anderem heißt dies, dass die Schwierigkeiten und das Abstraktionsniveau anfangs eher gering gehalten und erst allmählich gesteigert werden, so dass schwierige Sätze oder Beweise, die die Studienanfänger in der Regel überfordern, auf einen späteren Teil der Vorlesung verschoben werden, auch wenn sie fachsystematisch in einen früheren Abschnitt stehen könnten. Dieser Ansatz ist systematisch auszuweiten: Beispielsweise ist es für alle Studierenden deutlich anschaulicher, wenn die mehrdimensionale Analysis im Wesentlichen für den Spezialfall des $\mathbb{R}^2$ und $\mathbb{R}^3$ formuliert wird. Dies schränkt die Anschlussfähigkeit für weiterführende Veranstaltungen praktisch nicht ein und kann sogar als zusätzliche Übungs- und Vertiefungsquelle genutzt werden, indem die Studierenden selbstständig Definitionen, Sätze und Beweise für die Situation des $\mathbb{R}^n$ formulieren und beweisen und so den Schritt von der Anschauung zur Abstraktion aktiv konstruieren.

Die Inhalte einer üblichen Vorlesung *Analysis II* gehen deutlich über die Themen des Schulunterrichts hinaus, stellen jedoch einerseits das Basiswissen für die weiterführende Vertiefung in analytischen Disziplinen dar und liefern unter anderem die mathematischen Methoden, ohne die eine physikalische Naturbeschreibung nicht möglich wäre. Andererseits erschließen sich die Komplexität und Leistungsfähigkeit der analytischen Grundbegriffe erst, wenn diese von einer höheren Warte aus betrachtet werden. Dies gilt etwa für die Differentiation als lineare Approximation oder für den Konvergenzbegriff, der seine Flexibilität erst für Funktionenfolgen zeigt.

Die im Wesentlichen kanonischen Lehrinhalte der Analysis sollen hier nicht angeführt werden, jedoch beispielhaft einige Akzentuierungen und Themenbereiche, die einem historisch-genetischen Ansatz entsprechen können. Ausführliche Beispiele hierzu sind in Kapitel 5 zu finden.

- Der klassische „Vorspann" mengentheoretischer und formallogischer Sprachregeln (Mengen, Aussagen, Wahrheitstafeln etc.) sollte möglichst nicht „auf Vorrat" eingeführt werden; Entsprechendes gilt für die oft „blutleere" Topologie des $\mathbb{R}^n$.

- Die Körperaxiome können (parallel und im Vergleich zur Axiomatik) anschaulich geometrisch eingeführt werden (vgl. z. B. die Aufgaben auf S. 56); Zahlbereichserweiterungen (von $\mathbb{N}$ bis zu $\mathbb{C}$) können in historischen Exkursen diskutiert werden (vgl. 5.1.3 und die dort angegebene Literatur).

- Der Ableitungsbegriff wie auch der Funktionsbegriff können und sollen ebenfalls historisch motiviert werden (vgl. z. B. Jahnke 1999).

- Für die Cantorsche transfinite Mengenlehre können Genese und erkenntnistheoretische Implikationen diskutiert werden (vgl. 5.4).

- Einführende Konzepte der Funktionentheorie könnten integriert werden, um die Besonderheiten der reellen Analysis darzustellen.

Als weiteres verpflichtendes Element im Rahmen des fachwissenschaftlichen Basiswissens ist eine Veranstaltung *Gewöhnliche Differentialgleichungen* (im Umfang von ca. 2 SWS) sinnvoll. Diese sind ein unverzichtbares Hilfsmittel für jegliche moderne Naturwissenschaft. Ein Einblick in die Theorie der Gewöhnlichen Differentialgleichungen leistet somit einen unschätzbaren Beitrag, um Studierenden die modellierende Kraft der Mathematik aufzuzeigen.

Lineare Algebra. Die Erfahrungen aus *Mathematik Neu Denken* zur Neustrukturierung der *Analytischen Geometrie und Linearen Algebra* sind durchweg positiv. Ein Beginn mit der Geometrie des 3-dimensionalen Raums einerseits und den linearen Gleichungssystemen andererseits knüpft nicht nur in ausdrücklicher Weise an das Vorwissen der Studierenden an, sondern nimmt die später dargestellte allgemeine Theorie an charakteristischen und konkreten Beispielen vorweg (vgl. 6.1). Ein durchgängig parallel geführte Software-Praktikum bietet den Studierenden die Chance, die in Vorlesung und Übungen „theoretisch" behandelten Inhalte mit anderen Mitteln selbstständig und konkret zu erarbeiten (vgl. 6.3). Darüber hinaus dient die Veranstaltung natürlich auch als erster Einstieg in wichtige mathematische Strukturen wie Körper, Vektorräume, Abbildungen und Matrizen. Besonderer Wert wird auf die Klassifikationssätze für Vektorräume und lineare Abbildungen gelegt. Denn in der Analytischen Geometrie und Linearen Algebra kann man sich solche Sätze relativ leicht erarbeiten und dabei deutlich machen, dass diese ein wesentliches Element der gesamten Mathematik ausmachen.

Die zentralen Themen der *Analytischen Geometrie und Linearen Algebra II* sind Normalformen und multilineare, zumindest bilineare Algebra. Die bilineare Algebra hat aufgrund ihrer zahlreichen Bezüge zur Geometrie (Skalarprodukt, Kegelschnitte, Quadriken) eine große Bedeutung für das Lehramtsstudium. Normalformen, insbesondere die Frage der Diagonalisierbarkeit von linearen Abbildungen schließen sich unmittelbar an die Behandlung von Abbildungen und Matrizen an. Dieser Teil der Veranstaltung vermittelt authentische, „tiefe" Mathematik und sollte daher im Lehramtsstudium nicht fehlen.
Es hat sich gezeigt, dass – trotz einer grundlegenden Neustrukturierung – bei Beibehaltung einer zweisemestrigen Vorlesung kein „Stoffproblem" auftritt. Die Inhalte können fast die gleichen sein wie bei einer traditionellen Vorlesung über Lineare Algebra, die Struktur und der Aufbau der Veranstaltung sollten allerdings geändert werden (vgl. Kapitel 6). Aufgrund der Projekterfahrungen an beiden Standorten sind wir der Überzeugung, dass der zweite Teil der Veranstaltung auch nur mit 4 statt mit 6 SWS angeboten werden kann.

Stochastik.   Neben der *Analysis* und *Algebra/Linearen Algebra* (einschließlich *Analytischer Geometrie*) ist die *Stochastik* der dritte große Lernbereich „höherer" Mathematik am allgemeinbildenden Gymnasium. Das dabei zentrale mathematische Konzept der Wahrscheinlichkeit ist sowohl aus philosophischer und historischer Sicht hochinteressant wie auch unverzichtbar für die verschiedensten Anwendungen, etwa in Naturwissenschaft, Technik und Ökonomie. Ziel der Veranstaltung ist ein aktives Verständnis der Studierenden für die spezifischen Begriffe, Methoden und Denkweisen der Stochastik. Darüber hinaus soll die Stochastik kulturgeschichtlich und in ihrer sozialen und politischen Bedeutung wahrgenommen werden. Für das Stochastik-Grundstudium hat sich ein gewisser Kanon herausgebildet, der im Wesentlichen übernommen werden soll (unter anderem Wahrscheinlichkeit, Zufallsvariablen und deren Verteilungen, Unabhängigkeit, bedingte Wahrscheinlichkeiten, Korrelation, Schätz- und Testverfahren). Dabei ist ein möglichst oft erlebter Übergang vom Intuitiven zum Präzisen in Form einer Modellierung zufallsabhängiger Vorgänge unerlässlich; insbesondere kommt der Auseinandersetzung mit paradoxen Phänomenen eine wichtige Rolle zu. Um dem Einüben stochastischer Modellbildung ohne Verwendung fortgeschrittener mathematischer Techniken genügend Raum zu lassen, ist eine zu frühe Behandlung stetiger Verteilungsmodelle nicht angebracht. Gerade für Lehramtsstudierende sollten auch Ausblicke auf die historische Genese der dargestellten Konzepte (hierzu gehören insbesondere der Wahrscheinlichkeitsbegriff und die Anfänge der Statistik) integriert werden. Je nach der verfügbaren Zeit sind außerdem Exkurse etwa zu folgenden Themen denkbar: Was ist Zufall? Pseudozufallszahlen und Simulation, Paradoxa der Stochastik (erste Kollision, BERTRAND, Ziegenparadoxon etc.), Irrfahrten, Statistische Physik (Maxwell-Boltzmann-, Bose-Einstein- und Fermi-Dirac-Statistik), Bayes- versus klassische Statistik, Elementare Spieltheorie, Entropie und Kodierung oder Elementare Stochastik der Finanzmärkte (vgl. Empfehlungen 2010, S. 28 f.).

Algebra/Geometrie. Neben den als Schnittstelle konzipierten Veranstaltungen zur *Schulmathematik vom höheren Standpunkt* sollen die Studierenden Möglichkeiten haben, elementarmathematische Erfahrungen im Rahmen ihrer fachmathematischen Sozialisation zu machen. Elementarmathematische Lehrveranstaltungen haben eine wichtige Schlüsselstellung, da sie eine Mittlerrolle zwischen Schul- und Hochschulmathematik einnehmen und authentisches „Mathematik-treiben" ermöglichen.

Als besonders geeignet für eine elementarmathematische Orientierung erscheinen Veranstaltungen zur *Elementaren Algebra und Zahlentheorie* und zur *Elementargeometrie*. Aber auch Lehrangebote zur Kombinatorik, Graphentheorie oder Kryptographie lassen sich vorzüglich elementarmathematisch akzentuieren, da sie technisch voraussetzungsarm zugänglich sind. Darüber hinaus ermöglichen diese Themenfelder Forschungserfahrungen „im Kleinen". Sie vermitteln zudem zwischen reiner Mathematik und Anwendungen und tragen damit zu einem Bild von Mathematik bei, zu dem syntaktische und semantische Aspekte gleichermaßen gehören.

Weitere Grundlegungen der Basismathematik für das Lehramtsstudium sollen in zwei verpflichtenden, elementarmathematisch orientierten Veranstaltungen zur *Elementaren Algebra und Zahlentheorie* und zur *Elementargeometrie* erfolgen. Diese Veranstaltungen knüpfen explizit an die Schulmathematik an. Ein möglicher Aufbau solcher Veranstaltungen wird in Kapitel 7 beschrieben.

Die klassische Algebra ist zweifellos eine Königsdisziplin der Mathematik, sie berührt aber nur einen kleinen Teil der Schulalgebra, nämlich die Erkenntnis, dass es nichtauflösbare Gleichungen gibt und wie man diese erkennen kann. Deswegen bleiben viele wichtige Aspekte der Schulalgebra (elementare Zahlentheorie, Zahlbereiche, Gleichungen, Anwendungen der Algebra in der Codierung und Kryptographie) notwendigerweise unberücksichtigt. Daher sollte eine klassische Algebra nicht im Pflichtbereich eines Lehramtsstudiums vorgesehen sein.

An ihre Stelle tritt eine *Elementare Algebra und Zahlentheorie*. Mögliche Themengebiete dafür sind: Zahlen, Elementare Zahlentheorie (Teilbarkeitslehre, Kongruenzrechnung und Positionssysteme), Zahlbereichserweiterungen, Gleichungen, Funktionen, Algorithmen, aber auch algebraische Zahlen und Konstruktionen mit Zirkel und Lineal. Auch die Nichtauflösbarkeit von Gleichungen fünften und höheren Grades soll thematisiert werden, insbesondere sollen die Studierenden wissen, was es bedeutet, dass eine Gleichung auflösbar beziehungsweise nichtauflösbar ist (vgl. 7.2).

Eine *Geometrievorlesung* für Lehramtsstudierende muss ebenfalls eigenen Ansprüchen genügen, insbesondere muss sie elementargeometrisch orientiert sein und an die gymnasiale Mittelstufengeometrie anknüpfen. Geometrie, speziell euklidische Geometrie ist durch ihre Axiomatik gekennzeichnet. Die Axiomatik Euklids steht am Anfang der Entwicklung der für die Mathematik charakteristischen deduktiven Methode. Dies gilt es zu thematisieren, zum Beispiel im Vergleich zur Axiomatik der nichteuklidischen Geometrie (Anfänge der Projektiven Geometrie), oder im Kontext der Diskussion um die Axiomatik der Geometrie (zum Beispiel von HILBERT). Eine Geometrievorlesung kann neben der Behandlung euklidischer Geometrie etwa über die Einbeziehung der Geschichte der Mathematik (Arabische Mathematik, DESCARTES, ALBERTI, STEVIN, LAMBERT, GAUSS, LOBATSCHEWSKI und anderen) zu Themenfeldern wie Koordinatisierung, Perspektive oder nichteuklidische Geometrie führen. Aspekte der Stereometrie sollten ebenfalls diskutiert werden. Der Begriff der Symmetrie könnte eine geistesgeschichtliche Schlüsselrolle spielen. Als nützlich erweist sich für die Geometrie die sinnvolle Einbeziehung von geeigneter Geometrie-Software (vgl. 7.1).

10.2.2 „Tiefe" im Mathematikstudium: Wahlpflichtbereiche

Exemplarische fachliche Vertiefung
8–10 SWS

Maß und Integral; Funktionentheorie;
Funktionalanalysis; (Partielle) Differentialgleichungen;
Numerische Mathematik; Differentialgeometrie;
Projektive Geometrie; Galoistheorie;
Zahlentheorie; Stochastik u. a. m.

- davon ein Seminar
- davon ein nicht-kanonisches Lernangebot

Kombinatorik; Graphentheorie;
Kryptographie u. a. m.

Viele der Überlegungen bei der Neuorientierung des gymnasialen Lehramtsstudienganges waren von dem Gedanken getragen, dass die Studierenden in einem Mathematikstudium die Erfahrung von Breite *und* Tiefe machen sollen. Die Erfahrung von Breite umfasst nicht nur zentrale Teildisziplinen der Mathematik und deren Vernetztheit, sondern auch das Spektrum der Anwendungsmöglichkeiten der Mathematik in Naturwissenschaft und Technik, Wirtschaft und Gesellschaft, Kunst und Musik. Die Erfahrung von „Tiefe" in einem Mathematikstudium hat ebenfalls unterschiedliche Facetten. Tiefe kann einerseits die Erfahrung des vertieften Verstehens von Begriffen und Methoden bedeuten. Zum anderen kann die Erfahrung von Tiefe aber auch das vertiefte Eintauchen in eine mathematische Theorie beschreiben, bei dem tiefgehende Resultate mit elaborierten Werkzeugen erarbeitet werden. Verbunden mit dieser Vorstellung von „Tiefe" ist die Auffassung, dass die Studierenden an einer kleinen Stelle der Mathematik die Erfahrung machen sollen, „alles" über dieses Thema zu wissen. Eine weitere Deutung von Tiefe hängt schließlich mit der Erfahrung von Breite zusammen: Ist man in einen Aspekt von Mathematik tatsächlich vertieft, wird man die Bedeutung des Aspekts nicht mehr singulär wahrnehmen, sondern in Verknüpfung zu anderen Teilgebieten der Mathematik. Unter den weiterführenden fachmathematischen Veranstaltungen sollte daher mindestens ein Seminar sein. Vertiefende Veranstaltungen sollten nicht zuletzt die Möglichkeit einer freien Auswahl bieten, bei der sich zumindest punktuell ein eigener mathematischer „Geschmack" der Studierenden ausdrückt. Das Wahlangebot hängt natürlich von den jeweiligen Gegebenheiten vor Ort ab.

10.2.3 Schnittstellenangebot

Schnittstelle

4–8 SWS

Schulanalysis vom höheren Standpunkt

Schulische Analytische Geometrie/Lineare Algebra vom höheren Standpunkt

Schulstochastik vom höheren Standpunkt

Um die mitgebrachten mathematischen Erfahrungen der Studierenden aufzugreifen und zugleich die professionsbezogenen fachlichen Kompetenzen frühzeitig zu entwickeln, ist es empfehlenswert, in eigenen Lehrveranstaltungen (oder Lehranteilen) vom Typ *Schulmathematik vom höheren Standpunkt* kritisch-konstruktiv auf die Oberstufenmathematik zurückzublicken. Gleichzeitig kann in solchen Veranstaltungen die erwünschte Verbindung von Fach- und Berufsfeldbezug sichtbar gemacht werden (siehe als Beispiel zum Themenfeld Analysis Kapitel 4).

Die Lehramtsstudierenden müssen so ausgebildet werden, dass sie über ein sicheres Verständnis mathematischer Denk- und Arbeitsweisen verfügen, die für den reflektierten Umgang mit der Mathematik in der Schule relevant sind (vgl. hierzu Kapitel 2). Die Hochschulmathematik soll zu diesem Verständnis beitragen, kann es aber aufgrund der Andersartigkeit ihres Selbstkonzepts höchstens partiell leisten.

Daher sollen sich Schnittstellenangebote etablieren, bei denen die klassischen Bereiche schulischer Mathematikerfahrung der Oberstufe (Analysis, Analytische Geometrie/Lineare Algebra, Stochastik) von einem verstehensorientierten („höheren") Standpunkt reflektiert werden. Veranstaltungen zur „Schulmathematik vom höheren Standpunkt" bilden eine tragfähige Basis für vertiefte (stoff-)didaktische Studien im Rahmen der fachdidaktischen Ausbildungskomponente. Die Konzeption eines solchen Schnittstellenangebots gehört zum Kern der hier vorgeschlagenen Neuorientierung. Zu jedem der drei Lernbereiche der Oberstufenmathematik gehört ein geeignetes Schnittstellenangebot. Von den drei Veranstaltungen *Schulanalysis vom höheren Standpunkt, Schulische Analytische Geometrie/Lineare Algebra vom höheren Standpunkt, Schulstochastik vom höheren Standpunkt* sollten zwei zum Pflichtkanon gehören. Schnittstelleninhalte können natürlich auch in die zugehörigen Basisvorlesungen integriert sein.

10.2.4 Lehre in der Fachdidaktik

Didaktik der Mathematik
14 SWS

Mathematik im Unterricht zugänglich machen 4 SWS	Bildungstheoretische Reflexion 2 SWS	Mathematikbezogene Denkhandlungen 2 SWS
Diagnose und Förderung 2 SWS	Potenzial von Aufgaben 2 SWS	Praxiserfahrungen mit Begleitseminar

Die Mathematikdidaktik erforscht Prozesse des Lernens und Lehrens von Mathematik und entwickelt Unterrichtskonzepte, die auf diesen Erkenntnissen beruhen. Sie muss diese Forschungs- und Entwicklungsansätze in der universitären Lehre erfahrbar machen und kann darüber

> „fachinhaltliches Wissen, pädagogisch-psychologisches Kontextwissen und schulpraktisches Handlungswissen integrieren und so eine Brücke zwischen diesen Komponenten sein. Auf diese Weise kann [sie] wesentlich dazu beitragen, in den Köpfen der Studierenden eine einheitliche Sichtweise von den Anforderungen des zukünftigen Berufs und des darauf ausgerichteten Studiums zu erzeugen." (Terhart 2000, S. 104)

Folgende Schwerpunkte können als entscheidend erachtet werden, um den Auftrag der Fachdidaktik in der universitären Lehre einzulösen.

Bildungstheoretische Reflexion. Die bildungstheoretische Sichtweise auf das Fach diskutiert insbesondere den Bildungswert des Schulfachs Mathematik und den Bildungsauftrag des Mathematikunterrichts. Dazu gehört, Konzepte „mathematischer Bildung" vorzustellen und zu bewerten. Sie befähigt, Unterrichtsziele und -inhalte begründet auszuwählen und zu akzentuieren und mit vorgegebenen Lehrplänen, Materialien und Medien kritisch-konstruktiv umzugehen. Sie kann für die Gefahr sensibilisieren, mathematikdidaktische Reflexion auf rein methodische Fragen zu reduzieren.

Zu diesem Aufgabenfeld gehören Veranstaltungstitel wie:

- Grundfragen des Mathematikunterrichts/der Mathematikdidaktik
- Didaktik des Mathematikunterrichts in den Sekundarstufen
- Mathematik und Alltagsdenken

Mathematikbezogene Denkhandlungen. Die Auseinandersetzung mit zentralen mathematischen Denkhandlungen wie Ordnen und Strukturieren, Begriffsbilden, Argumentieren und Beweisen sowie Problemlösen und Modellieren ermöglicht ein vertieftes Verständnis für Mittel und Wege der Gewinnung mathematischer Erkenntnisse.

Das allen diesen Denkhandlungen gemeinsame Charakteristikum der Mathematik ist der Prozess der fortschreitenden Formalisierung.

Zu diesem Aufgabenfeld gehören Veranstaltungstitel wie:

- Beweisen im Mathematikunterricht
- Problemlösen und Heuristik
- Modellieren im Mathematikunterricht

Wege, Mathematik (im Unterricht) zugänglich zu machen. Die Mathematik hat sich über Jahrtausende hinweg zunehmend ausdifferenziert und dabei eine eigene hochentwickelte Sprache ausgebildet. Mathematik zu vermitteln bedarf besonderer Expertise. Dazu ist die Kenntnis verschiedener Zugangsweisen, vermittelnder Vorstellungen und paradigmatischer Beispiele sowie die Fähigkeit zum flexiblen Wechsel zwischen Stufen begrifflicher Exaktheit erforderlich. Vertrautheit mit Konzepten und Modellen schulischen Mathematiklernens und -lehrens ist notwendig, um längerfristig angelegte Lernprozesse zu gestalten. Dabei gilt es, eine Balance zwischen angeleiteter Erarbeitung und eigentätiger Entfaltung zu finden. Zum Zugänglichmachen von Mathematik gehört auch ein sinnvoller Rechnereinsatz.

Zu diesem Aufgabenfeld gehören Veranstaltungstitel wie:

- Didaktik der Algebra
- Didaktik der Funktionenlehre
- Didaktik der Geometrie
- Figuren und Abbildungen im Mathematikunterricht
- Aufbau des Zahlensystems im Mathematikunterricht
- Didaktik der Analysis
- Didaktik der Linearen Algebra/Analytischen Geometrie
- Didaktik der Stochastik
- Computereinsatz im Mathematikunterricht

Diagnose und Förderung. Der Prozess des Wissens- und Kompetenzerwerbs ist keineswegs determiniert durch die deduktive Struktur der fertigen mathematischen Wissensbestände. Im Gegenteil: Die Lernwege junger Menschen sind vielfältig, oft unerwartet und nicht strikt planbar. Deshalb müssen zwei Bereiche vermehrt Beachtung im Lehramtsstudium finden, nämlich das mathematische Denken von Kindern und Jugendlichen sowie das differenzierte und individualisierte Diagnostizieren und Fördern.

Hinsichtlich des mathematischen Denkens ist es wichtig, durch geeignete kognitionspsychologische Analysen Vorstellungen und Fehlvorstellungen von Lernenden sowie Denkstrategien und Denkstile aufzudecken. Dies ist notwendig, um im Unterricht zu erkennen, welche gedankliche Substanz in dem steckt, was Lernende sagen und schreiben.

Zusätzlich zu diesen vorrangig qualitativ arbeitenden Verfahren der individuellen Diagnose und Förderung benötigen angehende Lehrkräfte Methodenkenntnisse über quantitative Leistungsstudien und darauf basierende Fähigkeiten, deren Ergebnisse zu interpretieren und zugehörige Kompetenzmodelle zu beurteilen.

Zu diesem Aufgabenfeld gehören Veranstaltungen wie:

- Qualität von Mathematikunterricht
- Fördern im Mathematikunterricht
- Lernprozessdiagnostik

Potenzial von Aufgaben. Eine Schlüsselfunktion im Mathematikunterricht haben Aufgaben. Die Fähigkeit, Aufgaben für verschiedene Stadien des Lernprozesses zu gestalten und einzusetzen sowie Aufgabenbearbeitungen zu analysieren und diagnostisch zu interpretieren, ist ein wesentlicher Bestandteil des professionellen Wissens von Lehrerinnen und Lehrern.

Lehrerinnen und Lehrer müssen diese Fähigkeiten in der ersten Phase der Ausbildung erwerben (und später im Beruf ausbauen). Hier gilt es, verschiedene Dimensionen fachdidaktischen Denkens und Handelns zusammenzuführen: stoffdidaktischer Kenntnisreichtum, genaue Kenntnisse jeweils erforderlicher mathematikbezogener Denkhandlungen und differenziertes Diagnostizieren. Es ist diese Komplexität, die dem Bereich der Aufgaben seine hohe Bedeutung verleiht.

Zu diesem Aufgabenfeld gehören Veranstaltungstitel wie:

- Aufgaben im Mathematikunterricht
- Aufgaben zur Diagnostik im Mathematikunterricht
- Aufgaben in Leistungsstudien

Schulpraktische Studien. Schulpraktische Studien spielen in allen Lehramtsstudienordnungen eine zentrale Rolle. Unterrichtspraktika bieten für die Studierenden die Möglichkeit, fachbezogene Lehr- und Lernpozesse auf der Basis theoretischer Überlegungen zu erfahren, dies von den eigenen unreflektierten schulischen Vorerfahrungen abzugrenzen und bei der Beurteilung des Unterrichtsgeschehens eine Metaebene zu erreichen.

Eine Grundbedingung für die Durchführung von Unterrichtspraktika ist die Vor- und Nachbereitung der Praxiserfahrungen durch Begleitseminare an der Universität. Entscheidend für den Erfolg eines Praktikums ist nicht die Qualität der selbstständigen Unterrichtsversuche, sondern die individuelle theoriegeleitete Reflexion des Geschehens. Das Praktikum muss sich auf theoretisch-analytische Grundpositionen und - fertigkeiten stützen können, die in einem Vorbereitungsseminar erarbeitet werden, zum Beispiel durch Fallstudien und Feldstudien, didaktische Analysen zum Unterrichtsthema und zugehörige Lernmaterialien, Analysen zu Fehlern und Fehlvorstellungen, zur Unterrichtsinteraktion und zur Wirkung von Aufgaben, Zusammenführung der erworbenen Erkenntnisse in der Konzeption von Unterrichtsentwürfen und anderen.

So werden die Studierenden potenziell mit unterrichtsbezogenen Handlungskompetenzen ausgerüstet und können einen eigenen begründeten Standpunkt entwickeln.

Die rückblickende Aufarbeitung der Praxisbegegnung am Ende eines Praktikums darf sich nicht auf einen bloßen Erfahrungsbericht beschränken; sie muss eine theoretisch fundierte wissenschaftliche Auseinandersetzung mit den eigenen Erfahrungen beinhalten, die durch die Universität begleitet wird.

Die verschiedenen Schwerpunkte der Fachdidaktik können im Studium nur exemplarisch bearbeitet werden. Ein Kanon fachdidaktischer Lehrveranstaltungen sollte aber Lehrangebote aus allen Schwerpunkten enthalten, wobei auch an ein Angebot *schwerpunktübergreifender Veranstaltungen* zu denken ist. Mögliche Themenkreise hierzu sind:

- Planung, Durchführung und Analyse von Mathematikunterricht
- Bildungsstandards
- Analysieren von Unterrichtssequenzen
- Forschungsmethoden der Mathematikdidaktik
- Mathematik als Kulturgut
- Konversation zur Didaktik

10.2.5 Reflexion über Mathematik: Geschichte und Philosophie

Ein essenzielles Studienziel für Lehramtsstudierende ist, einen übergeordneten Standpunkt zur Wissenschaft Mathematik zu entwickeln. In den unterschiedlichsten Lehrangeboten kann immer wieder zur Reflexion über Mathematik angeregt werden. Insbesondere kommt jedoch der Geschichte und Philosophie der Mathematik eine tragende Rolle zu. Mindestens eine der folgenden Veranstaltungen sollte also angeboten und besucht werden.

Geschichte der Mathematik: Zu einer prozessorientierten Auffassung der Mathematik als wissenschaftliche Disziplin kann die historisch-genetische Sicht in besonderem Maße beitragen. Der Blick in die Geschichte lehrt, wie mühsam es auch erkenntnistheoretisch war, die Konzepte des modernen mathematischen Fachkanons herauszuarbeiten. Die Geschichte mathematischer Probleme oder die Geschichte epochaler mathematischer Entwicklungen kann neben einer genetisch orientierten fachwissenschaftlichen Betrachtung auch dazu beitragen, neue Motivationen zu entwickeln und den Blick für die Kraft elementarer Methoden zu schärfen. Darüber hinaus zeigt die Geschichte der Mathematik eine ganz andere Ordnung als die spätere (axiomatisch-deduktive) Systematisierung ihrer Resultate (vgl. auch 5.3). Ein Blick auf authentische mathematische Forschung – für die aktuelle Mathematik in der Regel kaum möglich – kann für die vergleichsweise einfachere Mathematik zumindest im historischen Rückblick gelingen. Schließlich erlaubt der historische Kontext auch einen Blick auf die Mathematik als prägender Bestandteil menschlicher Kulturentwicklung.

Philosophie der Mathematik: In einer solchen Veranstaltung kann eine Metaperspektive auf die Mathematik explizit thematisiert werden. Als Kontrast zum Erlernen des mathematischen Handwerks soll hier „von außen" gefragt werden, was Mathematik eigentlich ausmacht und wie sie sich in übergreifende (etwa erkenntnistheoretische, naturphilosophische, ethische) philosophische Diskurse einfügt. Hierzu können klassische philosophische Positionen diskutiert werden (Pythagoreer, PLATON, ARISTOTELES, die antike Sepsis, CUSANUS, DESCARTES, PASCAL, LEIBNIZ, KANT, HUME, MILL), aber auch die nicht nur auf „technischer" Ebene geführte Grundlagendebatte des 20. Jahrhunderts (FREGE, RUSSELL, BROUWER, HILBERT, WEYL) sowie aktuelle Diskussionen. Ebenso sind themenbezogene Querschnitte möglich, etwa zu: Unendlichkeit, Beweis, wissenschaftlicher Determinismus, Mathematik und Sprache, Mathematik und Technik.

Logik: Hier kann zum einen die Entwicklung der Logik (ARISTOTELES, mittelalterliche Syllogistik, BOOLE etc.) behandelt werden, zum anderen „moderne" Prädikaten- und Quantorenlogik, Axiomatik bis zur Grundlagenproblematik und den Ergebnissen von GÖDEL und anderen. Dabei ist zu beachten, dass eine Logik-Vorlesung nicht nur als eine der vielen möglichen fachmathematischen Vertiefungen angeboten wird, sondern auch dem Anspruch einer reflexiven Dimension genügt.

10.3 Zusammenfassung

Die im Studienplan angegebenen Semesterwochenstunden sind als *Orientierungshilfe* für das vorgeschlagene relative Gewicht der Veranstaltungen anzusehen. Selbstverständlich ist die konkrete Ausgestaltung den jeweiligen Verhältnissen anzupassen.

Das unterliegende Credo fassen wir wie folgt zusammen:

Eine Studienreform in der Lehrerbildung muss die essenziellen Elemente, die zum Erwerb der geforderten fachbezogenen Professionalität beitragen, benennen und in einem Studienplan verorten. Diese Elemente beziehen sich zum einen auf die professionsbezogenen Inhalte eines Lehramtsstudiums im Fach Mathematik und zum anderen auf die angestrebte Reflexionsfähigkeit zukünftiger Lehrerinnen und Lehrer über das Fach Mathematik. Beide Aspekte sind auf vielfältige Weise miteinander verbunden.

Vor diesem Hintergrund enthält der vorgeschlagene Studiengang unverzichtbare Elemente, ohne die das Fachstudium nach den hier vorgestellten Ideen nicht mehr als hinreichend professionsbezogen gelten kann. Hierzu gehören

- elementarmathematische Erfahrungen im Rahmen der fachmathematischen Grundbildung (Basismathematik),
- Schnittstellen-Erfahrungen (als *Schulmathematik vom höheren Standpunkt*),
- Erfahrungen zur Reflexion über Mathematik (historisch/philosophisch),
- mathematikdidaktische Erfahrungen mit dem Schwerpunkt, mathematische Inhalte für den Unterricht zugänglich zu machen,
- Erfahrungen der eigenaktiven Wissenskonstruktion.

Das hier favorisierte Modell erscheint gleichwohl auch unter vergleichsweise traditionellen Randbedingungen realisierbar. Der vorgeschlagene idealtypische Studiengang ist professionsorientiert gedacht: Mit seinen Schnittstellen- und fachdidaktischen Lehrangeboten enthält er bereits im Grundstudium dezidiert lehramtsspezifische Elemente. Der Studiengang ist zudem konsekutiv angelegt und damit prinzipiell kompatibel mit Bachelor-/Master-Strukturen. Die Elemente „Basismathematik" und „Exemplarische fachliche Vertiefung" können für alle Mathematikstudierenden gleichermaßen angeboten werden und sind grundsätzlich ein Angebot an die Polyvalenz der Studiengänge. Die elementarmathematisch orientierten Modulelemente im Rahmen der Basismathematik (Elementare Algebra und Zahlentheorie, Elementargeometrie) und die „Reflexion über Mathematik" können auch Teil des Wahlpflichtbereichs eines reinen fachmathematischen Bachelorstudiums sein. Mit geeigneten Ergänzungen ist auch ein Wechsel innerhalb der Studiengänge möglich. Das unterliegende Motto lautet: Keine maximale Polyvalenz, aber auch keine maximale Trennung.

Im Übrigen bleibt festzustellen, dass vom Großteil der hier vertretenen Kernthesen zur Neuorientierung auch das rein Fachstudium profitieren kann. Ein reflektierter Umgang mit der Wissenschaft Mathematik ist ein Desiderat für jeden akademischen Studiengang in diesem Fach!

Ausblick

Die angestrebte fachbezogene Professionalisierung der universitären Phase zielt auf ein Lehramtsstudium, das in der Wissenschaft wie in der Perspektive des Berufsfeldes gleichermaßen verankert ist. Sie stützt sich im Kern auf folgende Thesen:

Erstens: Die fachmathematische Grundbildung muss elementarmathematische Erfahrungen und eine *Schulmathematik vom höheren Standpunkt* einschließen. Überdies muss die fachmathematische Komponente eine historische oder philosophische Reflexion über Mathematik ermöglichen.

Zweitens: Die fachdidaktische Komponente zielt primär auf die Problematik ab, wie mathematische Inhalte im Unterricht zugänglich gemacht werden können. Dies schließt die Kompetenz zur Reflexion der Lernerperspektive ebenso wie des bildungstheoretischen Aspektes ausdrücklich ein.

Drittens: Es sind Formen des Lehrens und Lernens von Mathematik zu etablieren, die die Studierenden in der eigenaktiven Konstruktion ihres Wissens nachhaltig unterstützen.

Aus diesen Thesen zur erwünschten Neuorientierung folgen zwingend weitere Desiderate mit bildungspolitischer Dimension, die die Ausrichtung der Forschung und die Entwicklung des Lehrpersonals an der Universität betreffen:

Geschichte und Philosophie. Der Anspruch auf verbindliche Lehrveranstaltungen zur historisch-genetischen oder philosophischen Reflexion über Mathematik erfordert, dass dieser Bereich an mathematischen Fachbereichen in Lehre und Forschung kompetent und stabil vertreten ist. Unserer Meinung nach sollte dies durch entsprechende Rahmenvorgaben abgesichert werden.

Mathematik-Didaktik. Eine fachdidaktische Ausbildung, der es in erster Linie darum geht, das Zugänglichmachen mathematischer Inhalte im Unterricht zu thematisieren, bedarf solcher Fachdidaktikerinnen und Fachdidaktiker, die eine hinreichende Affinität zur Fachwissenschaft Mathematik haben und zugleich ausgewiesene Experten für die Lernerperspektive sind, also forschungsorientiert über eine breit angelegte stoffdidaktische Expertise verfügen. Zu dieser Forschungs- und Entwicklungsperspektive gehört auch die konzeptionelle Arbeit an einer *Schulmathematik vom höheren Standpunkt*, die anschlussfähig für die Fachdidaktik ist. Unserer Auffassung nach muss die Nachwuchsförderung in diesem Feld intensiviert werden.

Hochschuldidaktik. Veränderte Lehr- und Lernformen müssen sich auf eine fachspezifische Hochschuldidaktik stützen können, die es bisher so nicht gibt. Nach unserer Überzeugung kann der hier fällige Forschungsbedarf nur in engem Austausch zwischen dem Fach, der Fachdidaktik und den Erziehungswissenschaften bestimmt und umgesetzt werden.

Insgesamt wird deutlich, dass die Umsetzung der zentralen Thesen nur in gemeinsamer Verantwortung von Fachwissenschaft und Fachdidaktik (und darüber hinaus perspektivisch in Verbindung mit den Erziehungswissenschaften) gelingen kann. Angesichts der Komplexität der Lehrerbildung als gesamtgesellschaftliche Aufgabe kann dies nicht überraschen. Durch das Projekt *Mathematik Neu Denken* haben wir gelernt, dass sich Anstrengungen hier allemal lohnen.

Materialien

Literatur

[d'Alembert 1975] D'ALEMBERT, Jean le Rond: *Einleitung zur Enzyklopädie (1751)*. Hrsg. v. Erich Köhler. 2. durchges. Aufl. Hamburg: Meiner, 1975.

[Aristoteles 1995a] ARISTOTELES: *Aristoteles philosophische Schriften*. Bd. 1. Hamburg: Meiner, 1995.

[Aristoteles 1995b] ARISTOTELES: *Aristoteles philosophische Schriften*. Bd. 5. Hamburg: Meiner, 1995.

[Artmann 1986] ARTMANN, Benno: *Lineare Algebra*. Basel u. a.: Birkhäuser, 1986.

[Artmann 1993] ARTMANN, Benno: *Analysis in der Schule*. Skript zur Vorlesung, TH Darmstadt. Sommersemester 1993.

[Barzel u. a. 2007] BARZEL, Bärbel; BÜCHTER, Andreas; LEUDERS, Timo: *Mathematik Methodik. Handbuch für die Sekundarstufe I und II*. Berlin: Cornelsen Scriptor, 2007.

[Becker 1975] BECKER, Oskar: *Grundlagen der Mathematik in geschichtlicher Entwicklung*. Frankfurt a. M.: Suhrkamp, 1975.

[Berggren 2011] BERGGREN, J. Lennart: *Mathematik im mittelalterlichen Islam*. Berlin u. a.: Springer-Verlag, 2011.

[Berkeley 1734] BERKELEY, George: *The Analyst; or, a discourse addressed to an infidel mathematician*. London, 1734, Eighteenth Century Collections Online, Gale. http://find.galegroup. com/ecco/infomark.do?&contentSet=ECCOArticles&type=multipage&tabID=T001&prodId= ECCO&docId=CW119132051&source=gale&userGroupName=siegen&version=1. 0&docLevel=FASCIMILE, Zugriff: 26.07.2011.

[Beutelspacher 2009] BEUTELSPACHER, Albrecht: *Kryptologie. Eine Einführung in die Wissenschaft vom Verschlüsseln, Verbergen und Verheimlichen*. 9. Aufl. Wiesbaden: Vieweg+Teubner, 2009.

[Beutelspacher 2010] BEUTELSPACHER, Albrecht: *Lineare Algebra. Eine Einführung in die Wissenschaft der Vektoren, Abbildungen und Matrizen*. 7. Aufl. Wiesbaden: Vieweg+Teubner, 2010.

[Beutelspacher 2011] BEUTELSPACHER, Albrecht: *Survival-Kit Mathematik. Mathe-Basics zum Studienbeginn*. Wiesbaden: Vieweg+Teubner, 2011.

[Beutelspacher und Danckwerts 2008] BEUTELSPACHER, Albrecht; DANCKWERTS, Rainer: *Abschlussbericht „Mathematik Neu Denken". Ein Projekt zur Neuorientierung der universitären Lehrerausbildung im Fach Mathematik für das gymnasiale Lehramt*. Gießen, Siegen, 2008. http://www.uni-siegen.de/fb6/didaktik/tkprojekt/downloads/abschlussbericht07.pdf, Zugriff: 26.07.2011.

[Bewersdorff 2009] BEWERSDORF, Jörg: *Algebra für Einsteiger. Von der Gleichungsauflösung zur Galois-Theorie.* 4. aktual. Aufl. Wiesbaden: Vieweg+Teubner, 2009.

[Blömeke 2009] BLÖMEKE, Sigrid: Ausbildungs- und Berufserfolg im Lehramtsstudium im Vergleich zum Diplomstudium. Zur prognostischen Validität kognitiver und psycho-motivationaler Auswahlkriterien. In: *Zeitschrift für Erziehungswissenschaft* 12 (2009), Nr. 1, S. 82-110.

[Blömeke u. a. 2010] BLÖMEKE, Sigrid; KAISER, Gabriele; LEHMANN, Rainer (Hrsg.): *TEDS-M 2008. Professionelle Kompetenz und Lerngelegenheiten angehender Mathematiklehrkräfte für die Sekundarstufe I im internationalen Vergleich.* Münster u. a.: Waxmann, 2010.

[Blömeke u. a. 2011] BLÖMEKE, Sigrid; KAISER, Gabriele; LEHMANN, Rainer; RINKENS, Hans-Dieter: *Empirische Studie zur Effektivität innovativer Projekte der Mathematiklehreraus-bildung im Kernfach Mathematik im Kontext der internationalen IEA-Studie TEDS-M 2008 (TEDS-Telekom). Ergebnis der dritten Testwelle im Sommersemester 2010 und des Längs-schnitts über die drei Messzeitpunkte insgesamt.* Bonn: Deutsche Telekom Stiftung, unver-öffentlichter Projektbericht, 2011.

[Blum und Henn 2001] BLUM, Werner; HENN, Hans-Wolfgang: Zur Rolle der Fachdidaktik in der universitären Gymnasiallehramtsausbildung. In: *MNU* 56 (2003), Nr. 2, S. 68-76.

[du Bois-Reymond 1874] BOIS-REYMOND, Paul du: *Wissenschaftliche oder encyklopädisch gebil-dete Lehrer?* Tübingen, 1874. Staatsarchiv Ludwigsburg (Bestand E 202/Bü 326).

[Borneleit u. a. 2001] BORNELEIT, Peter; DANCKWERTS, Rainer; HENN, Hans-Wolfgang: Expertise zum Mathematikunterricht in der gymnasialen Oberstufe. In: *Journal für Mathematik-Didaktik* 22 (2001), Nr. 1, S. 73-90.

[Bosse 2003] BOSSE, Dorit: Differenziertes Lernen bis zum Abitur. Anregungen zum Umgang mit Heterogenität in der gymnasialen Oberstufe. In: *Pädagogik* 9 (2003), S. 24-27.

[Bourbaki 1989] BOURBAKI, Nicolas: *Elements of mathematics: Algebra 1, Chapters 1-3.* 2. Aufl. Berlin u. a.: Springer-Verlag, 1989.

[Buchholtz o. J.] BUCHHOLTZ, Nils: *Erwerb von Lehrerprofessionswissen im Fach Mathematik im Kontext institutioneller Rahmenbedingungen. Eine Mixed-Methods-Studie über die Kompe-tenzentwicklung von Studierenden in der gymnasialen Lehramtsausbildung an verschiede-nen deutschen Universitäten.* Dissertationsprojekt an der Universität Hamburg.

[Buchholtz u. a. 2011] BUCHHOLTZ, Nils; BLÖMEKE, Sigrid; KAISER, Gabriele; KÖNIG, Johannes; LEHMANN, Rainer; SCHWARZ, Björn; SUHL, Ute: Entwicklung von Professionswissen im Lehramtsstudium: eine Längsschnittstudie an fünf deutschen Universitäten. In: EILERTS, Katja; HILLIGUS, Annegret; KAISER, Gabriele; BENDER, Peter (Hrsg.): *Kompetenzorientie-rung in Schule und Lehrerbildung – Perspektiven der bildungspolitischen Diskussion, der empirischen Bildungsforschung und der Mathematik-Didaktik. Festschrift für Hans-Dieter Rinkens.* Berlin u. a.: LIT Verlag, 2011, in Vorbereitung.

[Büchter und Henn 2010] BÜCHTER, Andreas; HENN, Hans-Wolfgang: *Elementare Analysis. Von der Anschauung zur Theorie.* Heidelberg: Spektrum Akademischer Verlag, 2010.

[Buekenhout 1969] BUEKENHOUT, Francis: Une charactérisation des espaces affins basée sur la notion de droite. In: *Mathematische Zeitschrift* 111 (1969), Nr. 5, S. 367-371.

[Bungartz und Wynands 1998] BUNGARTZ, Paul; WYNANDS, Alexander: *Wie beurteilen Referendare ihr Mathematikstudium für das Lehramt Sekundarstufe II?* http://www.math.uni-bonn. de/people/wynands/Referendarbefragung.html, Zugriff: 26.07.2011.

[Burkert 1962] BURKERT, Walter: *Weisheit und Wissenschaft. Studien zu Pythagoras, Philolaos und Platon.* Nürnberg: Verlag Hans Carl, 1962. Zugl.: Erlangen-Nürnberg, Univ., Habil.- Schr., 1961.

[Cantor 1962] CANTOR, Georg (Hrsg.): *Gesammelte Abhandlungen mathematischen und philosophischen Inhalts.* Hrsg. v. Ernst Zermelo. Hildesheim: Olms, 1962. Reprograf. Nachdr. d. Ausg. Berlin 1932.

[Cantor 1991] CANTOR, Georg (Hrsg.): *Briefe.* Hrsg. v. Herbert Meschkowski u. Winfried Nilson. Berlin u. a.: Springer-Verlag, 1991.

[Cauchy 1836] CAUCHY, Augustin Louis: *Vorlesungen über Differenzialrechnung, mit Fourier's Auflösungsmethode der bestimmten Gleichungen verbunden.* Aus dem Franz. übers. v. Christian Heinrich Schnuse. G. C. E. Meyer: Braunschweig, 1836. http://books.google.com/ books?id=afeXBMvg9MQC, Zugriff: 26.07.2011.

[Clagett 1968] CLAGETT, Marshall (Hrsg.): *Nicole Oresme and the Medieval Geometry of Qualities and Motions. A treaties on the uniformity and difformity of intensities known as „Tractatus de configurationibus qualitatum et motuum".* Madison u. a.: University of Wisconsin Press, 1968.

[Curdes u. a. 2003] CURDES, Beate; JAHNKE-KLEIN, Sylvia; LANGFELD, Barbara; PIEPER-SEIER, Irene: Attribution von Erfolg und Misserfolg bei Mathematikstudierenden: Ergebnisse einer quantitativen empirischen Untersuchung. In: *Journal für Mathematik-Didaktik* 24 (2003), Nr. 1, S. 3-17.

[Cusanus 2002] NIKOLAUS VON KUES, : *De coniecturis (Mutmaßungen).* Übers. u. hrsg. von Josef Koch u. Winfried Happ. 3. Aufl. Hamburg: Meiner, 2002.

[Danckwerts 1983] DANCKWERTS, Rainer: Bericht über ein Seminar zu Didaktik der Analysis für SII-Lehramtsstudenten. In: *Journal für Mathematik-Didaktik* 4 (1983), Nr. 2, S. 115-137.

[Danckwerts und Vogel 2005] DANCKWERTS, Rainer; VOGEL, Dankwart: *Elementare Analysis.* Norderstedt: Books on Demand, 2005.

[Danckwerts und Vogel 2006] DANCKWERTS, Rainer; VOGEL, Dankwart: *Analysis verständlich unterrichten.* München u. a.: Spektrum Akademischer Verlag, 2006.

[Danckwerts und Nickel 2009] DANCKWERTS, Rainer; NICKEL, Gregor: *„Mathematik Neu Denken". Ein Projekt zur Neuorientierung der universitären Lehrerausbildung im Fach Mathematik für das gymnasiale Lehramt. Abschlussbericht zweite Phase.* Siegen, 2009. http://www. uni-siegen.de/fb6/didaktik/tkprojekt/downloads/abschlussbericht-08.pdf, Zugriff: 26.07.2011.

[Danckwerts u. a. 2004] DANCKWERTS, Rainer; PREDIGER, Susanne; VASARHELYI, Eva: Perspektiven der universitären Lehrausbildung im Fach Mathematik für die Sekundarstufen. In: *Mitteilungen der DMV* 12 (2004), Nr. 2, S. 76-77.

[Dann u. a. 2002] DANN, Hans-Dietrich; DIEGRITZ, Theodor; ROSENBUSCH, Heinz S.: Gruppenunterricht im Schulalltag. Ergebnisse eines Forschungsprojektes und praktische Konsequenzen. In: *Pädagogik* 54 (2002), Nr. 1, S. 11-14.

[Dedekind 1960] DEDEKIND, Richard: *Was sind und was sollen die Zahlen. Stetigkeit und irrationale Zahlen.* Braunschweig: Friedr. Vieweg & Sohn, 1960.

[Degenhardt und Karagiannakis 2008] DEGENHARDT, Marion; KARAGIANNAKIS, Evangelia: Lerntagebuch, Arbeitsjournal und Portfolio. Drei Säulen eines persönlichen Lernprozess-Begleiters. In: *Neues Handbuch Hochschullehre.* Stuttgart: Dr. Josef Raabe Verlags GmbH, 2008.

[DMV, GDM und MNU 1997] DMV; GDM; MNU (Hrsg.): Erklärung der Fachverbände zu den Ergebnissen der internationalen Mathematikstudie TIMSS: Schlechte Noten für den Mathematikunterricht in Deutschland. Anlaß und Chance für Innovationen. In: *Mitteilungen der DMV* (1997), Nr. 2, S. 57-59. Vgl. auch http://www.lehrer.uni-karlsruhe.de/~za171/Timss/math297.html, Zugriff: 26.07.2011.

[DMV, GDM und MNU 2008] DMV; GDM; MNU (Hrsg.): *Standards für die Lehrerbildung im Fach Mathematik. Empfehlungen von DMV, GDM und MNU an die KMK.* o. O., 2008. http://madipedia.de/images/2/21/Standards_Lehrerbildung_Mathematik.pdf, Zugriff: 26.07.2011.

[Dugac 1973] DUGAC, Pierre: Eléments d'analyse de Karl Weierstrass. In: *Archive for History of Exact Sciences* 10 (1973), Nr. 1-2, S. 41-174.

[Ebbinghaus 1988] EBBINGHAUS, Heinz-Dieter (Hrsg.): *Zahlen.* 2. überarb. u. erg. Aufl. Berlin u. a.: Springer-Verlag, 1988.

[Eilerts u. a. 2011] EILERTS, Katja; BESCHERER, Christine; NIEDERDRENK-FELGNER, Cornelia: Arbeitskreis „HochschulMathematikDidaktik". In: *Mitteilungen der DMV* 19 (2011), Nr. 1, S. 56-59.

[Einstein 2005] EINSTEIN, Albert: Geometrie und Erfahrung. In: EINSTEIN, Albert; SEELIG, Carl (Hrsg.): *Mein Weltbild.* Zürich: Europa Verlag Zürich, 2005, S. 156-166.

[Empfehlungen 2010] BEUTELSPACHER, Albrecht; DANCKWERTS, Rainer; NICKEL, Gregor: *Mathematik Neu Denken. Empfehlungen zur Neuorientierung der universitären Lehrerbildung im Fach Mathematik für das gymnasiale Lehramt.* Bonn: Deutsche Telekom Stiftung, 2010.

[Engeln 2004] ENGELN, Katrin: *Schülerlabors: authentische, aktivierende Lernumgebungen als Möglichkeit, Interesse an Naturwissenschaften und Technik zu wecken.* Berlin: Logos-Verlag, 2004. Zugl. Diss. Christian-Albrechts-Universität Kiel 2004.

[Enriques 1915] ENRIQUES, Frederigo; CHISINI, Oscar: *Lezioni sulla teoria geometrica delle equazioni e delle funzioni algebriche.* Bd. 1. Bologna: Nicola Zanichelli, 1915.

[Euklid 2005] EUKLID: *Die Elemente. Buch I-XIII.* Hrsg. v. Clemens Thaer. Ostwalds Klassiker der exakten Wissenschaften, Bd. 235. Frankfurt a. M.: Verlag Harri Deutsch, 2005.

[Folkerts und Gericke 1993] FOLKERTS, Menso; GERICKE, Helmuth: Die Alkuin zugeschriebenen Propositiones ad acuendos iuvenes (Aufgaben zur Schärfung des Geistes der Jugend). In: BUTZER, Paul Leo; LOHRMANN, Dietrich (Hrsg.): *Science in Western and Eastern civilization in Carolingian times.* Basel u. a.: Birkhäuser, 1993, S. 284-362.

[Frege 1966] FREGE, Gottlob: *Grundgesetze der Arithmetik*. Bd. 1. Hildesheim: Olms, 1966. Reprograf. Nachdr. d. Ausg. Jena 1893.

[Frege 1980] FREGE, Gottlob: *Gottlob Freges Briefwechsel mit D. Hilbert, E. Husserl, B. Russel, sowie ausgewählte Einzelbriefe Freges*. Hrsg. v. Gottfried Gabriel, Friedrich Kambartel u. Christian Thiel. Hamburg: Meiner, 1980.

[Freudigmann u. a. 2006] FREUDIGMANN, Hans; REINELT, Günther; SCHWEHR, Siegfried; STARK, Jörg; ZINSER, Manfred (Hrsg.): *Lambacher Schweizer: Analysis Leistungskurs. Mathematisches Unterrichtswerk für das Gymnasium, Ausgabe Nordrhein-Westfalen*. Stuttgart, Düsseldorf, Leipzig: Ernst Klett Verlag, 2006.

[Galilei 1623] GALILEI, Galileo: *Il Saggiatore*. Rom, 1623. http://it.wikisource.org/wiki/Il_Saggiatore, Zugriff: 26.07.2011.

[Galilei 2004] GALILEI, Galileo: *Unterredungen und mathematische Demonstrationen über zwei neue Wissenszweige, die Mechanik und die Fallgesetze betreffend. Erster bis sechster Tag – 1638*. Hrsg. v. Arthur J. von Oettingen. Ostwalds Klassiker der exakten Wissenschaften, Bd. 11. Frankfurt a. M.: Harri Deutsch, 2004.

[Gallin und Ruf 1999] GALLIN, Peter; RUF, Urs: *Ich mache das so! Wie machst du es? Das machen wir ab*. Bd. 4.-5. Schuljahr. Zürich: Lehrmittelverlag des Kantons Zürich, 1999.

[Gallin und Ruf 2010] GALLIN, Peter; RUF, Urs: Von der Schüler- zur Fachsprache. In: FENKART, Gabriele; LEMBENS, Anja; ERLACH-ZEITLINGER, Edith (Hrsg.): *Sprache, Mathematik und Naturwissenschaften*. Innsbruck: StudienVerlag, 2010, S. 21-25.

[Gauß 1957] GAUSS, Carl Friedrich; SCHUMACHER, Heinrich Christian: *Briefwechsel zwischen C. F. Gauss und H. C. Schumacher*. Hrsg. v. Christian A. F. Peters. Bd. 1. Hildesheim u. a.: Olms, 1957. Nachdruck d. Ausg. Altona 1860.

[Gauß 1972] GAUSS, Carl Friedrich; BOLYAI, Wolfgang: *Briefwechsel zwischen Carl Friedrich Gauss und Wolfgang Bolyai*. Hrsg. v. Franz Schmidt und Paul Stäckel. New York u. a.: Johnson Reprint Corporation, 1972. Nachdruck d. Ausg. Leipzig 1899.

[Gericke 1970] GERICKE, Helmuth: *Geschichte der Zahlbegriffs*. Mannheim u. a.: Bibliographisches Institut, 1970.

[Gericke 1993] GERICKE, Helmuth: *Mathematik in Antike und Orient*. Bd. 1 u. 2. 2. Aufl. Wiesbaden: Fourier, 1993.

[Grant 1986] GRANT, Edward: Science and Theology in the Middle Ages. In: LINDBERG, David C.; NUMBERS, Ronald L. (Hrsg.): *God and Nature. Historical Essays on the Encounter between Christianity and Science*. Berkeley u. a.: University of California Press, 1986, S. 49-75.

[Grassmann 1896] GRASSMANN, Hermann: Die Ausdehnungslehre von 1862. Vollständig und in strenger Form. In: ENGEL, Friedrich; GRASSMANN, Hermann d. J. (Hrsg.): Hermann Grassmanns gesammelte mathematische und physikalische Werke. Bd. 1,2. Leipzig: B. G. Teubner, 1896.

[Grigutsch u. a. 1998] GRIGUTSCH, Stefan; RAATZ, Ulrich; TÖRNER, Günter: Einstellungen gegenüber Mathematik bei Mathematiklehrern. In: *Journal für Mathematik-Didaktik* 19 (1998), Nr. 1, S. 3-45.

[Grotemeyer 1969] GROTEMEYER, Karl Peter: *Analytische Geometrie*. 4. Aufl. Berlin: Walter de Gruyter, 1969.

[Gudjons 2002] GUDJONS, Herbert: In Gruppen lernen – warum nicht? In: *Pädagogik* 54 (2002), Nr. 1, S. 6-10.

[Häcker 2009] HÄCKER, Thomas: Vielfalt der Portfoliobegriffe. Annäherung an ein schwer fassbares Konzept. In: BRUNNER, Ilse; HÄCKER, Thomas; WINTER, Felix (Hrsg.): *Das Handbuch Portfolioarbeit: Konzepte, Anregungen, Erfahrungen aus Schule und Lehrerbildung*. 3. Aufl. Seelze-Velber: Kallmeyer Verlag/Klett, 2009, S. 33-39.

[Häcker und Winter 2009] HÄCKER, Thomas; WINTER, Felix: Portfolio – nicht um jeden Preis! Bedingungen und Voraussetzungen der Portfolioarbeit in der Lehrerbildung. In: BRUNNER, Ilse; HÄCKER, Thomas; WINTER, Felix (Hrsg.): *Das Handbuch Portfolioarbeit: Konzepte, Anregungen, Erfahrungen aus Schule und Lehrerbildung*. 3. Aufl. Seelze-Velber: Kallmeyer Verlag/Klett, 2009, S. 227-233.

[Hairer und Wanner 2011] HAIRER, Ernst; WANNER, Gerhard: *Analysis in historischer Entwicklung*. Berlin u. a.: Springer-Verlag, 2011.

[Hasse und Scholz 1928] HASSE, Helmut; SCHOLZ, Heinrich: *Die Grundlagenkrisis der Griechischen Mathematik*. Berlin: Pan-Verlag, 1928.

[Hefendehl-Hebecker 2002] HEFENDEHL-HEBECKER, Lisa: Dialogisches Lernen in der Lehramtsausbildung. In: PREDIGER, Susanne; LENGNINK, Katja (Hrsg.): *Mathematik und Kommunikation*. Darmstadt: Verlag Allgemeine Wissenschaft, 2002, S. 49-58.

[Hefendehl-Hebeker 2003] HEFENDEHL-HEBEKER, Lisa: Didaktik der Mathematik als Wissenschaft. Aufgaben, Chancen, Profile. In: *Jahresbericht der DMV* 105 (2003), Nr. 1, S. 3-29.

[Hefendehl-Hebeker u. a. 2010] HEFENDEHL-HEBEKER, Lisa; ABLEITINGER, Christoph; HERRMANN, Angela: Mathematik Besser Verstehen. In: *Beiträge zum Mathematikunterricht* (2010), S. 93-94.

[Hilbert 1917] HILBERT, David: Axiomatisches Denken. In: *Mathematische Annalen* 78 (1918), S. 405-415.

[Hilbert 1926] HILBERT, David: Über das Unendliche. In: *Mathematische Annalen* 95 (1926), S. 161-190.

[de l'Hôpital 1716] L'HÔPITAL, Guillaume François Antoine de: *Analyse des infiniment petits, pour l'intelligence des lignes courbes*. 2. Aufl. Paris, 1716. http://books.google.com/books?id=xh8T6QL_rJ8C, Zugriff: 26.07.2011.

[Humboldt 1972] HUMBOLDT, Wilhelm von: Schriften zur Sprachphilosophie. Ueber die Verschiedenheit des menschlichen Sprachbaues und ihren Einfluss auf die geistige Entwicklung des Menschengeschlechts. In: HUMBOLDT, Wilhelm von (Hrsg.): *Werke*. Bd. 3. 4. Aufl. Darmstadt: Wissenschaftliche Buchgesellschaft, 1972, S. 368-756.

[Hußmann 2002] HUSSMANN, Stephan: *Konstruktivistisches lernen an Intentionalen Problemen – Mathematik unterrichten in einer offenen Lernumgebung*. Hildesheim u. a.: Franzbecker, 2002.

[Jahnke 1999] JAHNKE, Hans Niels (Hrsg.): *Geschichte der Analysis*. Heidelberg: Spektrum Akademischer Verlag, 1999.

[Juškevič 1964] Juškevič, Adol'f P.: *Geschichte der Mathematik im Mittelalter*. Übers. v. Viktor Ziegler. Leipzig: B. G. Teubner Verlagsgesellschaft, 1964.

[Kadunz und Sträßer 2009] Kadunz, Gerd; Strässer, Rudolf: *Didaktik der Geometrie in der Sekundarstufe I*. 3. Aufl. Hildesheim u. a.: Franzbecker, 2009.

[Kaiser u. a. 2010] Kaiser, Gabriele; Buchholtz, Nils; Schwarz, Björn; Blömeke, Sigrid; Lehmann, Rainer; Suhl, Ute; König, Johannes; Rinkens, Hans-Dieter: Kompetenzentwicklung in der Mathematik-Gymnasiallehrerausbildung – eine empirische Studie an fünf deutschen Universitäten. In: *Beiträge zum Mathematikunterricht* (2010), S. 465-468.

[Kaiser und Nöbauer 2006] Kaiser, Hans; Nöbauer, Wilfried: *Geschichte der Mathematik für Schule und Unterricht*. 3. Aufl., Nachdr. Wien: öbv & hpt, 2006.

[Katz 2009] Katz, Victor J.: *A History of Mathematics. An Introduction*. 3. Aufl. Boston (Mass.) u. a.: Addison-Wesley, 2009.

[Kirsch 1987] Kirsch, Arnold: *Mathematik wirklich verstehen*. Köln: Aulis Verlag Deubner, 1987.

[Klein 1899] Klein, Felix: Aufgabe und Methode des mathematischen Unterrichts an den Universitäten. In: *Jahresbericht der DMV* 7 (1899), S. 126-138.

[Klein 1908] Klein, Felix: *Elementarmathematik vom höheren Standpunkte aus*. Bd. I (Arithmetik, Algebra, Analysis). Berlin: B. G. Teubner, 1908. Seitenzählung nach der 4. Aufl. von 1933.

[Konhäuser 2004] Konhäuser, Sabine: *Lernen in Science Centers. Mensch und Mathematik*. Hamburg: Verlag Dr. Kovac, 2004. Zugl. Diss. Justus-Liebig-Universität Gießen, 2003.

[Krauss u. a. 2008] Krauss, Stefan; Neubrand, Michael; Blum, Werner; Baumert, Jürgen; Brunner, Martin; Kunter, Mareike; Jordan, Alexander: Die Untersuchung des professionellen Wissens deutscher Mathematik-Lehrerinnen und -Lehrer im Rahmen der COACTIV-Studie. In: *Journal für Mathematik-Didaktik* 29 (2008), Nr. 3/4, S. 223-258.

[Lakatos 1979] Lakatos, Imre: *Beweise und Widerlegungen. Die Logik mathematischer Entdeckungen*. Braunschweig: Vieweg, 1979.

[Ledermann und Weir 1996] Ledermann, Walter; Weir, Alan J.: *Introduction to group theory* . 2. Aufl. Harlow: Longman, 1996.

[Leibniz 1966] Leibniz, Gottfried Wilhelm: *Hauptschriften zur Grundlegung der Philosophie Band 1*. Hamburg: Meiner, 1966.

[Lengnink und Prediger 2000] Lengnink, Katja; Prediger, Susanne: Mathematisches Denken in der Linearen Algebra. In: *Zentralblatt für Didaktik der Mathematik* 32 (2000), Nr. 4, S. 111-122.

[Leufer und Prediger 2007] Leufer, Nikola; Prediger, Susanne: „Vielleicht brauchen wir das ja doch in der Schule". Sinnstiftung und Brückenschläge in der Analysis als Bausteine zur Weiterentwicklung der fachinhaltlichen gymnasialen Lehrerbildung. In: Büchter, Andreas; Humenberger, Hans; Hussmann, Stephan; Prediger, Susanne (Hrsg.): *Realitätsnaher Mathematikunterricht – vom Fach aus und für die Praxis. Festschrift für Wolfgang Henn zum 60. Geburtstag*. Hildesheim u. a.: Franzbecker, 2007, S. 265-276.

[Mäder 1992] MÄDER, Peter: *Mathematik hat Geschichte*. Hannover: Metzler Schulbuchverlag, 1992.

[Mansfeld 1983] MANSFELD, Jaap: *Die Vorsokratiker I. Milesier, Pythagoreer, Xenophanes, Heraklit, Parmenides*. Stuttgart: Philipp Reclam Jun., 1983.

[Martin 1982] MARTIN, Georg E.: *Transformation Geometrie. An Introduction to Symmetry*. New York u. a.: Springer-Verlag, 1982.

[Martin 1996] MARTIN, Georg E.: *The Foundations of Geometry and the Non-Euclidean Plane*. 3. verb. Aufl. New York u. a.: Springer-Verlag, 1996.

[McCarthy 1998] MCCARTHY, John: *Progress and its sustainability*. http://www-formal.stanford.edu/jmc/progress/, Zugriff: 26.07.2011.

[Mehrtens 1990] MEHRTENS, Herbert: *Moderne – Sprache – Mathematik. Eine Geschichte des Streits um die Grundlagen der Disziplin und des Subjekts formaler Systeme*. Frankfurt a. M.: Suhrkamp, 1990.

[Meschkowski 1997] MESCHKOWSKI, Herbert: *Mathematik verständlich dargestellt. Eine Entwicklungsgeschichte von der Antike bis zur Gegenwart*. Wiesbaden: VMA-Verlag, 1997.

[Meyer 2005] MEYER, Hilbert: *Unterrichts-Methoden. II: Praxisband*. 11. Aufl. Berlin: Cornelsen, 2005.

[Mischau und Blunck 2006] MISCHAU, Anina; BLUNCK, Andrea: Mathematikstudierende, ihr Studium und ihr Fach: Einfluss von Studiengang und Geschlecht. In: *Mitteilungen der DMV* 14 (2006), Nr. 1, S. 46-52.

[Musil 1978] MUSIL, Robert: Prosa und Stücke. In: MUSIL, Robert; FRISÉ, Adolf (Hrsg.): *Gesammelte Werke*. Bd. 6. Reinbek bei Hamburg: Rowohlt, 1978.

[Myers 1993] MYERS, Nadine: Cooperation in Calculus. In: *Primus* 3/1 (1993), S. 47-52.

[Niven 1981] NIVEN, Ivan: *Maxima and Minima without Calculus*. Washington, D.C.: Mathematical Association of America, 1981.

[Peiffer und Dahan-Dalmédico 1994] PEIFFER, Jeanne; DAHAN-DALMÉDICO, Amy: *Wege und Irrwege – eine Geschichte der Mathematik*. Basel u. a.: Birkhäuser, 1994.

[Pickert 1976] PICKERT, Günter: *Analytische Geometrie. Eine Einführung in Geometrie und Lineare Algebra*. 7. durchges. u. erw. Aufl. Leipzig: Akademische Verlagsgesellschaft, 1976.

[Pieper-Seier 2002] PIEPER-SEIER, Irene: Lehramtsstudierende und ihr Verhältnis zur Mathematik. In: *Beiträge zum Mathematikunterricht* (2002), S. 395-398.

[Platon 1990] PLATON: *Platon Werke. Gesetze, Buch VII-XII*. Bd. 8, Teil II. Darmstadt: Wissenschaftliche Buchgesellschaft, 1990.

[Pólya 1979] PÓLYA, George: *Vom Lösen mathematischer Aufgaben, Einsicht und Entdeckung, Lernen und Lehren*. Bd. 1. Basel u. a.: Birkhäuser, 1979.

[Pólya 1995] PÓLYA, George: *Schule des Denkens. Vom Lösen mathematischer Probleme*. 4. Aufl. Tübingen u. a.: Francke, 1995.

[Purkert und Ilgauds 1987] PURKERT, Walter; ILGAUDS, Hans J.: *Georg Cantor. 1845-1918.* Völlig überarb. und erw. Fassung der Ausgabe Leipzig 1985. Basel u. a.: Birkhäuser, 1987.

[Rademacher und Toeplitz 2000] RADEMACHER, Hans; TOEPLITZ, Otto: *Von Zahlen und Figuren. Proben mathematischen Denkens für Liebhaber der Mathematik.* Reprint der 2. Aufl. Berlin 1933. Berlin u. a.: Springer-Verlag, 2000.

[Reichel 2000] REICHEL, Hans-Christian: Brauchen wir eine spezielle Mathematik-Fachausbildung für Lehramtskandidaten? In: *Mitteilungen der DMV* 8 (2000), Nr. 2, S. 33-36.

[Reinmann und Mandl 2006] REINMANN, Gabi; MANDL, Heinz: Unterrichten und Lernumgebungen gestalten. In: KRAPP, Andreas; WEIDENMANN, Bernd (Hrsg.): *Pädagogische Psychologie.* 5. vollst. neu überarb. Aufl. Weinheim u. a.: Beltz Psychologie Verlags Union, 2006, S. 613-658.

[Reinmann-Rothmeier und Mandl 1997] REINMANN-ROTHMEIER, Gabi; MANDL, Heinz: Lehren im Erwachsenenalter. Auffassungen vom Lehren und Lernen, Prinzipien und Methoden. In: WEINERT, Franz E.; MANDL, Heinz (Hrsg.): *Psychologie der Erwachsenenbildung.* Bd. D/I. Göttingen: Hofgrefe, 1997, S. 355-403.

[Ruf und Gallin 2005] RUF, Urs; GALLIN, Peter: *Dialogisches Lernen in Sprache und Mathematik. Grundzüge einer interaktiven und fächerübergreifenden Didaktik.* Bd. 1: Austausch unter Ungleichen; Bd. 2: Spuren legen – Spuren lesen. 3. Aufl. Seelze-Velber: Kallmeyer, 2005.

[Russell 1972] RUSSELL, Bertrand: *The Principles of Mathematics.* London: Allen & Unwin LTD, 1972.

[Scholz 1990] SCHOLZ, Erhard (Hrsg.): Geschichte der Algebra. Eine Einführung. Mannheim u. a.: BI-Wiss.-Verlag, 1990.

[Schopenhauer 1851] SCHOPENHAUER, Arthur: *Parerga und Paralipomena.* Bd. 2. Berlin: A. W. Hahn, 1851.

[Schulz 2003] SCHULZ, Ralph-Hardo: *Codierungstheorie. Eine Einführung.* Wiesbaden: Vieweg+Teubner, 2003.

[Schupp 2000] SCHUPP, Hans: *Kegelschnitte.* Hildesheim u. a.: Franzbecker, 2000.

[Sigler 2002] SIGLER, Laurence E.: *Fibonacci's Liber Abaci. A Translation into Modern English of Leonardo Pisano's Book of Calculation.* New York u. a.: Springer-Verlag, 2002.

[Stegmaier 2011] STEGMAIER, Werner: Orientierung durch Mathematik. In: HELMERICH, Markus; LENGNINK, Katja; NICKEL, Gregor; RATHGEB, Martin (Hrsg.): *Mathematik verstehen. Philosophische und didaktische Perspektiven.* Wiesbaden: Vieweg+Teubner, 2011. S. 15-25.

[Stroth u. a. 2001] STROTH, Gernot; TÖRNER, Günter; SCHARLAU, Rudolf; BLUM, Werner; REISS, Kristina: *Vorschläge zur Ausbildung von Mathematiklehrerinnen und -lehrern für das Lehramt an Gymnasien in Deutschland.* http://www.mathematik.de/ger/presse/pressemitteilungen/pdf/lehrer.pdf, Zugriff: 26.07.2011.

[Stewart 2004] STEWART, Ian: *Galois Theory.* 3. Aufl. Chapman & Hall\CRC, 2003.

[Tapp 2005] TAPP, Christian: *Kardinalität und Kardinäle. Wissenschaftshistorische Aufarbeitung der Korrespondenz zwischen Georg Cantor und katholischen Theologen seiner Zeit.* Stuttgart: Franz Steiner Verlag, 2005.

[Terhart 2000] TERHART, Ewald: *Perspektiven der Lehrerbildung in Deutschland. Abschlussbericht der von der Kultusministerkonferenz eingesetzten Kommission.* Weinheim u. a.: Beltz, 2000.

[Terhart 2005] TERHART, Ewald: *Lehr-Lern-Methoden. Eine Einführung in Probleme der methodischen Organisation von Lehren und Lernen.* 4. Aufl. Weinheim u a.: Juventa Verlag, 2005.

[Thiele 1999] THIELE, Rüdiger: Antike. In: JAHNKE, Hans Niels (Hrsg.): *Geschichte der Analysis.* Heidelberg: Spektrum Akademischer Verlag, 1999, S. S. 5-42.

[Tietze 1990] TIETZE, Uwe P.: Die Mathematiklehrer an der gymnasialen Oberstufe. Zur Erfassung berufsbezogener Kognitionen. In: *Journal für Mathematik-Didaktik* 11 (1990), Nr. 3, S. 177-243.

[Tietze u. a. 2000] TIETZE, Uwe-P.; KLIKA, Manfred; WOLPERS, Hans (Hrsg.): *Mathematikunterricht in der Sekundarstufe II. Bd. 2: Didaktik der Analytischen Geometrie und Linearen Algebra.* Braunschweig u. a.: Vieweg, 2000.

[Toeplitz 1927] TOEPLITZ, Otto: Das Problem der Universitätsvorlesungen über Infinitesimalrechnung und ihrer Abgrenzung gegenüber der Infinitesimalrechnung an höheren Schulen. In: *Jahresbericht der DMV* 36 (1927), S. 88-100.

[Törner und Grigutsch 1994a] TÖRNER, Günter; GRIGUTSCH, Stefan: „Mathematische Weltbilder" bei Studienanfängern – Quintessenz einer Erhebung. In: PICKERT, Günter; WEIDIG, Ingo (Hrsg.): *Mathematik erfahren und lehren. Festschrift für Hans-Joachim Vollrath.* Klett-Schulbuchverlag, 1994.

[Törner und Grigutsch 1994b] TÖRNER, Günter; GRIGUTSCH, Stefan: „Mathematische Weltbilder" bei Studienanfängern – eine Erhebung. In: *Journal für Mathematik-Didaktik* 15 (1994), Nr. 3/4, S. 211-251.

[Volkert 1999] VOLKERT, Klaus: Das Haus der Vierecke – aber welches. In: *Der Mathematikunterricht* 45 (1999), Nr. 5, S. 17-37.

[Waerden 1996] WAERDEN, Bartel L. van der: *Die Pythagoreer. Religiöse Bruderschaft und Schule der Wissenschaft.* Düsseldorf: Artemis & Winkler Verlag, 1996.

[Wagenschein 1970] WAGENSCHEIN, Martin: Der Aufbau des Bildes der Natur. In: WAGENSCHEIN, Martin (Hrsg.): *Ursprüngliches Verstehen und exaktes Denken.* Bd. 1. 2. Aufl. Stuttgart: Ernst Klett Verlag, 1970.

[Wagenschein 1980] WAGENSCHEIN, Martin: Physikalismus und Sprache. In: SCHAEFER, Gerhard; LOCH, Werner (Hrsg.): *Kommunikative Grundlagen des naturwissenschaftlichen Unterrichts.* Weinheim u. a.: Beltz Verlag, 1980.

[Weigand und Weth 2002] WEIGAND, Hans-Georg; WETH, Thomas: *Computer im Mathematikunterricht. Neue Wege zu alten Zielen.* Heidelberg u. a.: Spektrum Akademischer Verlag, 2002.

[Winter 1985] WINTER, Heinrich: Neunerregel und Abakus – schieben, denken, rechnen. In: *Mathematik lehren* 11 (1985), S. 22-26.

[Winter 1995] WINTER, Heinrich: Mathematikunterricht und Allgemeinbildung. In: *Mitteilungen der Gesellschaft für Didaktik der Mathematik* 61 (1995), S. 37-46.

[Winter 2002] WINTER, Martin: Über Verständigung zu Verständnis? – Was Gelegenheit zu Kommunikation in und über Mathematik bewirken kann. In: PREDIGER, Susanne; LENGNINK, Katja (Hrsg.): *Mathematik und Kommunikation*. Darmstadt: Verlag Allgemeine Wissenschaft, 2002, S. 3-17.

[Wittenberg 1963] WITTENBERG, Alexander Israel: *Bildung und Mathematik. Mathematik als exemplarisches Gymnasialfach*. Stuttgart: Ernst Klett Verlag, 1963.

[Wussing 2008] WUSSING, Hans: *6000 Jahre Mathematik. Eine kulturgeschichtliche Zeitreise.* Bd. 1 und 2. Berlin: Springer-Verlag, 2008.

[Zhmud 1997] ZHMUD, Leonid: *Wissenschaft, Philosophie und Religion im frühen Pythagoreismus.* Berlin: Akademie Verlag, 1997.